普通高等教育"十三五"软件工程专业规划教材

Oracle 数据库实验教程

陆 鑫 编著

科学出版社

北 京

内 容 简 介

本书从 Oracle 数据库系统实践角度，介绍 Oracle 数据库系统的相关知识和实践操作指导，旨在帮助学生掌握主流数据库产品的实际应用方法，培养学生对 Oracle 数据库应用系统的实践开发能力。

全书分为 4 章，第 1 章 Oracle 数据库基础实践，包括 Oracle Database 12c 安装与使用、数据库及表空间操作、数据库表及数据操作、视图与索引操作。第 2 章数据库高级实践，包括存储过程编程、触发器编程、SQL 游标编程、事务处理编程、数据库安全管理，以及数据库备份与恢复。第 3 章数据库设计实践，包括概念数据模型设计、逻辑数据模型设计、物理数据模型设计，以及 Oracle 数据库对象实现。第 4 章 Oracle 数据库访问编程实践，包括 JDBC 数据库访问编程、Servlet 数据库访问编程，以及 JSP 数据库访问编程。

本书既可作为高等学校计算机专业、软件工程专业数据库实验课程教材，也可作为相关开发人员学习 Oracle 数据库应用开发实践的技术参考书。

图书在版编目（CIP）数据

Oracle 数据库实验教程/陆鑫编著. —北京：科学出版社，2017.1
普通高等教育"十三五"软件工程专业规划教材

ISBN 978-7-03-051416-5

Ⅰ.①O… Ⅱ.①陆… Ⅲ.①关系数据库系统–实验–高等学校–教材
Ⅳ.①TP311.138-33

中国版本图书馆 CIP 数据核字（2017）第 000355 号

责任编辑：张 帆 / 责任校对：桂伟利
责任印制：徐晓晨 / 封面设计：迷底书装

科学出版社 出版
北京东黄城根北街 16 号
邮政编码：100717
http://www.sciencep.com

北京中石油彩色印刷有限责任公司 印刷
科学出版社发行 各地新华书店经销
*
2017 年 1 月第 一 版 开本：787×1092 1/16
2018 年 1 月第三次印刷 印张：15 3/4
字数：404 000
定价：78. 00 元
（如有印装质量问题，我社负责调换）

前　　言

　　"数据库原理及应用"课程是计算机、软件工程等电子信息类学科专业学生都必须学习的专业基础课程。该课程的技术应用实践性强，既涵盖快速发展的数据库技术知识，也涉及数据库应用开发等实践内容。因此，在"数据库原理及应用"课程教学中，需要有针对性强的实践教学辅助教程。本书以最新软件版本的 Oracle Database 12c 数据库技术为背景，介绍 Oracle 数据库系统应用实践开发方法及其实验指导，力图通过实践教学培养学生具备 Oracle 数据库实践操作和应用开发能力。

　　本书从 Oracle 数据库基础操作实践到数据库高级操作实践，由浅入深地逐步介绍 Oracle 数据库技术知识和实验指导。同时本书也结合 PowerDesigner 建模设计工具应用，介绍 Oracle 数据库设计实践与数据库对象 SQL 实现方法。此外，本书还结合 Java Web 应用开发技术，介绍 Oracle 数据库应用的访问编程方法。本书力图围绕 Oracle 数据库系统应用开发主线，全面介绍数据库基本操作实践、数据库高级操作实践、数据库设计实践、数据库应用编程实践等方面的实验教学内容。本书建议根据课程实验教学要求，选取教程相关章节内容学习，实验教学学时安排为 16～32 学时。

　　本书内容丰富，不但涉及 Oracle Database 12c 数据库技术基本知识与操作方法，还涉及数据库建模设计方法与数据库工具应用，同时也涉及 Java Web 数据库应用编程技术方法和数据库访问编程实践。

　　本书中所介绍的实例都在 Oracle Database 12c、PowerDesigner 16.5、JDK1.8、Tomcat 9、Eclipse neon 环境下运行通过。各章均安排一个项目实践案例，开展数据库实验指导，帮助读者深入学习数据库实践方法。此外，本书每章后附有实验练习以及实验报告模版，有助于开展实验教学工作。

　　本书作者多年从事数据库课程教学，具有扎实的软件工程专业背景和丰富的教学经验。在本书编写过程中，得到电子科技大学教务处支持，在此表示诚挚感谢。

　　由于时间仓促，书中难免存在不妥之处，请读者原谅，并提出宝贵意见。

编　者

2016 年 10 月

目　　录

第1章 Oracle 数据库基础实践

Oracle 数据库软件产品是全球使用最多的大型数据库管理系统产品，也是技术领先的数据库软件产品。本章将以最新版本 Oracle Database 12c 数据库产品软件为背景，介绍数据库软件产品安装、数据库对象操作、数据表对象操作、数据表访问操作、数据库视图操作、数据库索引操作等基本技术知识，并在数据库实验示例中给出实践指导。

1.1 实验1——Oracle Database 12c 安装与使用

1.1.1 相关知识

数据库管理系统（Database Management System，DBMS）是一种操纵和管理数据库的系统软件，用于创建、管理及维护数据库。用户使用数据库管理系统实现对数据库进行统一的管理和控制，以保证数据库的安全性和完整性。所有用户及应用对数据库的访问操作都必须通过数据库管理系统来完成。因此，它是数据库系统的核心组成部分，也是计算机系统中重要的系统软件。

目前，有大量的数据库 DBMS 产品在信息系统和 Internet 中广泛使用。主流软件厂商大都提供了功能强大的数据库管理系统产品，如 Microsoft 公司提供 SQL Server、Access 数据库 DBMS 产品，Oracle 公司提供 Oracle Database 数据库 DBMS 产品，SAP Sybase 公司提供 Sybase ASE、Sybase Anywhere 数据库 DBMS 产品，IBM 公司提供 DB2 数据库 DBMS 产品。此外，开源组织也提供了较多的数据库 DBMS 系统，如 MySQL、PostgreSQL、NoSQL、MongoDB、InterBase 等。

Oracle 数据库 DBMS 产品是美国甲骨文公司提供的大型企业级数据库软件产品，它是目前全球市场中使用最为广泛的大型数据库管理系统。Oracle 数据库产品在数据库领域的集群技术、高可用性、商业智能、安全性、系统管理等方面都处于技术领先水平。甲骨文公司自 1977 年推出 Oracle 数据库产品以来，先后推出多个数据库 DBMS 软件版本。目前，最新版本为 Oracle Database 12c。该版本引入一种新的多租户架构，可轻松地快速整合多个数据库，并将它们作为云服务加以管理。Oracle Database 12c 还具有内存数据处理功能，可提供突破性的分析性能，其技术创新将数据库处理的效率、性能、安全性和可用性提升至新的水平。

当 Oracle Database 12c 数据库管理系统软件安装之后，它在操作系统中建立了一组 Oracle 程序工具，用于创建、开发、管理及维护数据库。其中最常用的数据库工具有 Oracle Enterprise Manager Database Express、SQL Developer、Database Configure Assistant 和 SQL Plus 等。

1. Oracle Enterprise Manager Database Express 工具

Oracle Enterprise Manager Database Express（企业管理器数据库快捷版）是一个 Web 版本的数据库系统管理工具。用户在浏览器中输入 URL 地址 https://localhost:5500/em/login，便可进入数据库管理登录页面，如图 1-1 所示。

图 1-1　Oracle Enterprise Manager Database Express 数据库管理登录页面

　　Oracle Enterprise Manager Database Express 工具为 DBA 用户提供基本的数据库管理功能，如安全管理（用户管理、角色管理）、存储管理（表空间、还原管理、归档日志、控制文件）、配置管理（初始化参数、内存、当前数据库属性）、性能监控（主机负载、主机内存、主机 I/O）等。不过这些管理功能对于企业级数据库管理还不够，它们仅满足 DBA 用户的基本系统管理需求。若要实现更多的数据库系统管理操作，建议使用 SQL Developer 工具。

　　2.　SQL Developer 工具

　　SQL Developer 是一个集开发与管理于一体的数据库工具。该工具功能全面，它不但可以支持 DBA 用户进行数据库管理功能操作，也能提供 DBA 进行数据库对象开发操作，如创建数据库表、索引、视图、触发器、存储过程等对象。用户在安装有 Oracle Database 12c 软件的操作系统中，单击 SQL Developer 工具程序菜单，即可启动 SQL Developer 工具程序运行，其初始界面如图 1-2 所示。

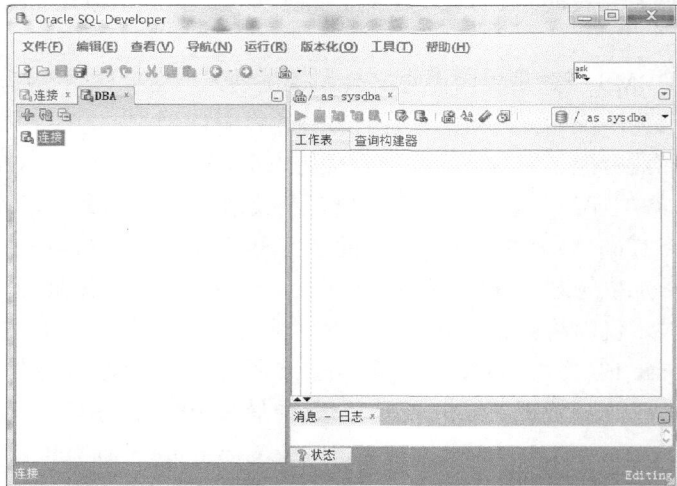

图 1-2　SQL Developer 初始界面

　　SQL Developer 工具是一种基于 GUI 的数据库管理工具，用户可以方便地进行可视化的数据库安全管理、配置管理、存储管理和性能监控管理。同时，它也可方便地开发数据库对象及其 SQL、PL/SQL 程序。

3. Database Configuration Assistant 工具

Database Configuration Assistant（数据库配置助手，DBCA）是一个基于 GUI 的数据库配置管理工具。用户在安装有 Oracle Database 12c 软件的操作系统中，单击 Database Configuration Assistant 程序菜单，即可启动 Database Configuration Assistant 工具程序运行，其初始界面如图 1-3 所示。

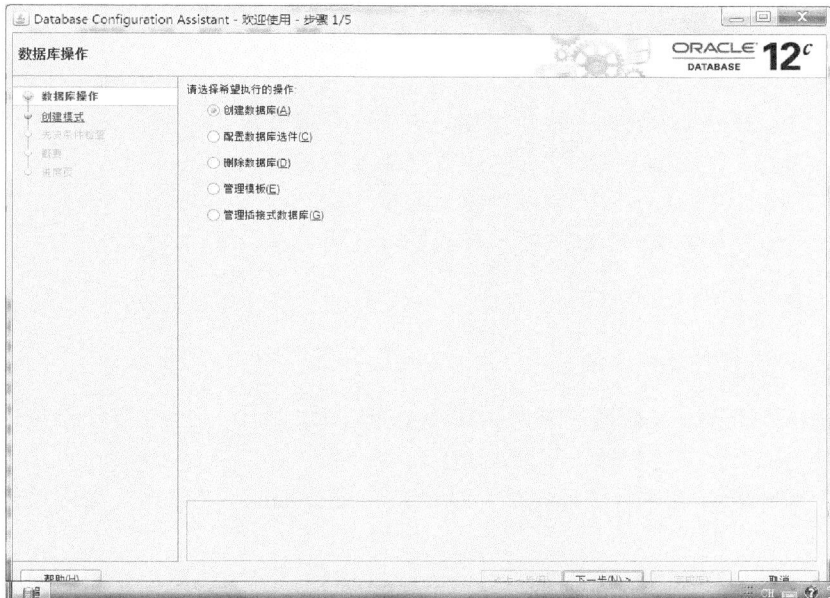

图 1-3　Database Configuration Assistant 初始界面

在 Database Configuration Assistant 工具中，用户可以新建或删除一个数据库，也可以对已有数据库进行配置或修改。此外，还可以在现有容器数据库中增删插件数据库，以实现多租户数据库系统。

4. SQL Plus 工具

在 Oracle 数据库系统工具中，SQL Plus 是一个基于命令行的数据库操作工具。用户在操作系统中，单击 SQL Plus 程序菜单，即可启动 SQL Plus 工具程序运行，其初始界面如图 1-4 所示。

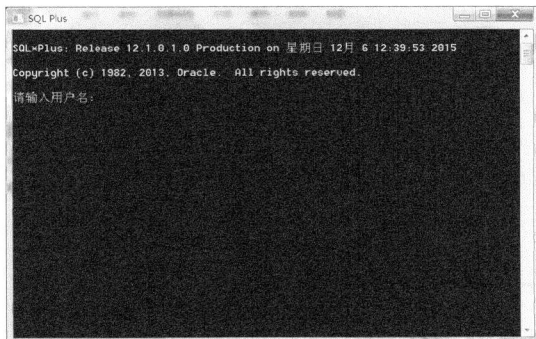

图 1-4　SQL Plus 初始界面

在 SQL Plus 工具中，用户可以使用 SQL 语言命令、PL/SQL 语言命令与数据库管理系统进行交互，实现对数据库的操作访问与系统管理。

1.1.2   实验目的

通过 Oracle Database 12c 数据库管理系统的软件安装与使用操作实验，了解数据库管理系统软件的产品组件构成和功能特性，熟悉数据库 DBMS 软件安装方法，掌握 DBMS 软件工具的基本使用，从而培养数据库 DBMS 安装与使用能力。

本实验具体目标如下：

（1）了解 Oracle Database 12c 软件安装的软硬件环境要求。

（2）了解 Oracle Database 12c 软件的主要功能组件特性。

（3）掌握 Oracle Database 12c 软件安装与配置方法。

（4）掌握 Oracle Database 12c 软件工具的基本使用方法。

1.1.3   实验内容

1. 数据库产品软件安装与配置

针对 Oracle Database 12c 数据库产品软件企业版本，在 Windows 操作系统环境中，完成该数据库软件产品的安装与配置。主要实验内容如下：

（1）检查 Windows 操作系统环境是否满足 Oracle Database 12c 企业版本软件的软硬件安装要求。

（2）准备数据库安装的系统环境，在 Windows 操作系统中创建一个域用户账户，并赋予相应权限，使其成为 Oracle 数据库主目录安装用户。

（3）安装 Oracle Database 12c 企业版本软件，并在安装过程中配置数据库实例参数。

2. 数据库产品软件工具基本使用

针对已安装的 Oracle Database 12c 软件工具进行基本操作使用，主要实验内容如下：

（1）使用 Oracle Enterprise Manager Express（企业管理器快捷版）工具对数据库系统进行基本的管理操作。

（2）使用 Administration Assistant for Windows 管理助手工具，控制数据库实例服务启停，验证数据库服务器引擎是否可以运行。此外，也可使用该工具对数据库角色和权限进行管理。

（3）使用 Database Configuration Assistant 配置管理工具进行创建数据库、配置数据库、删除数据库操作。

（4）使用 SQL Developer 开发与管理工具对数据库进行基本操作访问与系统管理。

1.1.4   实验指导

本节将以 Oracle Database 12c 数据库企业版软件为例，给出其软件产品安装、数据库安装配置、数据库工具基本使用的操作指导。

1. Oracle Database 12c 企业版本软件安装

在安装 Oracle Database 12c 软件时，首先应确定数据库软件的操作系统版本，并确保安装数据库软件的计算机运行环境应满足基本的软硬件配置要求。例如，在 Windows 7 操作系统环境中安装 Oracle Database 12c 数据库软件，计算机应具备如下基本配置要求：

（1）最少 1GB 以上的物理内存。

（2）足够的页面空间。

（3）安装恰当的操作系统补丁和服务包。

（4）使用恰当的文件系统格式。

在甲骨文公司官网中，可从 http://www.Oracle.com/technetwork/cn/database/ enterprise-edition/ downloads/index.html 地址下载 Oracle Database 12c 第 1 版（12.1.0.1.0）安装软件压缩包。然后，在操作系统中，将下载的 Oracle Database 12c 压缩文件在用户指定的目录中进行解压。在解压后的文件目录中，双击 setup.exe 程序，便可启动安装程序运行，其安装界面如图 1-5 所示。

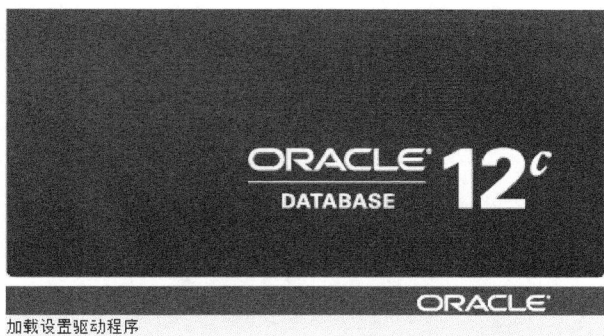

图 1-5　Oracle Database 12c 安装界面

进入 Oracle Database 12c 软件的安装流程后，其操作步骤如下：

（1）系统首先执行 Oracle Universal Install 程序，检查本计算机系统环境配置。如果系统配置符合安装要求，安装程序将弹出配置安全更新初始界面，如图 1-6 所示。

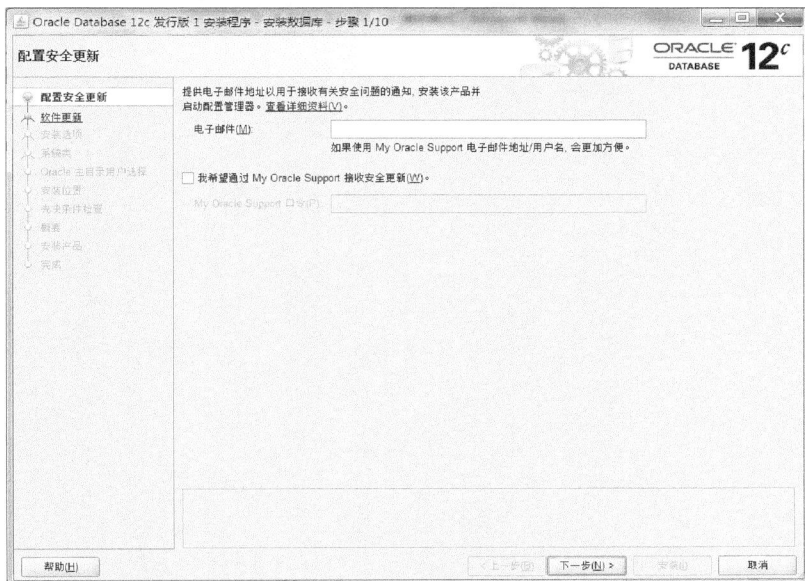

图 1-6　Oracle Database 12c 配置安全更新初始界面

（2）在该界面中输入电子邮件地址和 My Oracle Support 口令。如果不需要接收安全更新信息，则直接在更新界面中单击"下一步"按钮，系统进入安全更新下载选项界面，如图 1-7 所示。如果用户没有 My Oracle Support 口令，则选择跳过软件更新选项。

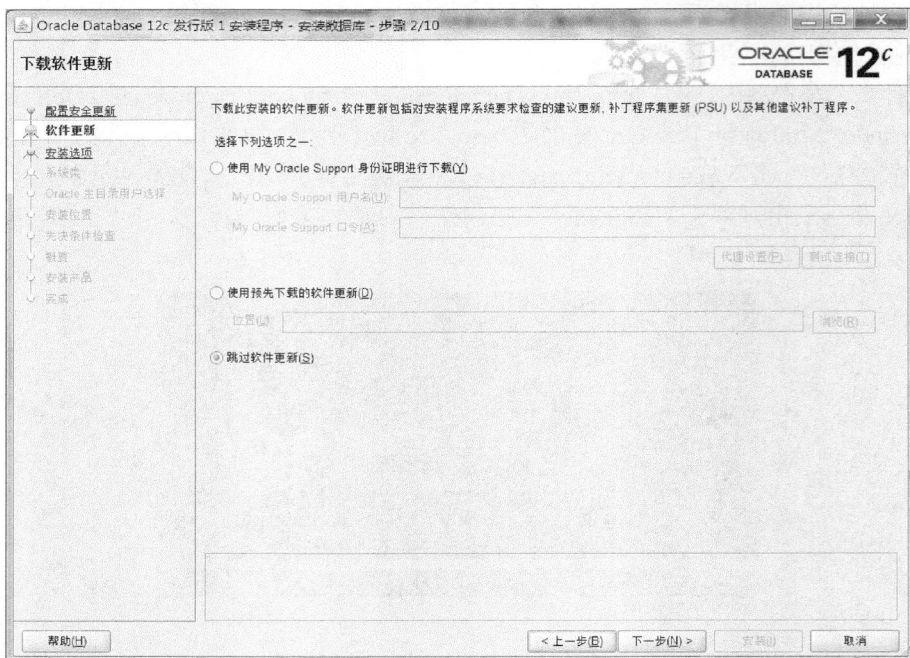

图 1-7　Oracle Database 12c 安全更新下载选项界面

（3）单击"下一步"按钮后，进入安装选项设置，如图 1-8 所示。

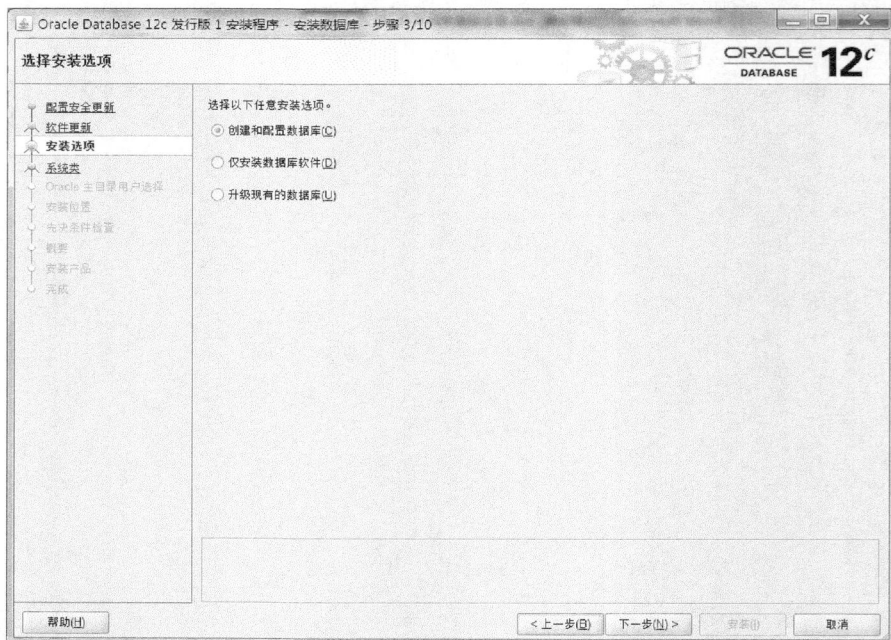

图 1-8　Oracle Database 12c 安装选项设置

（4）单击"下一步"按钮后，进入软件安装类别选项设置。如果作为生产环境使用，选择"服务器类"安装；否则，选择"桌面类"安装，如图 1-9 所示。

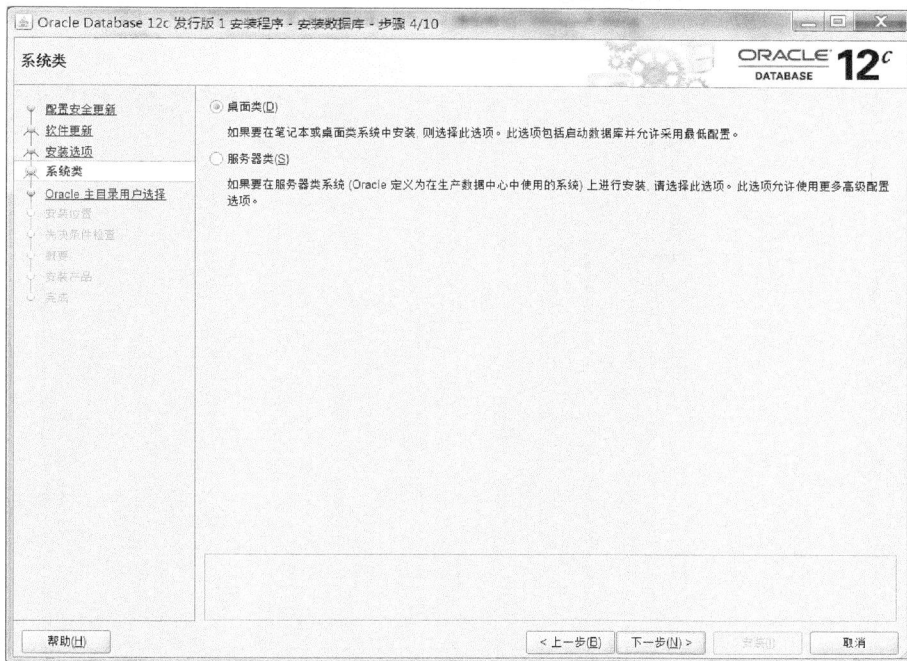

图 1-9　Oracle Database 12c 安装类别选项设置

（5）单击"下一步"按钮后，进入 Oracle 主目录用户设置界面，如图 1-10 所示。

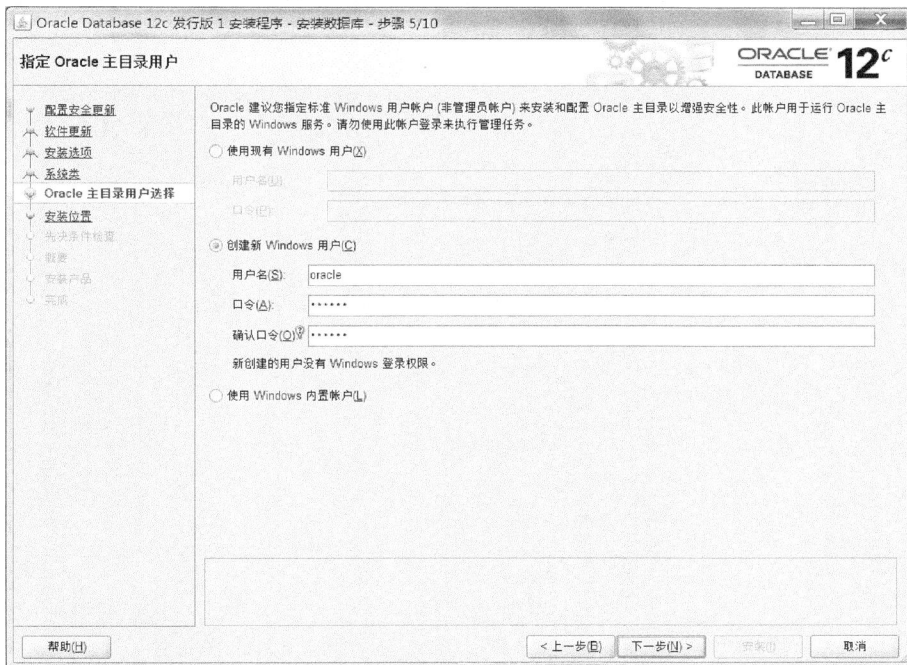

图 1-10　Oracle 主目录用户账户设置

（6）在该界面中，有 3 种方式设定 Oracle 主目录用户："使用现有 Windows 用户""创建新 Windows 用户""使用 Windows 内置账户"。这里选取"创建新 Windows 用户"选项，并输入用户名和口令，然后单击"下一步"按钮，进入典型安装配置界面，如图 1-11 所示。

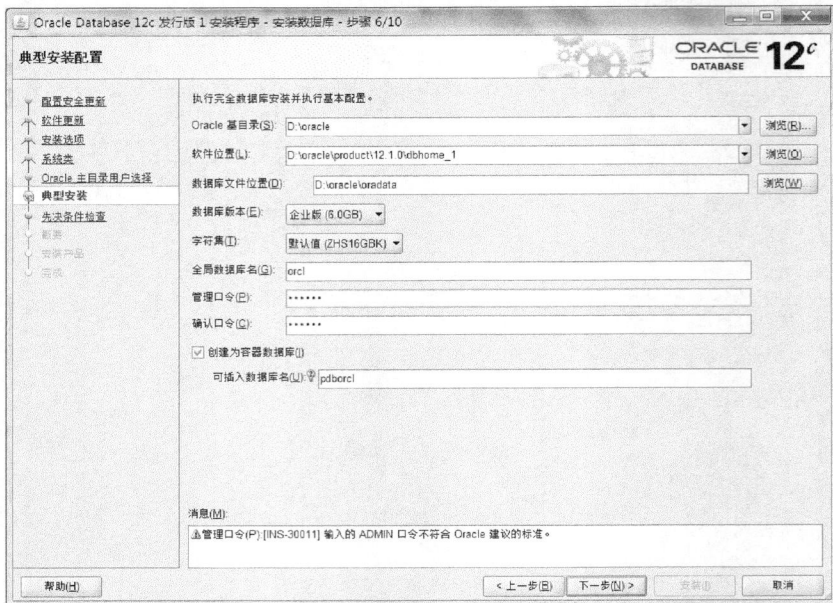

图 1-11　Oracle 安装配置

（7）在该界面中，设置 Oracle 安装目录位置、版本类型、全局数据库名称、字符集、管理口令以及是否创建为容器数据库等内容。单击"下一步"按钮，进入安装设置概要界面，如图 1-12 所示。

图 1-12　Oracle 安装设置概要

（8）在该界面中，用户可以确认 Oracle 软件安装选项参数设置。单击"安装"按钮，进入软件组件安装过程界面，如图 1-13 所示。

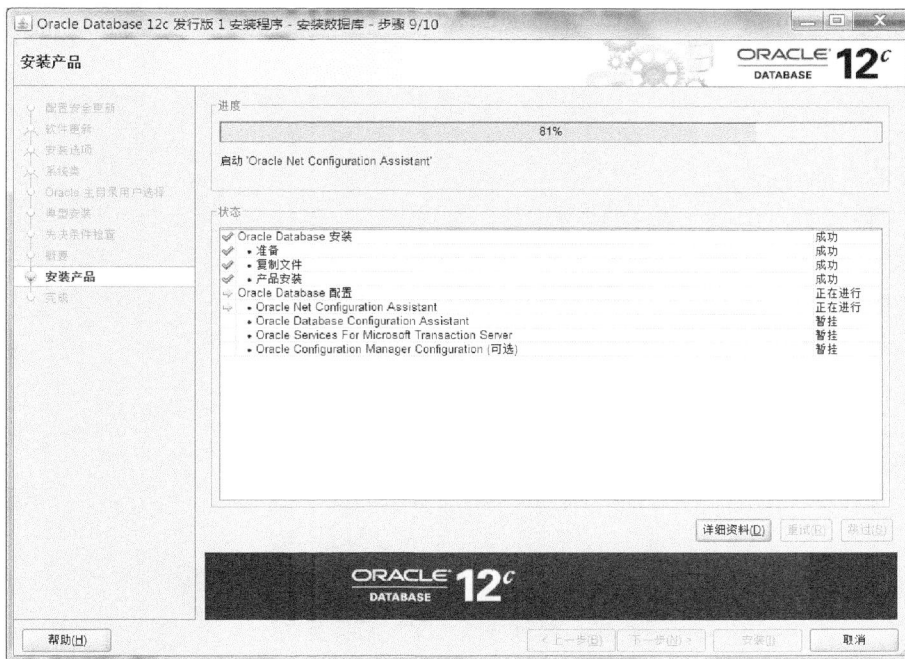

图 1-13　Oracle 软件组件安装过程

（9）当安装过程进展到 100%时，系统会弹出数据库配置助手界面，如图 1-14 所示。

（10）在数据库配置助手界面，单击"口令管理"按钮，进入"口令管理"界面，如图 1-15 所示。在该界面中，针对默认的 SYSTEM、SYS 管理账户设置口令。

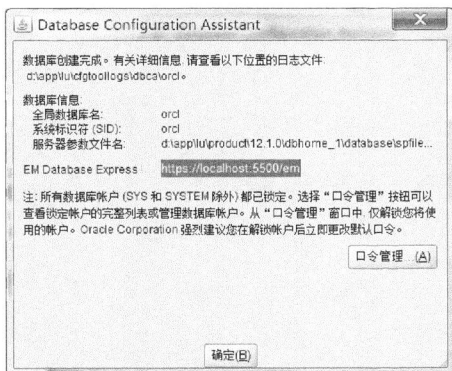

图 1-14　数据库配置助手界面

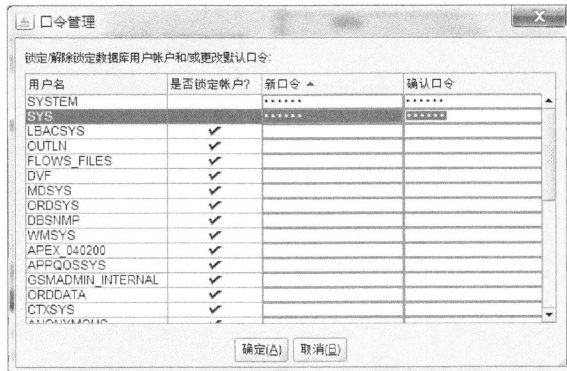

图 1-15　Oracle"口令管理"界面

（11）单击"确定"按钮后，进入 Oracle 安装完成界面，如图 1-16 所示。

图 1-16　Oracle 安装完成界面

单击"关闭"按钮后，数据库安装过程结束，退出安装程序。

当 Oracle Database 12c 在 Windows 操作系统中安装完成后，将在系统中创建若干 Oracle 功能组件服务，如图 1-17 所示。

当这些 Oracle 功能组件服务在 Windows 中启动运行后，便可使用 Oracle 数据库系统了。

图 1-17　Oracle 功能组件服务

2. Oracle Database 12c 企业管理器快捷版工具使用

在 Oracle Database 12c 数据库系统安装后，可以使用该软件的企业管理器快捷版工具（Enterprise Manager Express）实现对数据库系统的基本管理。用户在浏览器中输入 URL 地址 https://localhost:5500/em/login，便可进入数据库管理登录页面，如图 1-18 所示。

当输入系统管理账户 SYS 及其口令后，进入系统管理首页界面，如图 1-19 所示。

图 1-18　Oracle 数据库管理登录页面

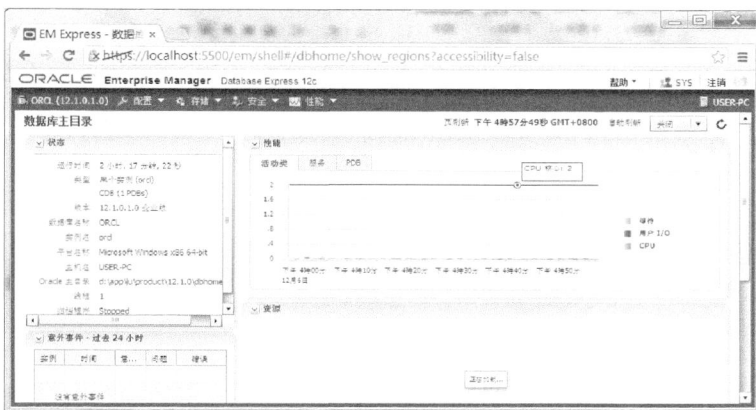

图 1-19　Oracle 数据库管理首页

3．Oracle Database 12c 管理工具程序使用

当 Oracle Database 12c 数据库产品安装完成后，在 Windows 操作系统的程序组中将出现一组 Oracle Database 12c 工具程序菜单，如图 1-20 所示。

用户可使用这些工具程序实现对 Oracle Database 12c 数据库系统的配置管理和应用开发。

1）Administration Assistant for Windows

Oracle Database 12c 数据库系统的 Administration Assistant for Windows 是一个系统管理助手工具。它可以使用户以 GUI 图形界面方式实现对数据库服务进行控制管理、用户角色和权限管理等操作。

（1）数据库服务启停控制。

使用 Administration Assistant for Windows 工具，用户可以对各个数据库的运行实例服务进行启停控制。例如，在工作目录中，选取一个数据库 HSD，单击"操作→启动服务"菜单后，本工具将启动服务器中的 OracleServiceHSD 服务，操作界面输出"服务已成功启动"消息，如图 1-21 所示。

（2）数据库服务启动类型配置。

用户还可以对数据库服务实例、数据库服务启动类型及用户服务口令进行参数配置，如图 1-22 所示。

图 1-20   Oracle Database 12c 工具程序菜单

图 1-21   Oracle 数据库服务启停控制

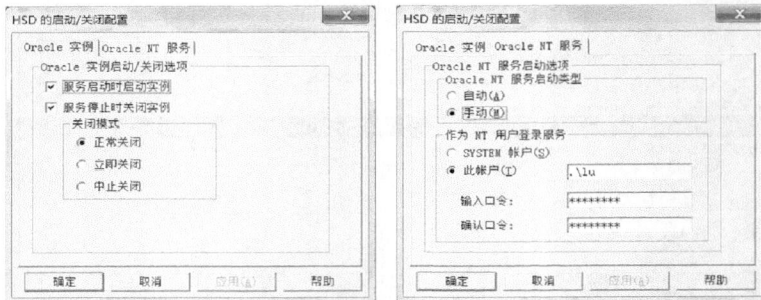

图 1-22   Oracle 数据库服务启动类型配置

（3）数据库用户及角色创建维护。

在 Administration Assistant for Windows 工具中，用户还可以对数据库的用户角色进行创建、删除及授权操作，如图 1-23 所示。

图 1-23   Oracle 数据库用户角色管理

在该功能界面中，用户可以完成如下功能操作：

① 配置常规 Windows 域用户和全局组，使其不需要输入口令即可访问 Oracle 数据库。

② 配置 Windows 数据库管理员具有 SYSDBA 权限，使其不需要口令即可访问 Oracle 数据库。

③ 配置 Windows 数据库操作者具有 SYSOPER 权限，使其不需要口令即可访问 Oracle 数据库。

④ 创建本地和外部操作系统数据库角色，并将其授予 Windows 域用户和全局组。

⑤ 创建与数据库系统标识符(SID)和角色匹配的本地组，将域用户分配给这些本地组。

2）Database Configuration Assistant

Oracle Database 12c 数据库系统的 Database Configuration Assistant 是一个数据库配置管理助手工具。使用它可以实现对数据库创建、数据库删除、数据库配置、数据库模板管理、数据库实例管理等操作。其数据库配置管理主功能界面如图 1-24～图 1-27 所示。

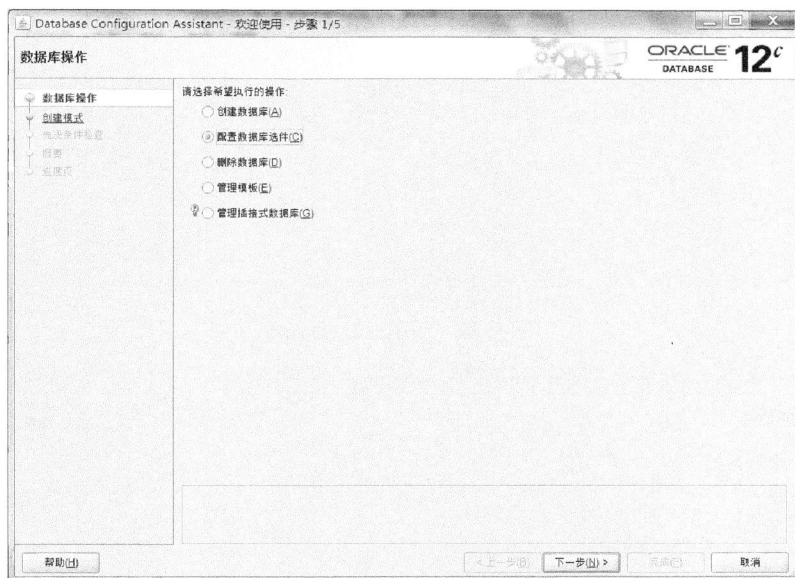

图 1-24　Oracle 数据库操作选择

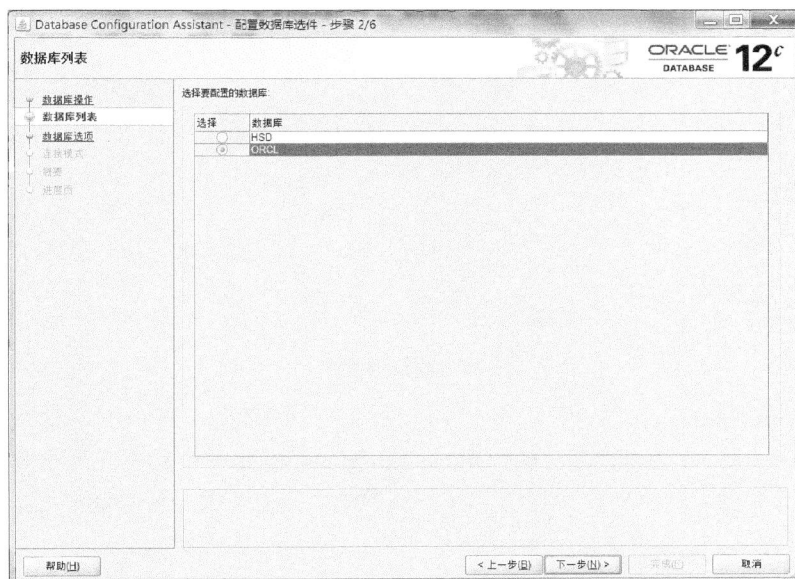

图 1-25　选择数据库

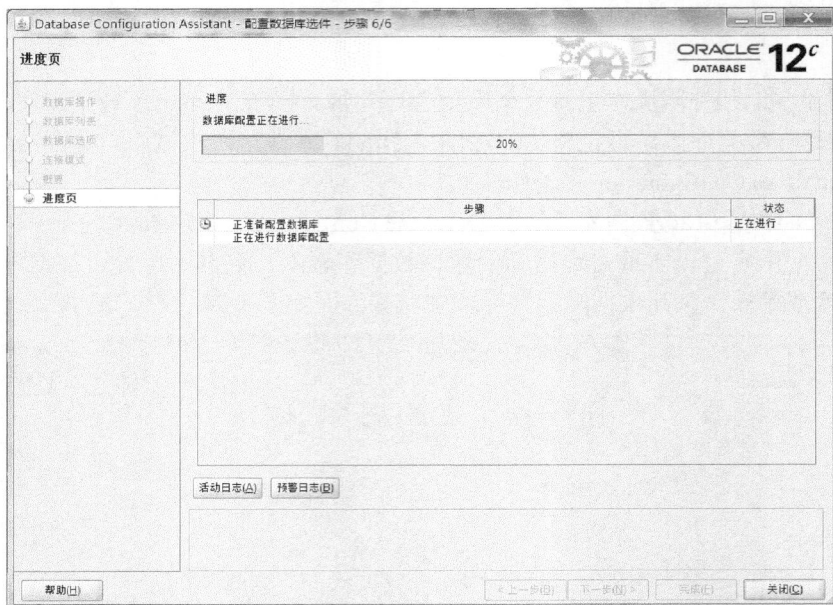

图 1-26　数据库配置过程

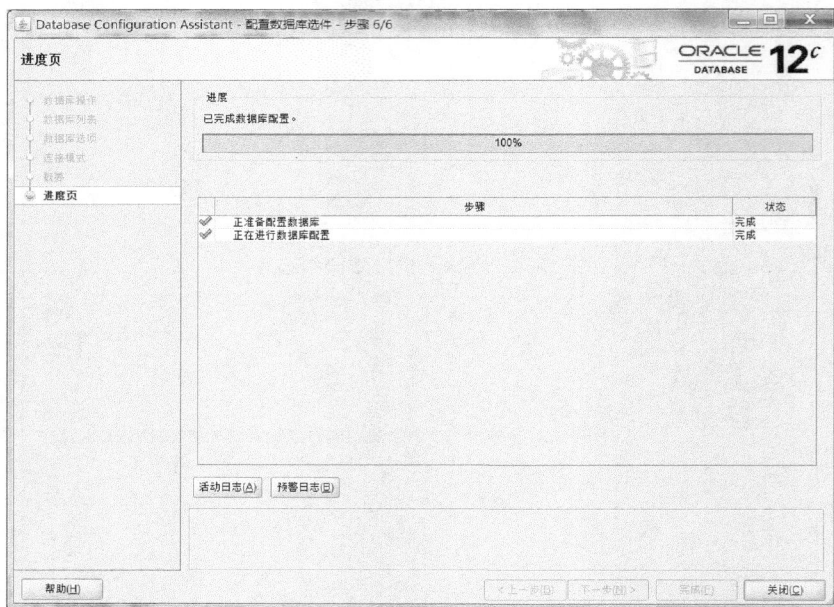

图 1-27　数据库配置完成

3）Oracle Net Manager

Oracle Database 12c 数据库系统的 Oracle Net Manager 是一个数据库网络连接参数配置管理助手工具。使用它可以建立客户机访问服务器的配置连接参数，主功能界面如图 1-28 所示。

4. Oracle Database 12c 开发工具使用

当进行 Oracle Database 12c 数据库开发或系统管理时，可使用 SQL Developer 集成开发与管理工具来完成。该工具既可以完成数据库开发操作，也可以完成数据库 DBA 系统管理功能操作。例如，使用 SQL Developer 工具实施 SAMPLE 数据库的开发和管理，其 SQL Developer 工具程序运行的功能界面分别如图 1-29 和图 1-30 所示。

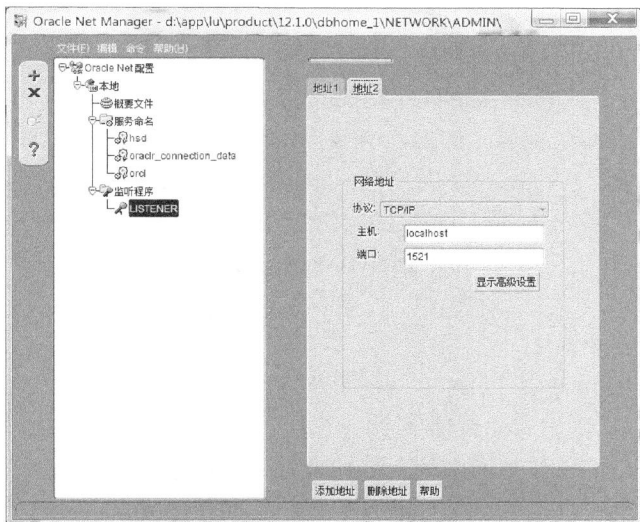

图 1-28　数据库网络连接配置

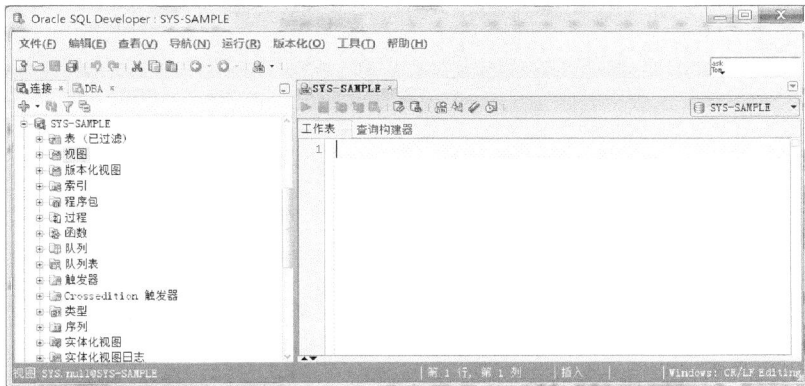

图 1-29　SQL Developer 数据库开发界面

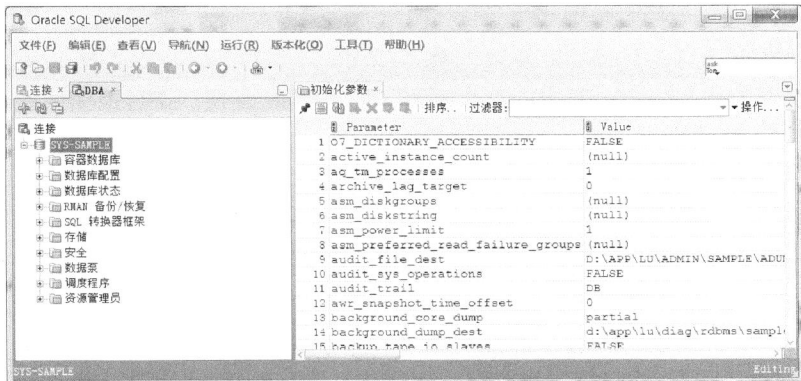

图 1-30　SQL Developer 数据库管理界面

在使用 SQL Developer 工具操作与管理数据库前，用户需要建立该数据库的连接，并需要登录、验证身份后，方可进行数据库操作。

1.1.5 问题解答

（1）如何启停控制 Oracle 数据库实例运行？

当需要启停控制某个 Oracle 数据库实例的运行状态时，通过控制该实例在 Windows 操作系统中的服务运行状态即可实现。例如，若要启动名称为 SAMPLE 的数据库实例，需要在 Windows 操作系统的服务管理程序中启动 OracleServiceSAMPLE 服务。同时还需要启动 TNSlistener 监听服务，这样数据库管理工具才能连接到该数据库实例进行管理操作。除此之外，还可以使用数据库工具 Administration Assistant for Windows 完成对数据库服务的启停控制。

（2）如何新建一个数据库？

在 Oracle 数据库系统管理中，当需要创建一个新的数据库时，可通过 Database Configuration Assistant（数据库配置助手，DBCA）工具来实现。在该工具中，选取新建数据库选项进行操作，在后续操作界面中输入新建数据库的必要参数，随后便可开始创建该数据库。除了可新建数据库外，也可对现有数据库进行配置管理或删除不再使用的数据库。

（3）如何修改数据库的初始化参数？

在 Oracle 数据库管理中，当需要修改数据库的初始化参数时，可通过 SQL Developer 工具来实现。在该工具中，使用 SYS 管理员用户登录数据库，进入 DBA 视图，在数据库初始化参数配置界面中，进行数据库初始化参数修改。

1.1.6 实验练习

实 验 报 告

一、实验 1：Oracle Database 12c 数据库管理系统软件安装与使用

二、实验室名称：　　　　　　　　　　　　实验时间：

三、实验目的与任务

通过数据库管理系统软件安装与使用操作实验，了解数据库管理系统软件产品构成及其功能特性，熟悉数据库 DBMS 软件安装方法，掌握 DBMS 软件工具的基本使用，从而培养数据库 DBMS 软件安装与使用能力。

本实验任务是使用 Oracle Database 12c 数据库软件产品安装包，在 Windows 7 操作系统环境下，完成 Oracle Database 12c 版本数据库系统软件安装与配置，并对该软件的典型工具进行基本操作使用。

四、实验原理

了解 Oracle Database 12c 企业数据库产品的技术特点、软件版本、软件功能组件、软件硬件环境要求等技术文档。按照 Oracle Database 12c 数据库产品安装指南的操作步骤，在本机 Windows 操作系统环境中实现 Oracle Database 12c 数据库管理系统的安装，然后使用 Oracle Database 12c 系统提供的配置工具完成数据库系统的运行设置。

五、实验内容

1）Oracle Database 12c 数据库产品软件安装

在 Windows 7 操作系统环境中，完成 Oracle Database 12c 数据库产品的企业版本软件安装与配置。主要实验内容如下：

（1）准备数据库软件安装的系统环境，在 Windows 操作系统中创建一个域用户账户，并赋予相应权限，并创建 Oracle 数据库主目录。

（2）在 Oracle 数据库主目录中，安装 Oracle Database 12c 企业版本软件，并配置数据库实例参数。

2）数据库产品软件基本使用

针对已安装的 Oracle Database 12c 软件工具进行基本操作使用，主要实验内容如下：

（1）当 Oracle Database 12c 软件安装完成后，启停控制数据库实例服务，验证数据库服务器引擎是否可以正常运行。

（2）使用 Oracle Database 12c 企业管理器快捷版工具对数据库系统进行基本访问操作。

（3）使用 Oracle Database 12c 数据库系统的配置管理和应用开发工具对数据库系统进行基本访问操作。

六、实验设备及环境

本实验所涉及的硬件设备为计算机、服务器及以太网络环境。

操作系统：Windows 7

DBMS：Oracle Database 12c

七、实验步骤

采用甲骨文公司网站平台提供的 Oracle Database 12c 安装版本，进行数据库管理系统安装和软件工具的初步使用，其步骤如下：

（1）了解系统安装的软硬件环境要求，进行本机操作系统环境准备，并确定安装目录、用户账号和权限。

（2）按照 Oracle Database 12c 安装环境要求，安装必要的环境软件和软件更新。

（3）运行 Oracle Database 12c 安装程序，按向导提示，逐步完成 Oracle Database 12c 软件安装，并配置数据库实例参数。

（4）检验 Oracle Database 12c 数据库服是否运行正常。

（5）使用 Enterprise Manager Express 工具对数据库系统进行基本访问操作。

（6）使用 Database Configuration Assistant 工具对数据库进行基本配置管理。

（7）使用 SQL Developer 工具对数据库进行基本访问操作。

八、实验数据及结果分析

说明：本节为学生编写的报告内容，学生应按照上述步骤分别给出各项实验内容的具体操作过程说明，并体现出操作分析、操作原理、操作方法等描述内容。在报告内容中，需要有基本的操作界面和操作结果数据分析。

九、总结及心得体会

说明：本节为学生编写的报告内容，学生应对本实验的关键技术内容进行归纳总结，并给出心得体会。

1.2　实验 2——数据库及表空间操作

1.2.1　相关知识

数据库是一种依照特定数据模型组织、存储和管理数据的文件，这类数据库文件一般存放在辅助存储器中，以便长久地保存数据。在 Oracle 数据库中，数据库文件主要由数据文件（.dbf）、重做日志文件（.log）和控制文件（.ctl）组成。其中数据文件是用来存储数据库中用户数据和系统数据的物理文件；重做日志文件是一种用来记录数据库更改操作信息的文件，它支持数据库恢复处理；控制文件是一种支持数据库运行与访问的二进制文件，它记录了数据库名、表空间名、数据文件位置、日志文件位置等重要信息。

从逻辑结构来看，每个 Oracle 数据库均由若干表空间组成，在表空间中包含各类数据库对象的段、区和块结构，数据就组织、存储在这些结构中。从物理结构来看，每个数据库由若干数据库文件（数据文件、日志文件、控制文件等）构成，它们之间的结构关系如图 1-31所示。

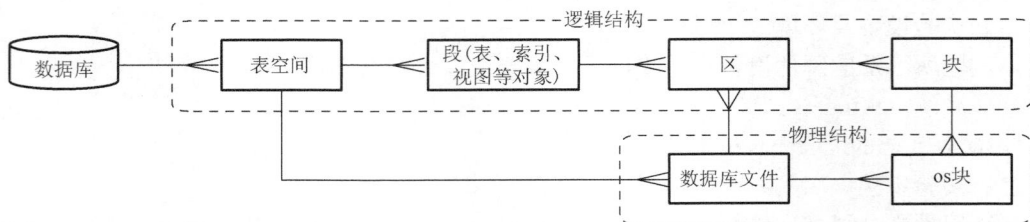

图 1-31　数据库结构关系

在新建数据库时，系统自动为该数据库创建如下几个默认的表空间。这些表空间用于组织数据库的各类数据存储。

1）系统表空间

系统表空间（SYSTEM）用于存储系统数据字典对象，即系统元数据和运行数据。该表空间中的对象数据只能由 SYS 系统管理用户进行访问，任何不当的数据修改或删除，都可能会导致数据库功能异常或失效。

2）系统辅助表空间

系统辅助表空间（SYSAUX）用于存储系统数据字典以外的系统对象。该表空间中的对象数据由 SYS 或 SYSTEM 系统管理用户进行访问。同样，任何不当的数据修改或删除，都可能会导致数据库功能异常或失效。

3）撤销表空间

撤销表空间（UNDOTBS）用于存储 Oracle 数据库的回滚事务数据，该空间也称回滚表空间。创建的数据库若是一个多租户数据库（由 1 个 CDB 和多个 PDB 构成），则在每个 PDB数据库中都包含独立的 SYSTEM 表空间、SYSAUX 表空间、TEMP 表空间和 USERS 表空间，但所有的 PDB 数据库共享 CDB 数据库的 UNDOTBS 表空间。

4）临时表空间

临时表空间（TEMP）用于存储系统临时数据。当数据库实例关闭时，该表空间中的数据会被自动清除。除 TEMP 表空间外，其他表空间数据在数据库系统中都是长久存储，除非进行数据修改或删除。在一些应用场景中，数据库用户可以使用 TEMP 表空间暂存应用的中间处理数据，可避免占用系统存储资源。

5）用户表空间

用户表空间（USERS）用于存储用户应用数据。具有一定权限的用户还可以自定义创建多个 USERS 类型的表空间，用于提高大数据量的数据库访问性能。用户创建的 USERS 类型表空间可自定义名称以及其他属性。

在 Oracle 数据库系统中，所有对数据库的访问操作均是通过 DBMS 执行 SQL 语句来实现的。SQL（Structured Query Language，结构化查询语言）是一种关系数据库操作的标准语言，它包括数据定义（Data Definition Language，DDL）、数据操纵（Data Manipulation Language，DML）、数据查询（Data Query Language，DQL）、数据控制（Data Control Language，DCL）等功能类型语句。用户使用 SQL 语言可以完成对数据库访问与管理等操作。几乎所有关系数据库 DBMS 产品都支持 SQL 语言，如 Oracle、DB2、Sybase、SQL Server、Access 等。

1. Oracle 数据库创建与管理

在 Oracle 数据库产品中，一般使用 DBCA（Database Configuration Assistant，数据库配置助手）工具程序实现数据库创建、数据库配置修改、数据库删除管理。该工具程序以 GUI 向导方式引领用户实现数据库创建与管理，具有操作方便、数据库配置简单等特点。在 Windows 操作系统中，单击 Oracle 程序组中的 DBCA 程序菜单，便可运行 DBCA 程序，其程序运行的主界面如图 1-32 所示。

图 1-32　DBCA 程序主界面

根据 DBCA 主界面选项，用户可以进行数据库创建、数据库配置修改、数据库删除、数据库模板管理、插接式数据库管理功能操作。

此外，在 Oracle 数据库系统中，也可以在数据库 DBMS 中执行 SQL 语句，实现数据库创建及其管理。但用户在执行数据库创建及管理 SQL 语句前，需要做大量的环境准备工作，如设置 OS 环境变量、配置初始化参数文件、创建数据库目录等。

1）数据库创建

在数据库 DBMS 中，执行 SQL 语言的 Create database 语句实现数据库创建，其 SQL 语句基本格式如下：

```
Create database<数据库名>
[user<用户名>identified by<密码>]
[controlfile reuse]
[logfile[group n]<日志文件>, ……]
[maxlogfiles<整数>]
[maxdatafiles<整数>]
[maxinsances<整数>]
[archivelog|no archivelog]
[charactor set<字符集>]
[datafile<数据文件>, ……]
[sysaux datafile<数据文件>, ……]
[default tablespace<表空间名>]
[default temporary tablespace<临时表空间名>tempfile<临时文件>]
[undo tablespace<撤销表空间名>datafile<文件名>];
```

在数据库创建 SQL 语句中，"Create database"为关键词，"数据库名"为将创建数据库的名称字符串。其中各个子句定义如下。

- user...identified by...：设置数据库系统管理员密码，例如，设置 SYS 或 SYSTEM 用户密码。
- controlfile reuse：复用系统已有的控制文件。
- logfile[group n]：定义日志文件组和成员。
- maxlogfiles：定义数据库日志文件数量最大值。
- maxinstances：定义数据库实例数量最大值。
- archivelog | no archivelog：设置数据库的运行模式为归档模式或非归档模式。
- charactor set：定义数据库存储数据的字符集。
- datafile：定义数据文件的初始位置和初始大小。
- sysaux datafile：定义 sysaux 表空间中数据文件的位置和初始大小。
- default tablespace：定义默认的表空间。
- default temporary tablespace：定义临时表空间的位置和初始大小。
- undo tablespace：定义撤销表空间的位置和文件位置。

为了成功实现数据库创建操作，用户必须有 SYSDBA 权限，建立该数据库参数文件以及数据库文件目录，并以 startup nomount 模式启动数据库引擎。在数据库系统启动后，再执行 create database 语句。

2）数据库删除

在数据库 DBMS 中，执行 SQL 语言的 drop database 语句实现数据库删除处理，其 SQL 语句基本格式如下：

```
drop database;
```

在删除数据库之前，需要用户以 SYSDBA 身份登录，并且将该数据库以 MOUNT 模式启动，通过执行如下代码实现数据库删除。

```
connect SYS/密码 as SYSDBA;
shutdown immdiate;
startup mount;
drop database;
```

3）数据库修改

在数据库 DBMS 中，执行 SQL 语言的 alter database 语句实现数据库修改处理，其 SQL 语句基本格式如下：

```
alter database
[启动子句]|
[恢复子句]|
[数据库文件子句]|
[日志文件子句]|
[控制文件子句]|
[standby 数据库子句]|
[默认设置子句]|
[数据库实例子句]|
[安全子句];
```

执行 alter database 语句可以对数据库进行启动模式修改、数据库恢复模式修改、数据库文件修改、日志文件修改、控制文件修改、standby 数据库模式修改、默认设置修改、数据库实例修改和安全模式修改。例如，为了启动数据库为只读模式，可以执行如下语句实现。

```
alter database open read only;
```

2. 数据库表空间创建与管理

在数据库使用过程中，根据应用的数据存储要求，用户可以新建数据库表空间，也可对现有表空间进行修改、删除等管理。

1）表空间创建

在 Oracle 数据库系统中，可以使用 GUI 界面方式操作的 SQL Developer 工具为数据库创建新的表空间（例如 T_SPACE1），其"创建表空间"界面如图 1-33 所示。

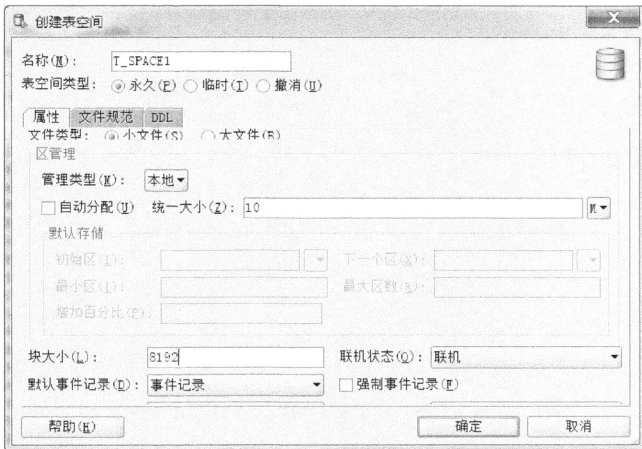

图 1-33　T_SPACE1 表空间创建

在"创建表空间"界面中，分别输入表空间名称、表空间容量、块大小等参数，单击"确定"按钮后，便可创建该表空间。

在 Oracle 数据库中，也可以在 DBMS 中通过执行 create tablespace 语句创建数据库表空间。例如，创建上例中的 T_SPACE1 表空间，其执行的 SQL 语句如下：

```
create tablespace T_SPACE1
    datafile
      'D:\APP\LU\ORADATA\SAMPLE\DATAFILE\O1_MF_T_SPACE1_CYWB7QN7_.DBF'  size
104857600 autoextend on next 12800 maxsize 34359721984
    blocksize 8192
    default nocompress
    online
    extent management local uniform size 10485760;
```

2）表空间修改

在 Oracle 数据库系统中，用户可以使用 GUI 界面方式操作的 SQL Developer 工具对已有的表空间进行配置修改。例如，对 T_SPACE1 表空间进行编辑修改，其界面如图 1-34 所示。

在"编辑表空间"界面中，可以改变原有表空间名称、表空间容量、块大小等参数。例如，将原有名称改为"T_SP1"。单击"确定"按钮后，就可完成表空间修改。

在 Oracle 数据库中，用户当然也可以通过执行 alter tablespace 语句修改数据库表空间。例如，将上例中的 T_SPACE1 表空间修改名称为 T_SP1，其 SQL 语句如下：

```
alter tablespace T_SPACE1 rename TO T_SP1;
```

3）表空间删除

在 Oracle 数据库系统中，用户还可以使用 GUI 界面方式操作的 SQL Developer 工具对已有的表空间进行删除处理。例如，将 T_SP1 表空间从数据库中进行删除，其操作界面如图 1-35 所示。

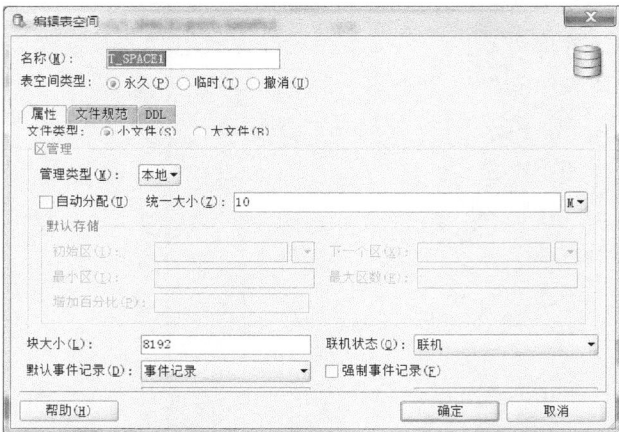

图 1-34　T_SPACE1 表空间修改　　　　　　　图 1-35　T_SP1 表空间删除

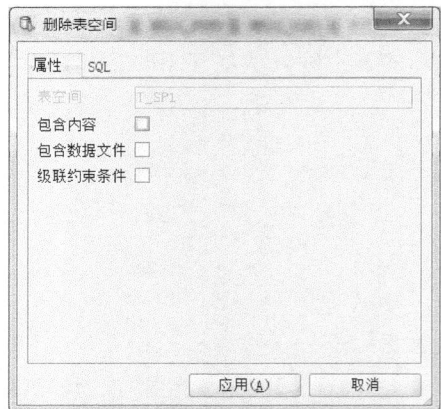

在"删除表空间"界面中，可以选取包含内容、包含数据文件、级联约束条件复选框，从而确定相关内容是否同时删除。单击"确定"按钮后，就可完成该表空间删除。

在 Oracle 数据库中，用户当然也可以通过执行 drop tablespace 语句删除数据库表空间。例如，从数据库中删除上例中的 T_SP1 表空间，其 SQL 语句如下：

```
drop tablespace "T_SP1"
   including contents and datafiles
    cascade constraints;
```

1.2.2　实验目的

通过 Oracle 数据库及其表空间操作实验，掌握创建数据库、修改数据库配置及删除数据库的操作方法。同样，也需要掌握数据库表空间的创建、修改和删除操作方法，从而培养数据库及其表空间的操作管理能力。本实验具体目标如下：

（1）了解 Oracle 数据库及其表空间组成结构关系与管理方法。

（2）掌握 Oracle 数据库创建、配置修改和删除操作方法。

（3）掌握 Oracle 数据库表空间创建、配置修改和删除操作方法。

（4）掌握 Oracle Database 12c 的 DBCA 配置助手工具、SQL Developer 开发与管理工具的使用方法。

1.2.3　实验内容

1. 数据库创建、配置修改及删除

针对一个酒店管理系统，实现该系统的数据库 HSD 创建与管理。在 Oracle Database 12c 系统环境中，完成如下实验内容：

（1）运行 Database Configuration Assistant 工具程序，创建 HSD 数据库实例，定义该数据库运行连接模式、系统账户口令、存储文件位置等参数。当该数据库创建完成后，进行基本验证访问。

（2）对已创建的 HSD 数据库实例，使用 Database Configuration Assistant 工具程序进行配置修改，改变该数据库运行连接模式等参数，重新启动数据库。

（3）对已创建的 HSD 数据库实例，使用 Database Configuration Assistant 工具程序进行删除操作，从 Oracle Database 12c 系统环境中删除该数据库。

2. 数据库表空间创建、配置修改及删除

针对一个酒店管理系统，创建与管理该系统数据库 HSD 的表空间。在 Oracle Database 12c 系统环境中，采用 SQL Developer 工具在 HSD 数据库中创建一个新的表空间 T_USER，随后对该表空间进行维护与删除管理。

1.2.4　实验指导

本节将以酒店管理系统数据库 HSD 创建为例，给出数据库创建、数据库配置修改、数据库删除基本操作指导。同时也给出在数据库中创建表空间、修改表空间、删除表空间的基本操作指导。

1. HSD 数据库创建

开发一个数据库应用系统，首先需要创建其数据库。数据库管理员（DBA）可以使用 Database Configuration Assistant 工具对数据库进行创建操作。在 Oracle Database 12c 软件中，其操作步骤如下：

（1）运行 Database Configuration Assistant 工具程序，进入数据库配置助手初始界面，如图 1-36 所示。

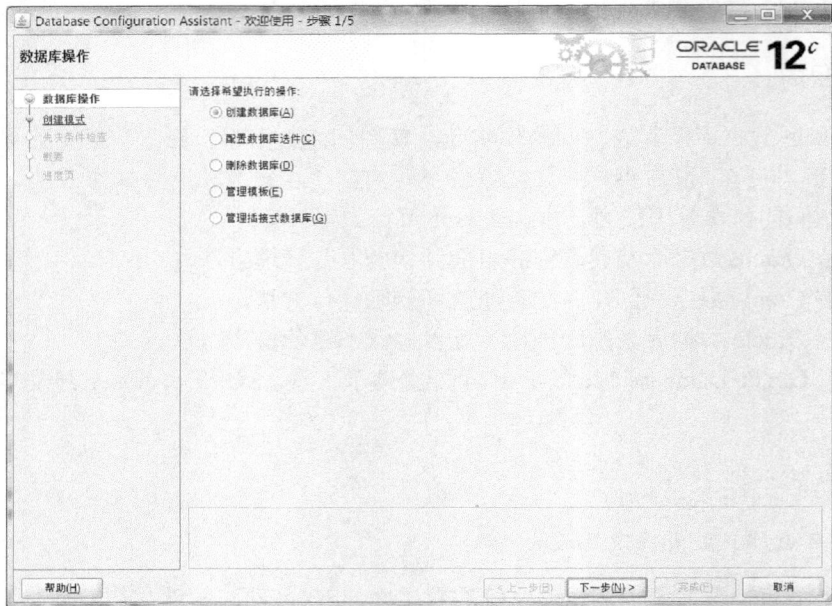

图 1-36　数据库配置助手初始界面

（2）在该界面中，选取创建数据库选项，并单击"下一步"按钮，进入"创建数据库"界面。在该界面中，可以有两种方式设置数据库创建参数。一种是使用默认配置创建数据库，另一种是采用高级模式创建数据库，如图 1-37 所示。

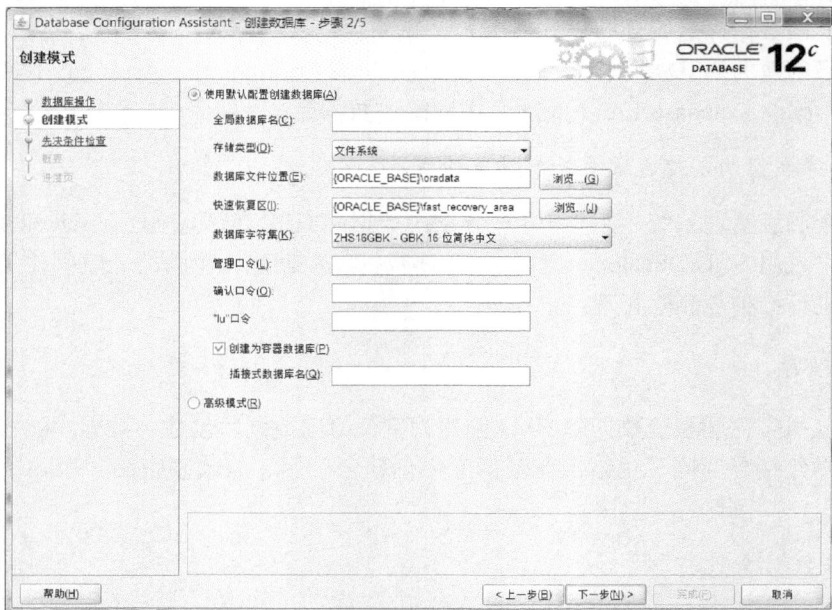

图 1-37　"创建数据库"界面

（3）在该界面中，本例选取"高级模式"创建数据库，单击"下一步"按钮，进入"数据库模板"选择界面。在该界面中，有 3 种数据库模板。第 1 种是"一般用途或事务处理"，第 2 种是"定制数据库"，第 3 种是"数据仓库"。选择默认的第 1 种模板创建数据库，如图 1-38 所示。

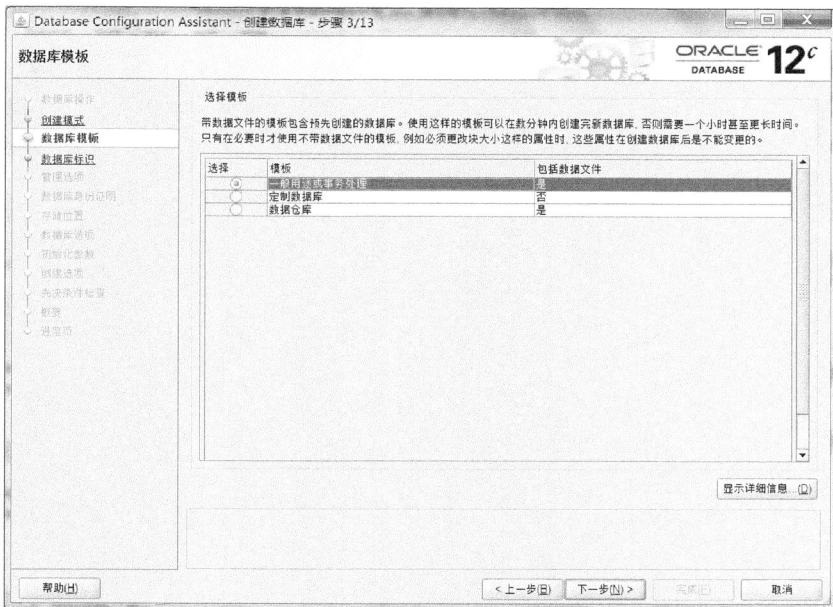

图 1-38　数据库模板选择

（4）在模板选择界面中，单击"显示详细信息"按钮，可以查看该模板参数设置。当单击"下一步"按钮后，进入"数据库标识"设置界面。在该界面中，需要输入该数据库的全局数据库名、数据库标识，此外还可以选择是否创建容器数据库，如图 1-39 所示。

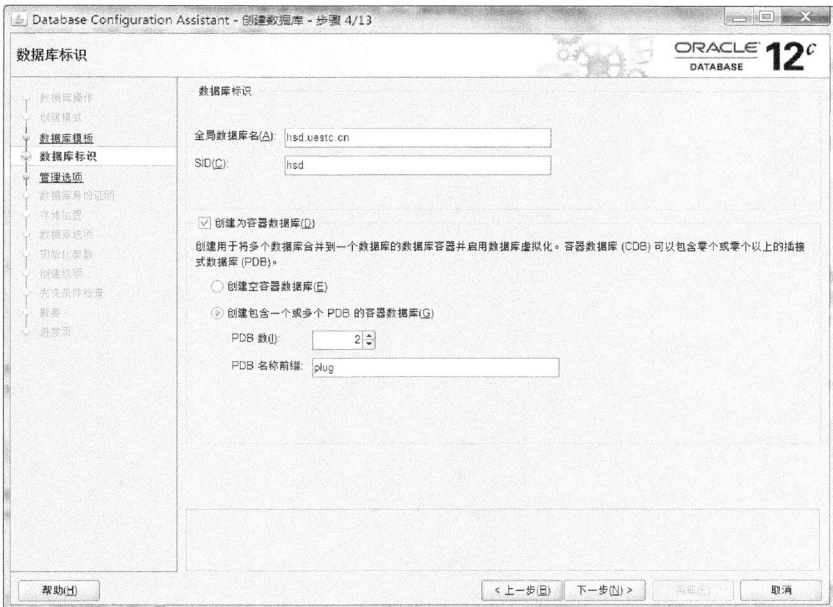

图 1-39　数据库标识设置

（5）在"数据库标识"设置界面中，本例设置全局数据库名为"hsd.uestc.cn"，数据库标识 SID 为"hsd"，PDB 数为 2，PDB 前缀为"plug"。单击"下一步"按钮，进入"管理选项"界面，如图 1-40 所示。

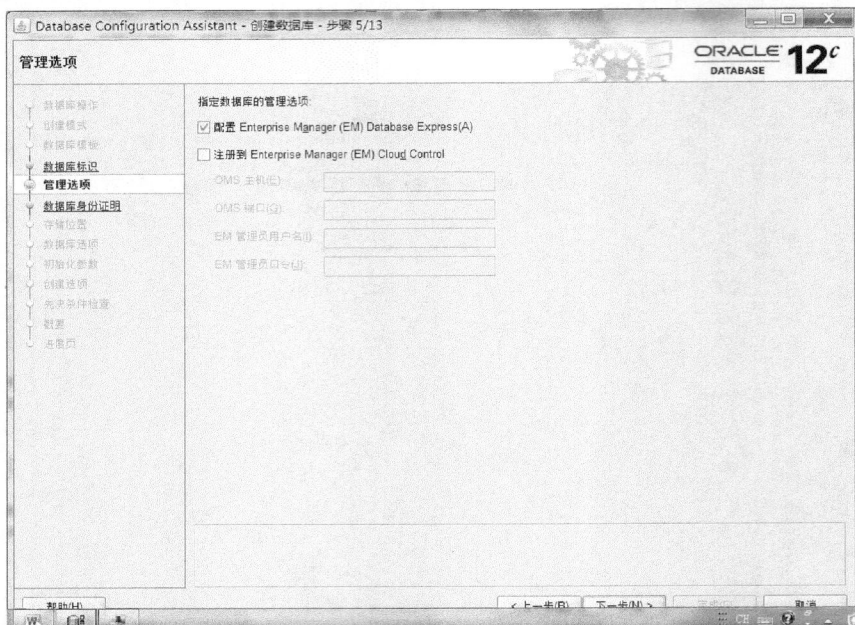

图 1-40　"管理选项"界面

（6）在"管理选项"界面中，选取默认选项"配置 Enterprise Manager Database Express"。单击"下一步"按钮，进入"数据库身份证明"设置界面，如图 1-41 所示。

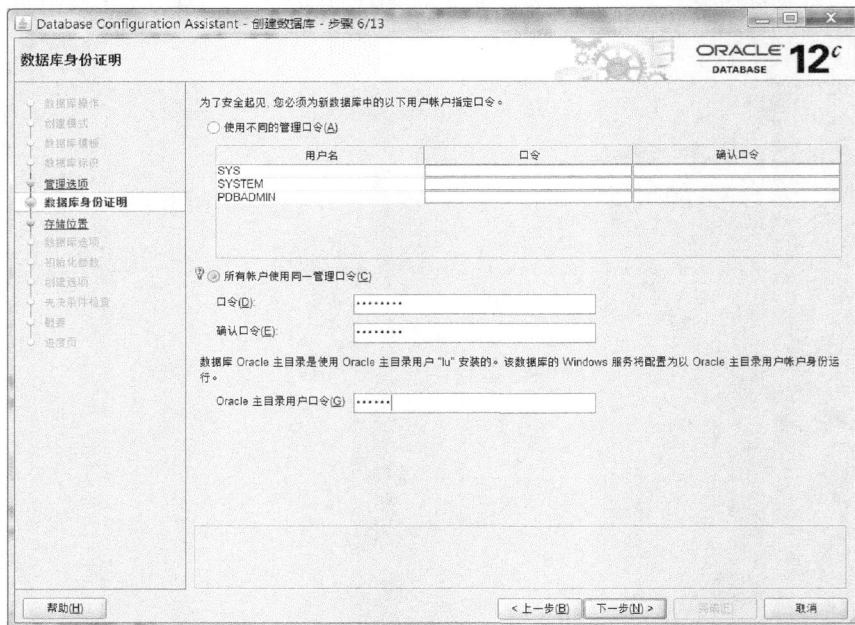

图 1-41　"数据库身份证明"界面

（7）在"数据库身份证明"设置界面中，为数据库 SYS、SYSTEM 和 PDBADMIN 管理用户输入统一口令，并输入 Oracle 主目录用户口令。单击"下一步"按钮，进入"网络配置"界面，如图 1-42 所示。

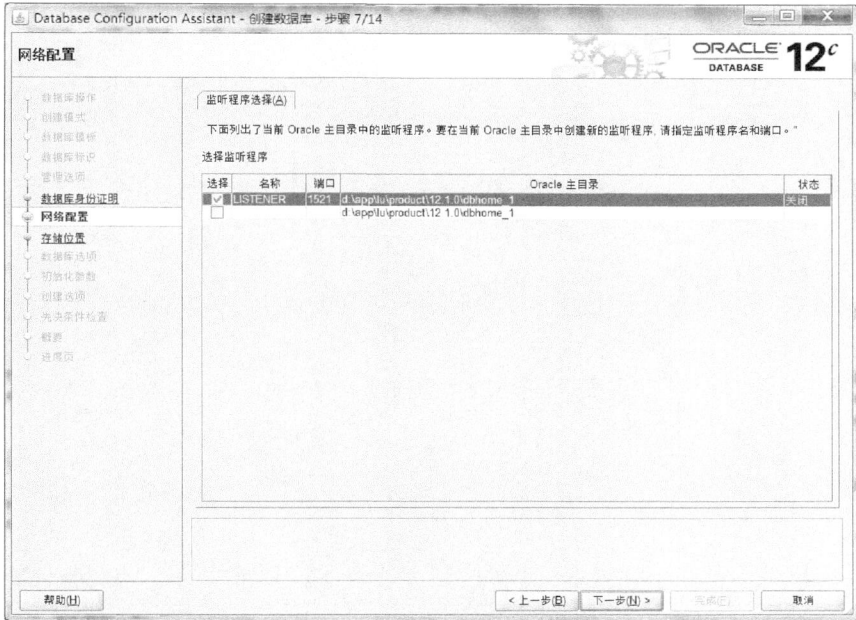

图 1-42　数据库网络配置

（8）在数据库"网络配置"界面中，选取默认选项的网络参数。单击"下一步"按钮，进入数据库"存储位置"设置界面，如图 1-43 所示。

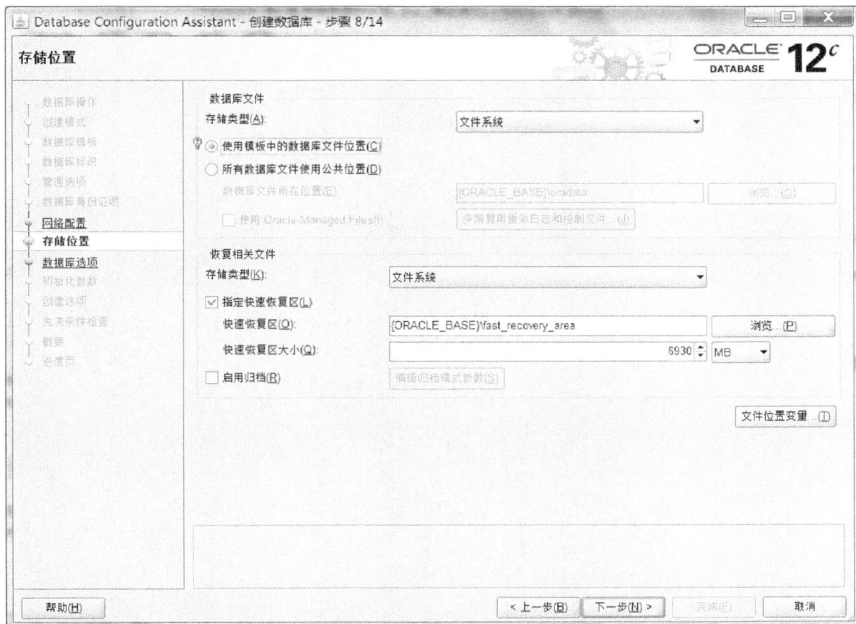

图 1-43　数据库存储位置参数设置

（9）在数据库"存储位置"设置界面中，输入数据库文件存储位置和数据库恢复文件位置。单击"下一步"按钮，进行数据库 Oracle Database Vault 和 Oracle Label Security 安全口令设置，如图 1-44 所示。

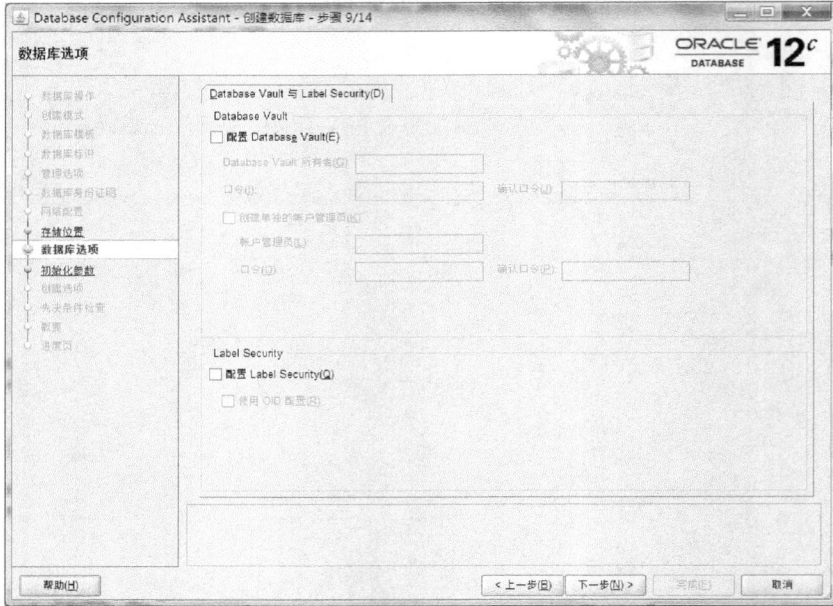

图 1-44　数据库安全口令设置

（10）在数据库安全口令设置界面中，选取默认选项。单击"下一步"按钮，进入"初始化参数"设置界面。在该界面中，可以对数据库所使用的内存空间、进程数、字符集、连接模式等参数进行设置，如图 1-45 所示。

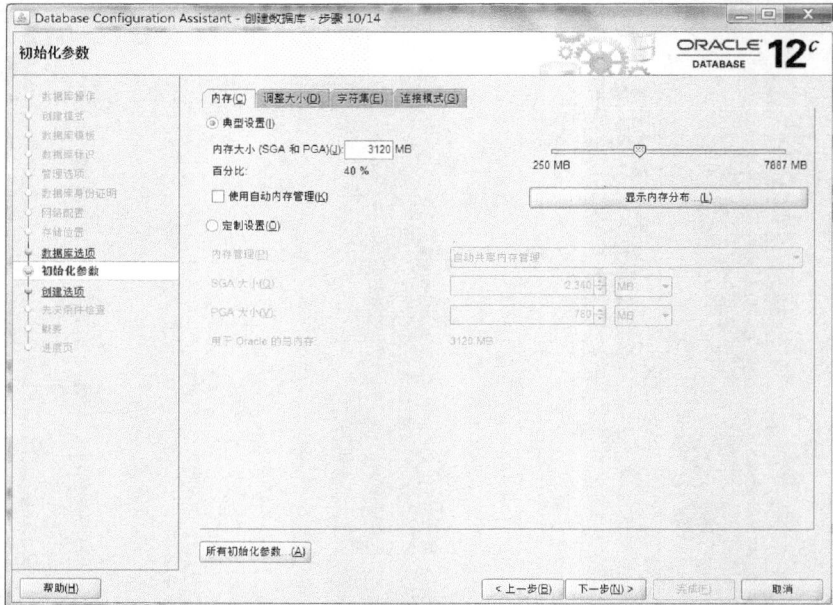

图 1-45　数据库初始化参数设置

（11）在"初始化参数"设置界面中，选取默认选项，单击"下一步"按钮，进入数据库"创建选项"设置界面，如图 1-46 所示。

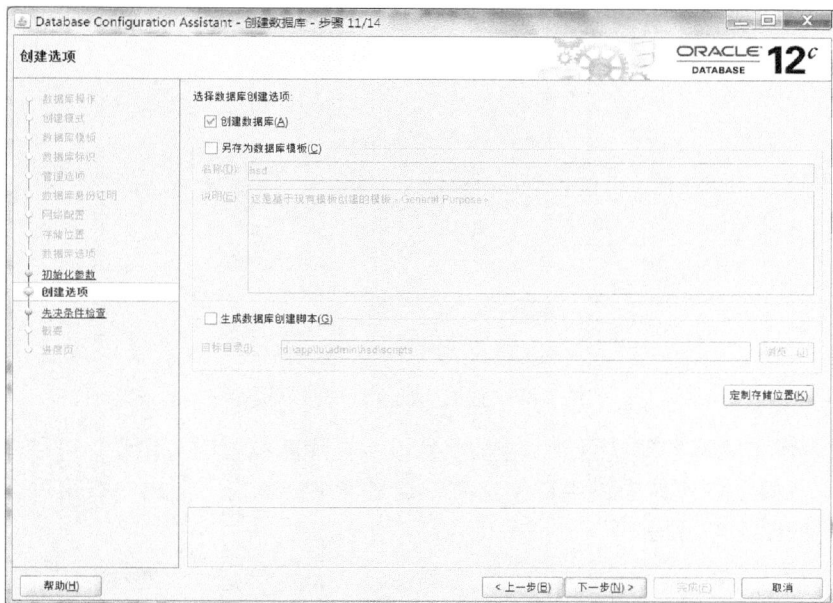

图 1-46　数据库创建选项设置

（12）在"创建选项"设置界面中，选取"创建数据库"复选框。单击"下一步"按钮，进入显示数据库创建概要界面，如图 1-47 所示。

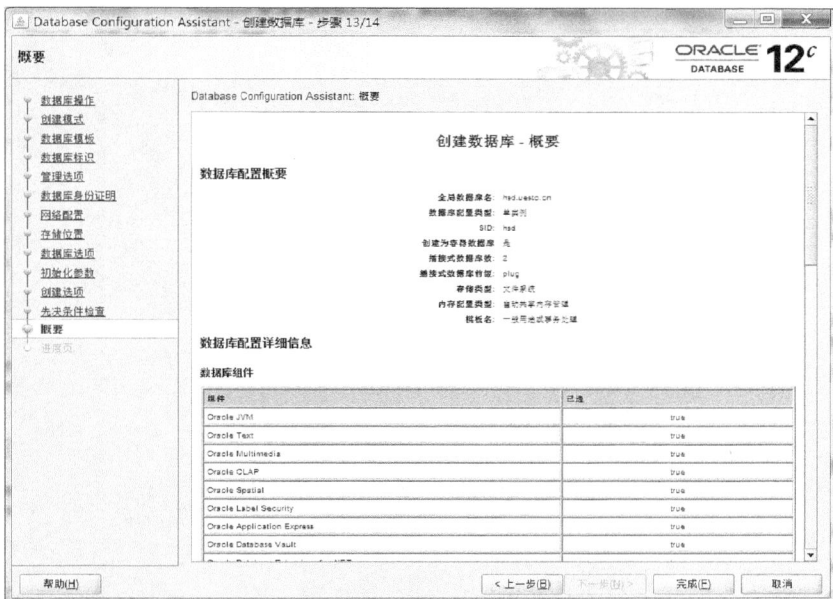

图 1-47　数据库创建概要

（13）在数据库创建概要界面中，用户可以确认数据库创建的参数设置。单击"完成"按钮后，进入数据库创建过程进度界面。当数据库创建进展到 100%时，系统弹出创建完成消息框，如图 1-48 所示。

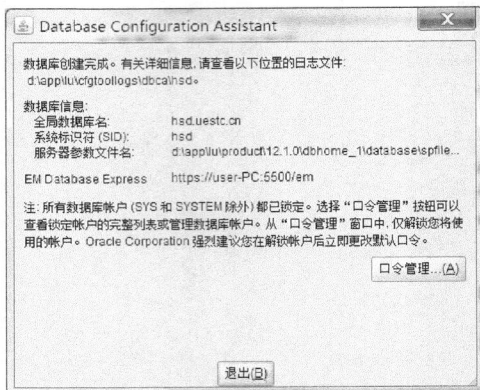

图 1-48　数据库创建完成消息框

（14）在创建完成消息框界面中，若需要修改数据库系统管理员口令，可以单击"口令管理"按钮，进入口令修改界面。当在创建完成消息框中，单击"退出"按钮后，系统返回创建完成界面，如图 1-49 所示。

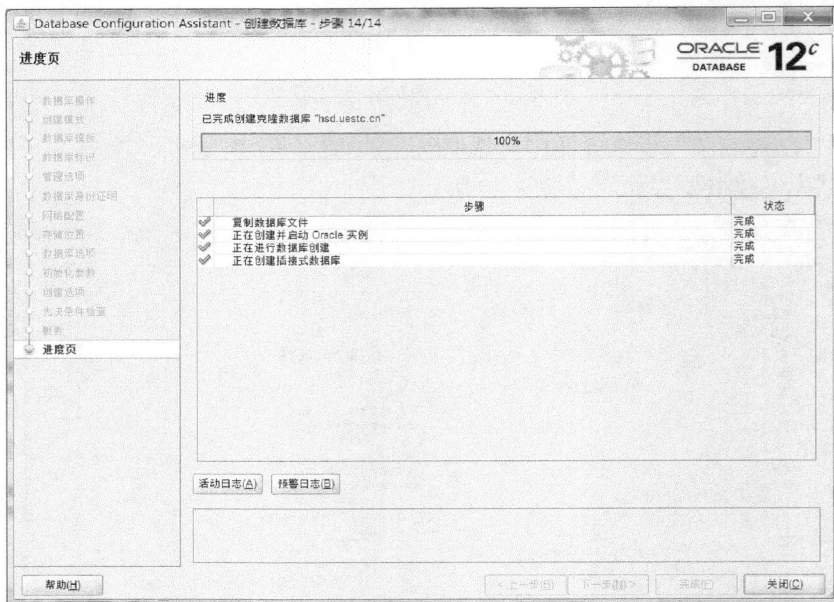

图 1-49　数据库创建完成界面

在数据库创建完成界面中，单击"关闭"按钮，退出 DBCA 程序。

2. HSD 数据库配置修改

当需要对 HSD 数据库参数进行修改时，可以运行 Database Configuration Assistant 工具对该数据库配置修改。在 Oracle Database 12c 软件中，其操作步骤如下：

（1）运行 Database Configuration Assistant 工具程序，进入"数据库操作"界面，如图 1-50 所示。

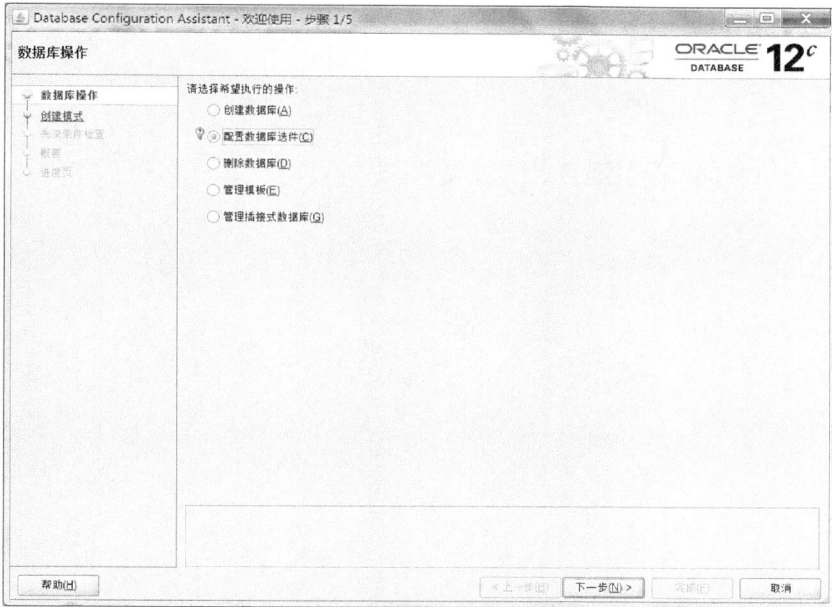

图 1-50　"数据库操作"界面

（2）在该界面中，配置数据库选项，并单击"下一步"按钮，进入"数据库列表"界面，如图 1-51 所示。

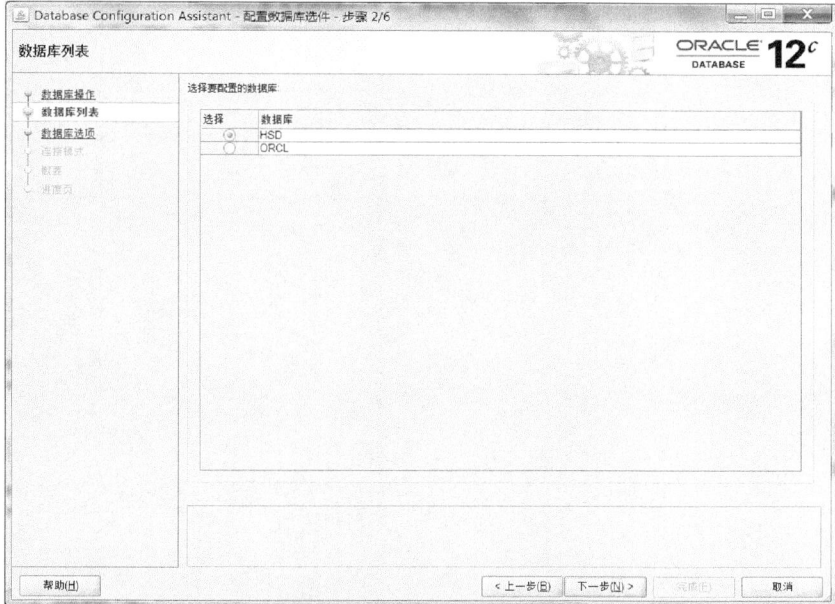

图 1-51　"数据库列表"界面

（3）从界面中现有数据库列表中，选取需修改配置的数据库，单击"下一步"按钮，进入配置"数据库组件"过程，如图 1-52 所示。

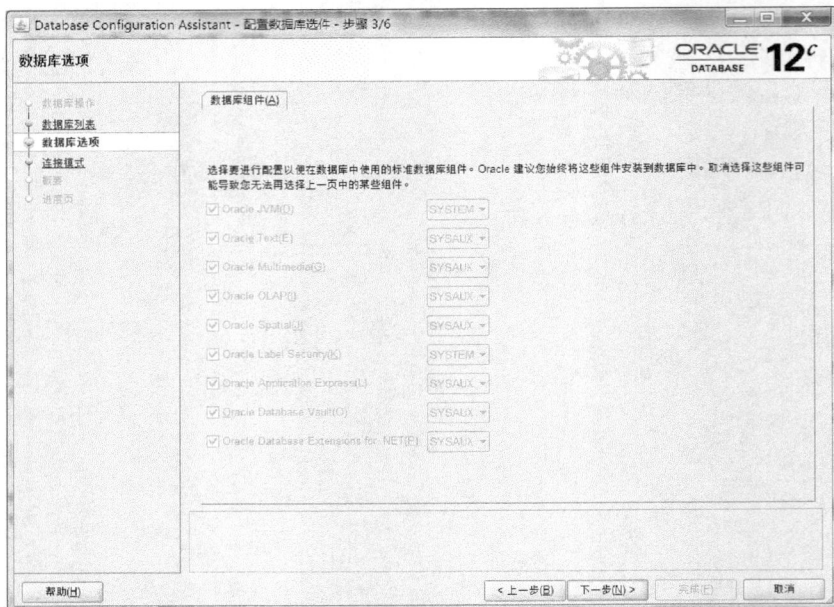

图 1-52　数据库组件配置

（4）在该界面中，单击"下一步"按钮后，进入数据库"连接模式"选择界面，如图 1-53 所示。

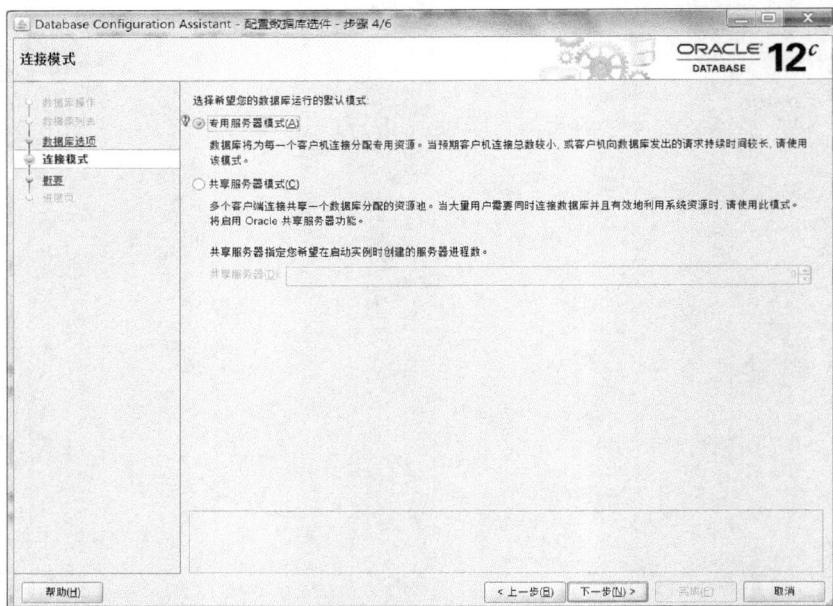

图 1-53　数据库连接模式

（5）在该界面中，可改变数据库运行的连接模式。单击"下一步"按钮，进入数据库配置修改概要界面，如图 1-54 所示。

图 1-54　数据库配置修改概要

（6）在该界面中，用户可确认数据库修改参数。单击"完成"按钮后，系统弹出重新启动数据库的确认界面，如图 1-55 所示。

（7）在该界面中，单击"是"按钮后，进入数据库配置修改进度界面，如图 1-56 所示。

图 1-55　重启数据库确认

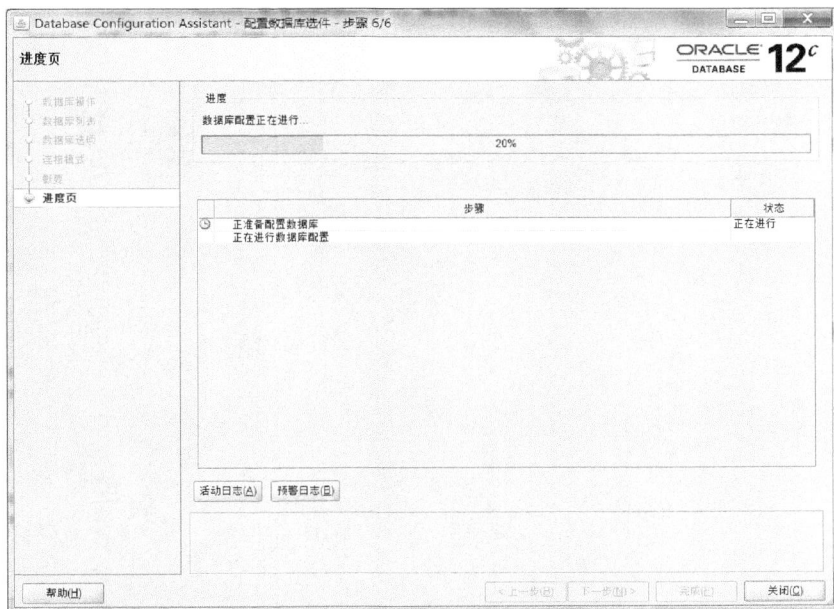

图 1-56　数据库配置修改进度

当配置修改完成，单击"关闭"按钮，即可结束 DBCA 程序运行。

3. HSD 数据库删除

在用户不再需要 HSD 数据库时，DBA 用户可以使用 Database Configuration Assistant 工具对该数据库进行删除处理。在 Oracle Database 12c 软件中，其操作步骤如下：

（1）运行 Database Configuration Assistant 工具程序，进入"数据库操作"界面，如图 1-57所示。

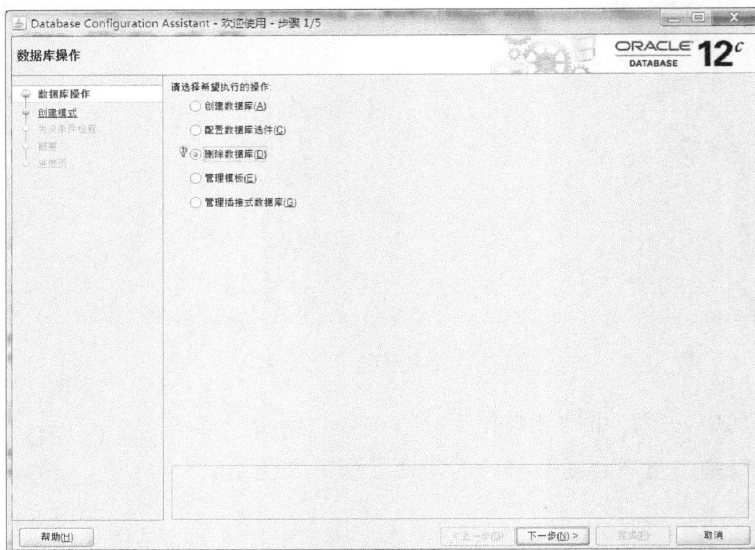

图 1-57　"数据库操作"界面

（2）在"数据库操作"界面中，选取"删除数据库"选项，单击"下一步"按钮，系统进入数据库列表界面，如图 1-58 所示。

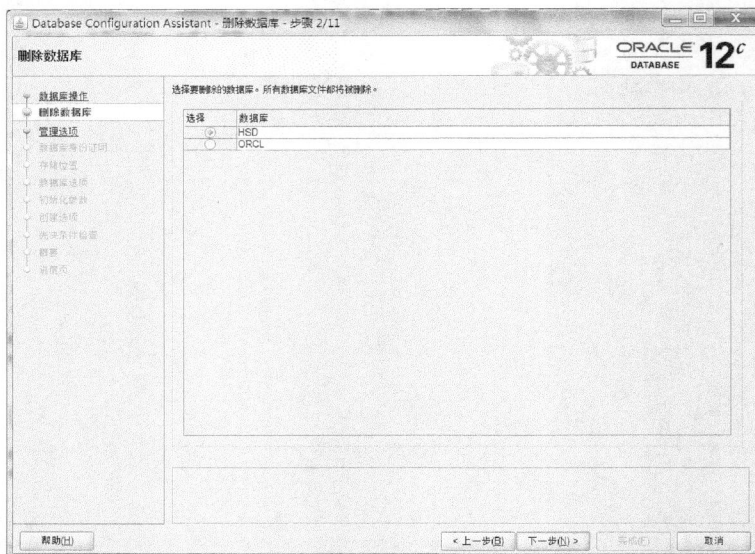

图 1-58　数据库列表界面

（3）从中选取将被删除的数据库 HSD，并输入具有 SYSDBA 权限的用户名及口令。单击"下一步"按钮，进入数据库"管理选项"界面，如图 1-59 所示。

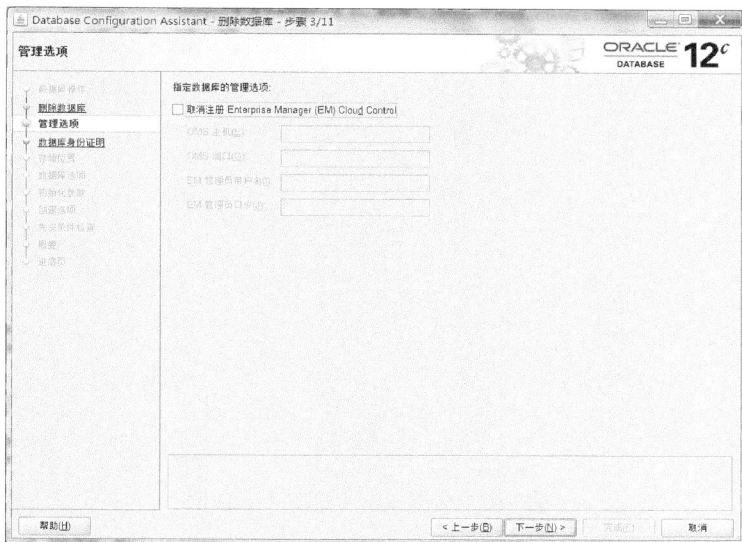

图 1-59　数据库"管理选项"

（4）在数据库"管理选项"界面中，采用默认选项。单击"下一步"按钮后，进入删除数据库概要界面，如图 1-60 所示。

图 1-60　删除数据库概要

图 1-61　删除数据库确认

（5）在"概要"界面中，单击"完成"按钮，进入删除数据库确认界面，如图 1-61 所示。

（6）在删除数据库确认界面中，单击"是"按钮，进入数据库删除处理操作进度界面，如图 1-62 所示。

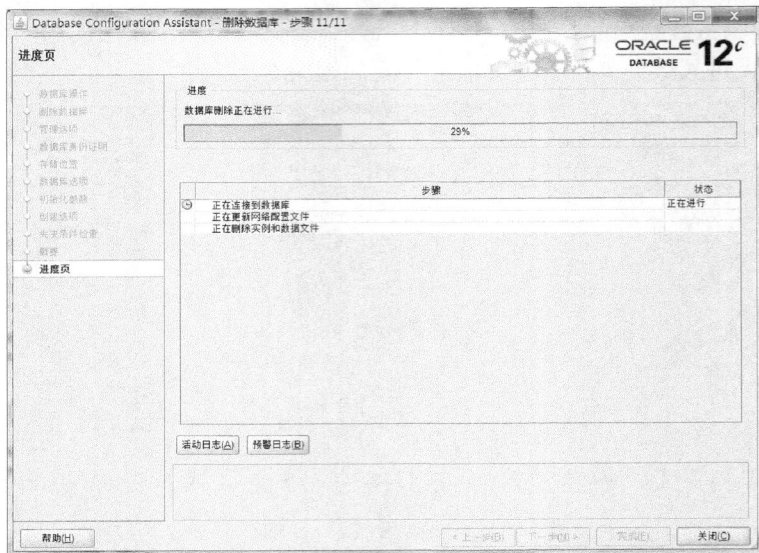

图 1-62　数据库删除处理操作进度

图 1-63　"数据库删除完毕"消息界面

（7）当数据库删除进度状态到达 100%时，系统弹出删除完毕消息界面，如图 1-63 所示。

在删除完毕消息界面中，单击"确定"按钮后，该数据库所有文件及其数据库实例均从系统中被删除。系统返回删除完成界面，如图 1-64 所示。

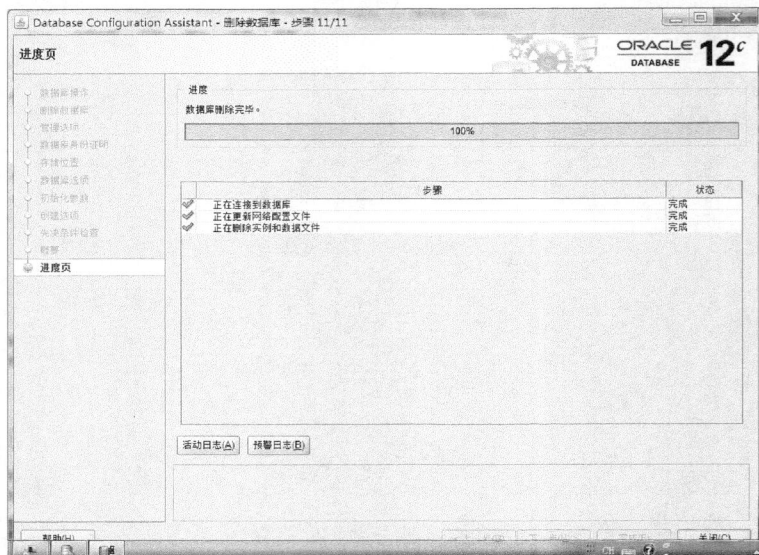

图 1-64　数据库删除完成界面

在数据库删除完成界面中，单击"关闭"按钮，即可结束 DBCA 程序运行。

4. SQL Developer 连接创建

在用户使用 SQL Developer 工具进行数据库开发或数据库 DBA 管理前，都必须先建立该

用户登录数据库的连接。此后，通过连接操作使该用户登录到数据库，并使用 SQL Developer
功能程序对数据库进行开发与管理操作。在 SQL Developer 工具中，创建连接的操作步骤如下：

（1）在操作系统中，单击 SQL Developer 程序菜单，启动 SQL Developer 工具程序运行，
其初始界面如图 1-65 所示。

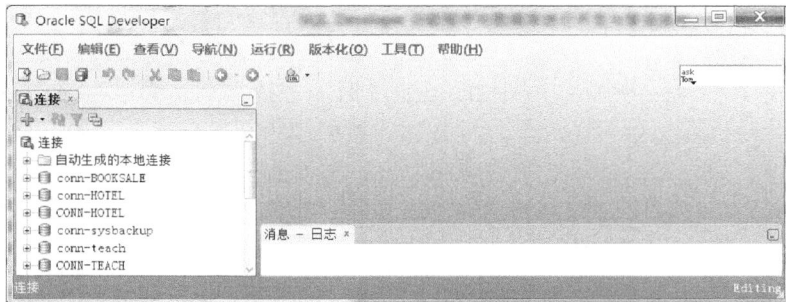

图 1-65　SQL Developer 初始界面

（2）为了使某用户可登录访问某数据库，必须建立该用户登录指定数据库的连接。在 SQL
Developer 初始界面的"连接"列表框中，单击添加连接功能图标 + ，即可打开"新建/选择数
据库连接"对话框，如图 1-66 所示。

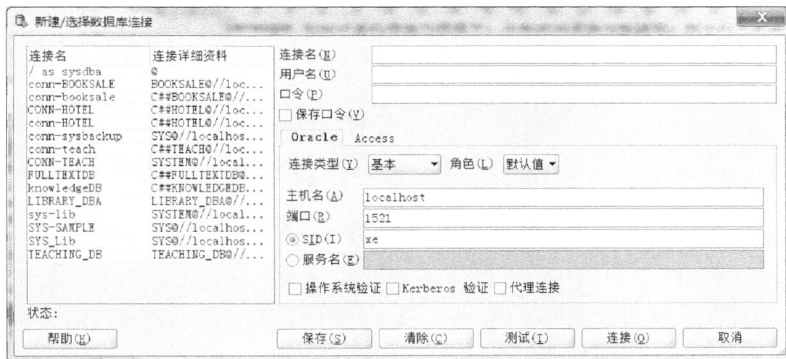

图 1-66　新建/选择数据库连接

例如，新建一个连接 SYS-HSD，该连接实现 SYS 系统管理用户登录数据库 HSD，其新
建连接的输入参数界面如图 1-67 所示。

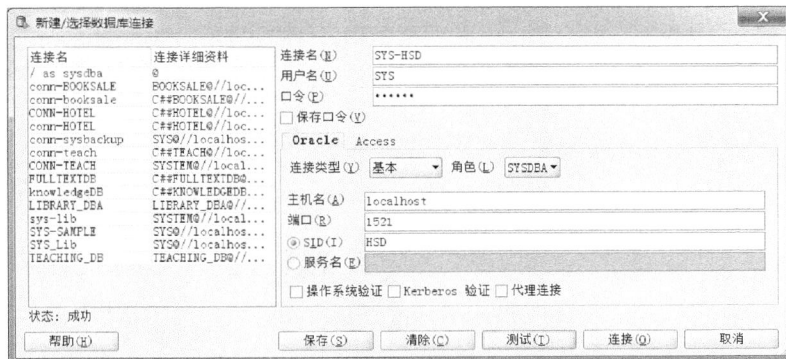

图 1-67　SYS-HSD 新建连接界面

在新建连接界面中，输入连接名称（SYS-HSD）、用户名（SYS）、口令、主机名、端口号、SID 参数，并选取"SYSDBA"角色。为了验证连接设置参数是否正确，可单击"测试"按钮，若反馈成功，则表明连接参数正确。单击"保存"按钮后，该 SYS-HSD 连接就在 SQL Developer 中建立了，并出现在连接列表中。

图 1-68　连接登录界面

（3）当 SYS 用户需要在 SQL Developer 中登录访问 HSD 数据库时，在连接列表中单击 SYS-HSD 连接，即可打开该连接的用户登录界面，如图 1-68 所示。

（4）在连接登录界面中，输入 SYS 用户的用户名与口令，单击"确定"按钮，即可进入 SQL Developer 数据库基本管理界面，如图 1-69 所示。

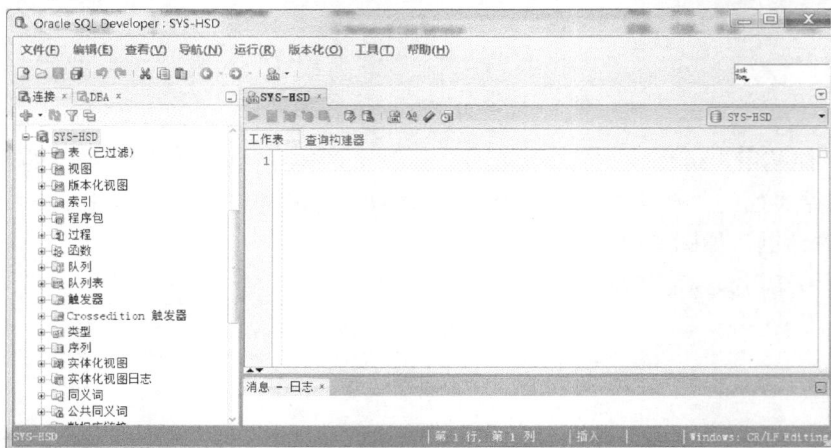

图 1-69　SYS-HSD 连接的数据库基本管理界面

（5）在连接的基本管理界面中，可以实施数据库对象管理操作。若要进行 DBA 系统管理，还需要在 SQL Developer 的菜单栏中单击"查看→DBA"菜单，打开 DBA 连接列表框，如图 1-70 所示。

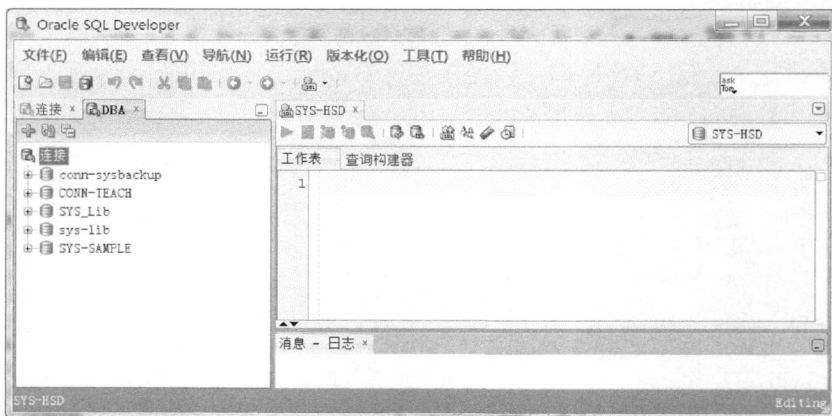

图 1-70　DBA 连接列表框

（6）在 DBA 连接列表中，单击添加连接图标✛，即可打开"选择连接"对话框，如图 1-71 所示。

（7）在"选择连接"对话框中，选择 SYS-HSD 连接后，单击"确定"按钮，即可在 DBA 连接列表中出现 SYS-HSD 连接。此后，在该列表中，单击 SYS-HSD 连接，即可打开 SYS-HSD 连接的 DBA 管理界面，如图 1-72 所示。

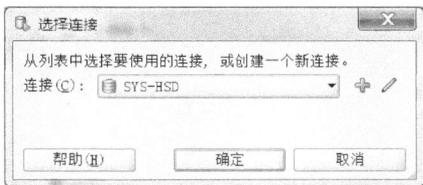

图 1-71　"选择连接"对话框

在连接的 DBA 管理界面中，用户可以进行系统管理操作，如数据库配置、数据库备份与恢复、数据库存储、数据库安全等管理操作。

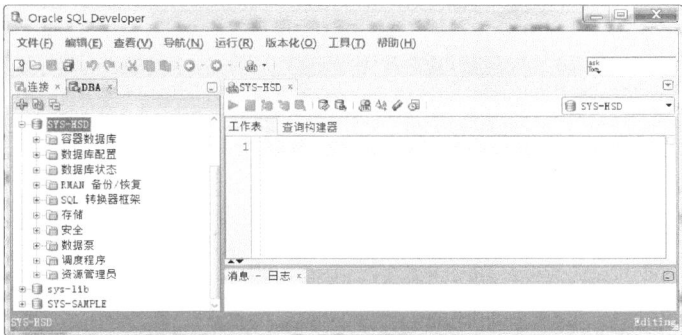

图 1-72　SYS-HSD 连接的 DBA 管理界面

5. T_USER 表空间创建

在酒店管理数据库 HSD 开发与使用过程中，为了满足用户更多数据存储需求，可以在数据库中创建新的用户表空间。例如，在数据库中，新建一个名称为 T_USER 的用户表空间，该表空间容量为 5MB。使用 SQL Developer 工具创建该表空间的操作步骤如下：

（1）使用 SQL Developer 工具在 HSD 数据库创建表空间。在 DBA 连接列表中，单击 SYS-HSD 连接，即可打开 SYS-HSD 连接的 DBA 管理界面，如图 1-73 所示。

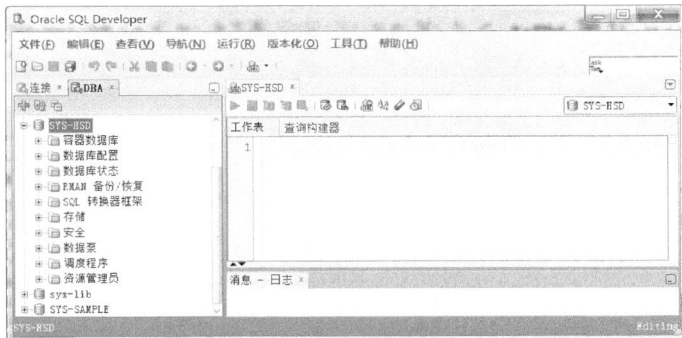

图 1-73　SYS-HSD 连接的 DBA 管理界面

（2）在 DBA 管理界面中，展开"存储"目录下的"表空间"子目录，即可看到 HSD 数据库的现有表空间列表，如图 1-74 所示。

（3）右键单击表空间目录，在弹出的菜单中选择"新建"，打开"创建表空间"对话框，如图 1-75 所示。

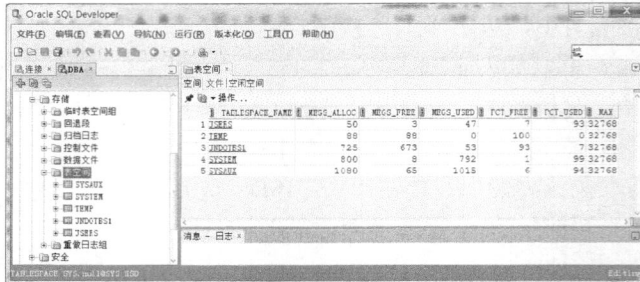

图 1-74　HSD 数据库的表空间列表

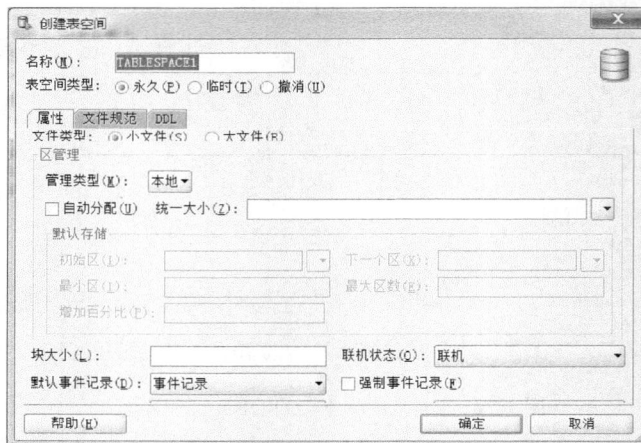

图 1-75　创建表空间

在该对话框中，输入新建表空间的名称（T_USER），其他参数采用默认值，设置该表空间的数据文件名为 FILE_USER，文件大小为 5MB，文件目录为 G:。其表空间创建设置界面如图 1-76 所示。

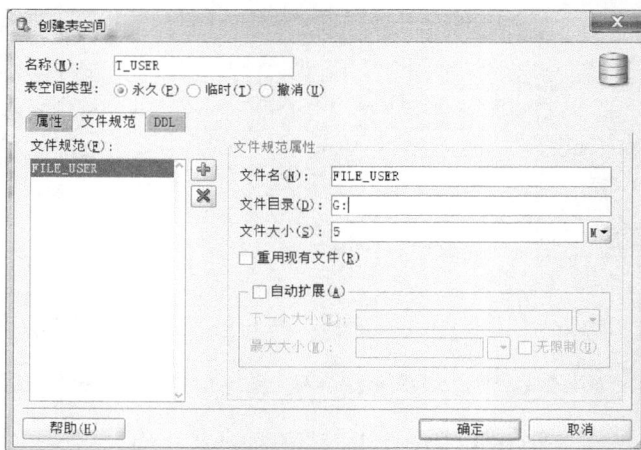

图 1-76　T_USER 表空间创建设置界面

（4）在"创建表空间"界面中，单击"确定"按钮，即可在数据库中创建该表空间。数据库当前的表空间列表界面如图 1-77 所示。

在 HSD 数据库表空间列表中，出现新建的表空间 T_USER。这表明数据库表空间创建成功。

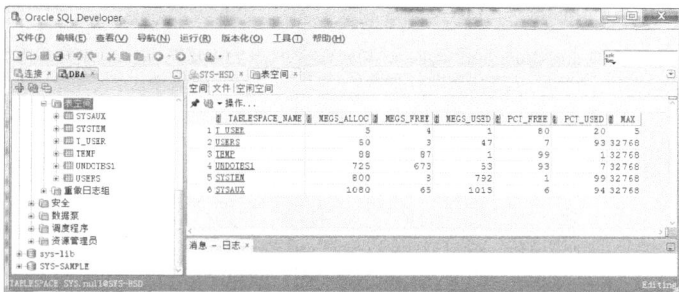

图 1-77　HSD 数据库当前表空间列表界面

6. T_USER 表空间修改

在酒店管理数据库 HSD 开发与使用过程中，为了满足数据存储增长需求，可以对数据库中现有用户表空间进行参数修改。例如，在数据库的 T_USER 用户表空间增加一个大小为 5MB 的数据文件 FILE_NDX。使用 SQL Developer 工具修改该表空间的操作步骤如下：

（1）在 SQL Developer 工具 DBA 管理界面中，展开存储目录下的表空间子目录，即看到 HSD 数据库的现有表空间列表，如图 1-78 所示。

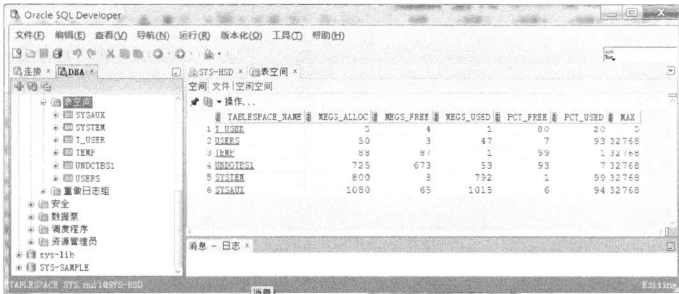

图 1-78　HSD 数据库的表空间列表

（2）在列表中，右键单击 T_USER 表空间，在弹出的菜单中选择"编辑"，打开"编辑表空间"对话框，如图 1-79 所示。

图 1-79　"编辑表空间"对话框

（3）在该对话框中，单击文件添加功能图标，并输入文件名称为 FILE_NDX，文件目录为 G:，文件大小为 5MB。修改 HSD 数据库表空间参数如图 1-80 所示。

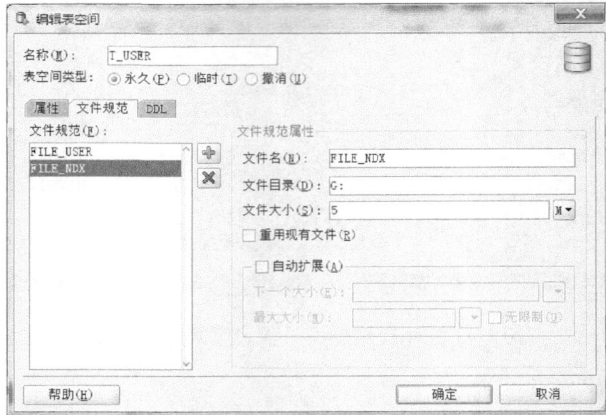

图 1-80　修改 HSD 数据库表空间参数

（4）在"编辑表空间"界面中，单击"确定"按钮，即可在数据库中完成该表空间的修改。打开数据库 T_USER 数据文件列表，便可看到修改后的数据文件组成，如图 1-81 所示。

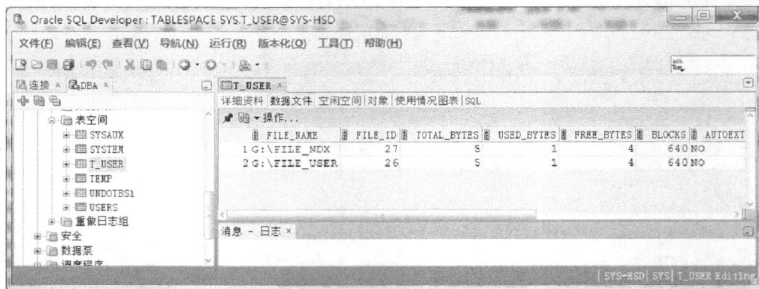

图 1-81　T_USER 当前数据文件列表

7. T_USER 表空间删除

在酒店管理数据库 HSD 开发与使用过程中，若用户不再使用 T_USER 表空间，则可将它从数据库中删除。使用 SQL Developer 工具删除该表空间的操作步骤如下：

（1）在 DBA 管理界面中，展开"存储"目录下的"表空间"子目录，即看到 HSD 数据库的当前表空间列表，如图 1-82 所示。

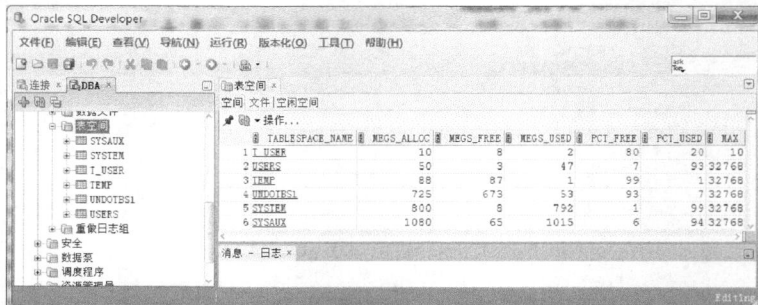

图 1-82　HSD 数据库的当前表空间列表

（2）在表空间目录列表中，单击 T_USER 表空间目录的右键菜单"删除表空间"，打开"删除表空间"对话框，如图 1-83 所示。

（3）在该对话框中，选取"包含内容""包含数据文件""级联约束条件"复选框，确定随表空间一并删除的数据内容。单击"应用"按钮后，即可完成该表空间的删除。系统弹出成功处理消息框，如图 1-84 所示。

图 1-83　"删除表空间"对话框

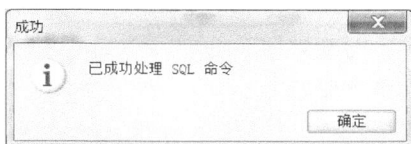

图 1-84　成功处理消息框

（4）单击消息框的"确定"按钮后，界面返回数据库表空间列表，如图 1-85 所示。

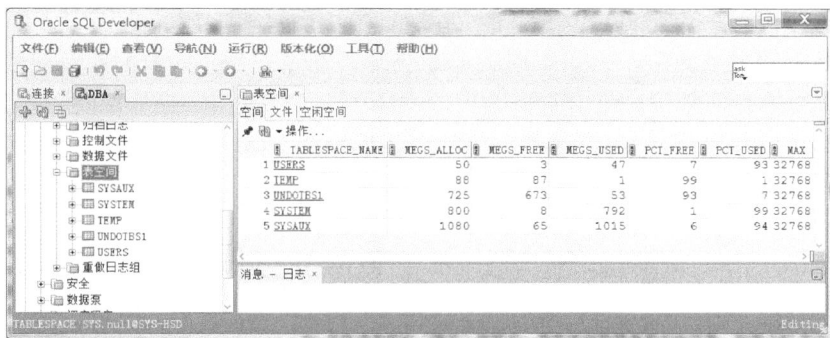

图 1-85　HSD 数据库表空间列表

从 HSD 数据库表空间列表可以看到，表空间 T_USER 已被删除。

1.2.5　问题解答

（1）在 Oracle 数据库中，一个正确的 create database 语句执行为什么会出现失败？

在 Oracle 数据库中，成功执行 create database 语句的前提是，需要按照特定的数据库创建步骤操作：①设置 OS 系统环境变量。②配置初始化文件。③创建必需的文件目录。④执行创建数据库 create database 语句。

（2）在 Oracle 数据库管理系统中，如何删除其中的一个数据库？

当一个 Oracle 数据库不再被使用时，可通过 Database Configuration Assistant（数据库配置助手，DBCA）工具来实现数据库删除。

（3）在 Oracle 数据库中，表空间的作用是什么？

表空间就像一个文件夹用于组织存储数据库文件。一个表空间至少有一个数据库文件。每个数据库文件只能属于一个表空间。用户通过在数据库中建立多个表空间及其数据文件，用于扩展数据库容量，提高数据库文件并行访问能力。

1.2.6　实验练习

实　验　报　告

一、实验 2：图书借阅管理系统的数据库及其表空间操作

二、实验室名称：　　　　　　　　　　　　实验时间：

三、实验目的与任务

通过数据库及其表空间操作实验，掌握创建数据库、配置数据库以及删除数据库的方法。同样，也需要掌握数据库表空间的创建、修改和删除操作方法，从而培养数据库创建及其表空间操作管理能力。

本实验任务是使用 Oracle Database 12c 数据库软件的 DBCA 数据库配置助手工具，创建图书借阅管理系统的数据库 Lib。在此基础上，使用 SQL Developer 工具在 Lib 数据库中创建用户表空间 T_Lib。此后，针对表空间 T_Lib 进行配置修改、删除等处理操作。

四、实验原理

Oracle 数据库由一组数据库对象（表、视图、索引、存储过程、触发器等）组成，它们被组织到数据库的表空间中。为了实现数据库应用，首先需要建立数据库及其表空间，以便于不同类型数据的存储管理。在 Oracle 数据库系统中，可以使用数据库配置管理工具 DBCA，完成数据库创建与管理。使用数据库开发与管理工具 SQL Developer 可以在数据库中创建与管理数据库表空间。

五、实验内容

在 Oracle Database 12c 数据库系统软件环境中，实现图书借阅管理系统的数据库及其表空间管理。具体实验内容如下。

1）数据库创建、配置修改及删除

（1）运行 Database Configuration Assistant 工具程序，创建 Lib 数据库，定义该数据库运行连接模式、系统账户口令、存储文件位置等参数。当该数据库创建完成后，进行基本验证访问。

（2）对已创建的 Lib 数据库，使用 Database Configuration Assistant 工具程序进行配置修改。改变该数据库运行连接模式等参数，重新启动数据库。

（3）对已创建的 Lib 数据库，使用 Database Configuration Assistant 工具程序进行删除操作。从 Oracle Database 12c 系统环境中删除该数据库。

2）数据库表空间创建、配置修改及删除

针对图书借阅管理数据库 Lib 进行表空间管理。在 Oracle Database 12c 系统环境中，采用 SQL Developer 工具完成在 Lib 数据库中创建一个新的表空间 T_Lib，随后对该表空间进行维护与删除管理。

六、实验设备及环境

本实验所涉及的硬件设备为 PC 计算机、PC 服务器及以太网络环境。

操作系统：Windows 7

DBMS：Oracle Database 12c

七、实验步骤

采用 Oracle 数据库配置管理工具 Database Configuration Assistant 进行数据库创建及数据库管理。采用 Oracle 数据库开发工具 SQL Developer 进行数据库表空间创建及管理。其步骤如下：

（1）使用 Database Configuration Assistant 工具，创建 Lib 数据库。

（2）使用 Database Configuration Assistant 工具，对 Lib 数据库进行配置修改。

（3）使用 Database Configuration Assistant 工具，删除 Lib 数据库。

（4）使用 SQL Developer 工具程序，创建用户表空间 T_Lib。

（5）使用 SQL Developer 工具程序，修改表空间 T_Lib 配置参数。

（6）使用 SQL Developer 工具程序，删除表空间 T_Lib。

八、实验数据及结果分析

说明：本节为学生编写的报告内容，学生应按照上述步骤分别给出各项实验内容的具体操作过程说明，并体现出操作分析、操作原理、操作方法等描述内容。在报告内容中，需要有基本的操作界面和操作结果数据分析。

九、总结及心得体会

说明：本节为学生编写的报告内容，学生应对本实验的关键技术内容进行归纳总结，并给出心得体会。

1.3　实验 3——数据库表及数据操作

1.3.1　相关知识

Oracle 数据库是一种典型的关系数据库。在关系数据库中，存储数据的基本逻辑结构就是关系表。关系表是一种具有关系特征的二维表，它用于存储数据库各类数据。一个关系数据库通常拥有较多的关系表，这些关系表通过相关列彼此建立联系，其内部结构如图 1-86 所示。

在关系数据库中，每个关系表都必须定义一个列或若干列作为主键（Primary Key）。主键具有如下作用：

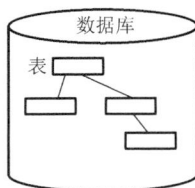

图 1-86　关系数据库内部结构

- 主键列值在关系表中是唯一的，可用来标识关系表的不同行（元组）；
- 当表之间有关联时，主键可以作为关系表之间的关联属性列；
- 在 DBMS 系统中，使用主键值来组织关系表的数据块存储；
- 在关系表中，通过主键列的索引值可以快速检索行数据。

若在关系表中找不出合适的单个列作为主键，则可以考虑由该表中的若干列组合为一个复合主键（Compound Key）。这个复合主键的列值组合在关系表数据中应该具有唯一性，以便区分不同行数据。

在多个关联的关系表中，在一个表内作为主键的键值列，而在另一个表中作为外键列，从而将两个表关联起来，使得这两个表在该列的取值上遵循数据一致性约束，这种约束被称为参照完整性约束（Reference Integrity Constraint）。在表之间的参照完整性约束中，参照表中的列为外键（Foreign Key），被参照表的列为主键。

　　当 Oracle 数据库表作为关系表被创建之后，用户就可以对 Oracle 数据库表进行数据插入、数据修改、数据删除等操作，同时也可以对数据库表中的数据进行查询与统计操作。

　　在 Oracle 数据库开发中，数据库对象的创建及数据操作访问通常采用 SQL 语言实现。在 SQL 语言中，DDL（Data Definition Language，数据定义语言）类语句用于数据库对象的创建及管理。其中，create table 创建表、alter table 修改表、drop table 删除表语句实现数据库表对象的管理。DML（Data Manipulation Language，数据操纵语言）类语句用于数据库表数据的操纵操作访问。该类语句包括 insert into 数据插入语句、update 数据更新语句、delete 数据删除语句。DQL（Data Query Language，数据查询语言）类语句用于数据库表数据的查询操作访问。该类语句只有 select 语句，但它有较多选项子句，可支持复杂的数据查询处理。

　　1. 数据库表创建及管理

　　在 Oracle 数据库中，关系表是数据库最基本的对象。为了便于数据库中不同应用数据库对象的组织管理，需要给每个应用建立相应的用户 Schema。在用户 Schema 中，组织存放各自应用的数据库对象。因此，数据库表对象创建及管理需要在相应的用户 Schema 中进行。

　　在 Oracle 数据库中，表对象创建及管理有两种方式：①执行 SQL 语句实现表对象创建及管理。该 SQL 语句可以在 SQL Plus 命令行工具中执行，也可以在 SQL Developer 开发工具中执行。②使用图形界面工具 SQL Developer，以可视化界面操作的方式实现表对象的创建及管理。

　　1）数据库表创建

　　在 Oracle 数据库中，执行 create table 语句可实现数据库表对象创建，其创建表对象的 SQL 语句基本格式如下：

```
create table  [用户 Schema.]<表名>
  ( <列名 1>  <数据类型>   [列完整性约束],
    <列名 2>  <数据类型>   [列完整性约束],
    <列名 3>  <数据类型>   [列完整性约束],
    …
  );
```

　　其中 create table 为创建表语句的关键词，<表名>为将被创建的数据库表名称。若在当前用户 Schema 中创建表，可以省略限定名。在一个表中，可以定义多个列，但不允许有两个属性列同名。针对表中每个列，都需要指定其取值的数据类型。在进行列定义时，有时还需要给出该列的完整性约束。

　　同样，也可以使用图形界面工具 SQL Developer，实现表对象的可视化创建。创建表对象的基本界面如图 1-87 所示。

　　在创建表对象界面中，定义表名称、列属性、主键、外键和约束等要素，单击"确定"按钮后，将在用户 Schema 中新增一个数据库表对象。

　　2）数据库表修改

　　在 Oracle 数据库中，当某个数据库表需要修改时，可执行 alter table 语句实现。其修改表对象的 SQL 语句基本格式如下：

```
alter  table  [用户 Schema.]<表名><改变方式>；
```

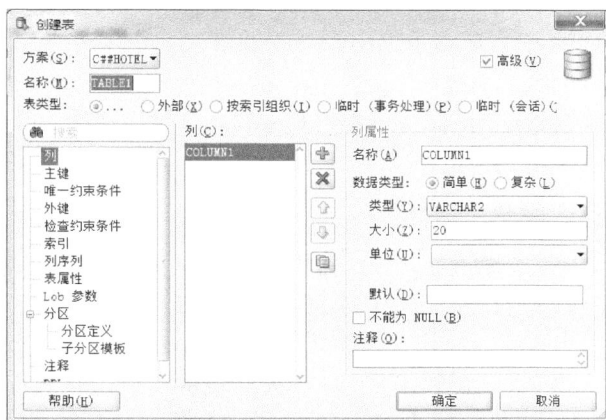

图 1-87　SQL Developer 中创建表对象主界面

其中 alter table 为数据库表修改语句的关键词。<表名>为将被修改的数据库表名称。<改变方式>用于指定对表结构进行的修改方式，具体有如下 4 种修改：

（1）ADD 方式，用于增加新列或列完整性约束，其语法格式为：

```
alter table [用户 Schema.]<表名>ADD<新列名称><数据类型>|[完整性约束];
```

（2）DROP 方式，用于删除指定列或列的完整性约束条件，其语法格式为：

```
alter table [用户 Schema.]<表名>DROP COLUMN<列名>;
alter table [用户 Schema.]<表名>DROP<完整性约束名>;
```

（3）CHANGE 方式，用于修改列名称及其数据类型，其语法格式：

```
alter table [用户 Schema.]<表名>CHANGE<原列名>TO<新列名><新列的数据类型>;
```

（4）MODIFY 方式，用于修改列的数据类型，其语法格式为：

```
alter table [用户 Schema.]<表名>MODIFY<列名><新的数据类型>;
```

同样，也可以使用图形界面工具 SQL Developer 实现表对象的可视化修改。例如，修改表对象（C##HOTEL.Customer）的"编辑表"界面如图 1-88 所示。

图 1-88　SQL Developer 中表对象修改的"编辑表"界面

在表对象修改界面中，可修改表名称、列属性、主键、外键和约束等要素，单击"确定"按钮后，将在用户 Schema 中完成该数据库表对象的修改。

3）数据库表删除

在 Oracle 数据库中，当某个数据库表不再需要时，可执行 drop table 语句实现数据库表对象删除，其 SQL 语句基本格式如下：

```
drop table  [用户 Schema.]<表名>;
```

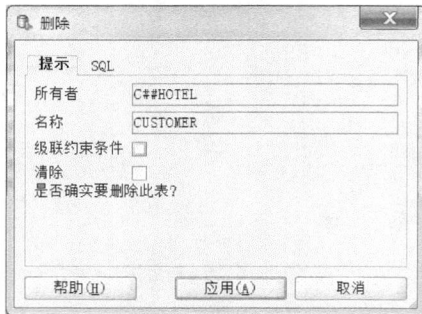

图 1-89　SQL Developer 中表对象的"删除"界面

同样，也可以使用图形界面工具 SQL Developer 实现表对象的可视化删除。例如，删除表对象（C##HOTEL.Customer）的"删除"界面如图 1-89 所示。

在该表对象的"删除"界面中，可以选取"级联约束条件""清除"复选框。单击"应用"按钮后，即可将该表对象从数据库中删除。

2. 数据库表数据访问操作

在 SQL 语言中，通过执行如下 SQL 语句，可实现对数据库表数据进行插入、更新、删除以及查询操作。

1）数据插入

在数据库中，执行 insert into 语句，可在数据库表中插入一个行数据，其语句基本格式如下：

```
insert  into  <基本表>[<列名表>] values （列值表）;
```

其中 insert into 为插入语句的关键词。<基本表>为被插入数据的数据库表。<列名表>给出在表中插入哪些列。若没有给出列名表，则为数据库表插入所有列。values 关键词后括号中给出被插入的各个列值。

2）数据更新

在数据库中，执行 update 语句，可将数据库表中的数据进行更新，其语句基本格式如下：

```
update  <基本表>
set  <列名 1>=<表达式 1> [，<列名 2>=<表达式 2>...]
[where  <条件表达式>];
```

其中 update 为数据更新语句的关键词。<基本表>为被更新数据的数据库表。set 关键词指定对哪些列设定新值。where 关键词给出更新需要满足的条件表达式。

3）数据删除

在数据库中，执行 delete 语句，可将数据库表中数据进行删除，其语句基本格式如下：

```
delete
from  <表名>
[where  <条件表达式>];
```

其中 delete 为数据删除语句的关键词。<表名>为被删除数据的数据库表。where 关键词给出删除需要满足的条件表达式。

4）数据查询

在数据库中，执行 select 语句，可在数据库表中进行数据查询及统计处理，其语句基本格式如下：

```
select  [all|distinct]  <目标列>[,<目标列>…]
[into  <新表>]
from  <表名>[,<表名>…]
[where  <条件表达式>]
[group by  <列名>[having <条件表达式>]]
[order by  <列名>[asc|desc]];
```

在 select 语句中，可以有多种子句。每类子句的作用如下。

（1）select 子句：作为 select 语句的必需子句，用来指明从数据库表中需要查询的目标列。all 关键词是查询默认操作，即从表中获取满足条件的所有数据行。distinct 关键词是用来去掉结果集中的重复数据行。目标列为被查询表的指定列名，可以有多个。若查询表中所有列，一般使用*号表示。

（2）into 子句：用来将被查询的结果集数据插入新表。

（3）from 子句：用来指定被查询的数据来自哪个表或哪些表。若有多表，使用逗号分隔。

（4）where 子句：用来给出查询的检索条件表达式。只有满足条件表达式的数据行才能被检索出来。

（5）group by 子句：用来对查询结果进行分组，并进行分组统计等处理。在分组中，还可以使用 having 关键词定义分组条件。

（6）order by 子句：用来对查询结果集进行排序。asc 关键词约定按指定列的数值升序排列查询结果集。desc 关键词约定按指定列的数值降序排列查询结果集。若子句中没有给出排序关键词，默认按升序排列查询结果集。

1.3.2　实验目的

通过 Oracle 数据库表对象及其数据访问操作实验，掌握数据库表的创建、维护和删除管理方法，同时也掌握数据插入、数据更新、数据删除、数据查询等 SQL 语句操作方法，从而培养数据库的表对象操作及数据操纵访问能力。本实验具体目标如下：

（1）掌握 Oracle 数据库 Schema 对象创建方法。

（2）掌握 Oracle 数据库表对象的创建、修改和删除方法。

（3）掌握 SQL 语言的 insert 语句使用方法，实现对 Oracle 数据表插入数据处理。

（4）掌握 SQL 语言的 update 语句使用方法，实现对 Oracle 数据表更新数据处理。

（5）掌握 SQL 语言的 delete 语句使用方法，实现对 Oracle 数据表删除数据处理。

（6）掌握 SQL 语言的 select 语句使用方法，实现对 Oracle 数据表查询数据处理。

1.3.3　实验内容

1. 数据库用户 Schema 创建

在酒店管理数据库 HSD 中，使用 SQL Developer 工具程序创建一个名称为 C##HOTEL 的数据库 Schema 对象，该对象将用于组织酒店数据库的各种对象。

2. 数据库表创建、结构修改及表删除

在 C##HOTEL 方案中，完成酒店管理数据库表创建及维护管理。具体实验内容如下：

（1）分别创建酒店部门信息表（Department）和雇员信息表（Employee）。其表结构关系如图 1-90 所示。

图 1-90   HSD 数据库表关系

在 SQL Developer 开发工具中，分别采用 GUI 方式和 SQL 语句执行方式创建这两个数据库表。

（2）对已创建的酒店部门信息表（Department）和雇员信息表（Employee），分别采用 GUI 方式和 SQL 语句执行方式进行表结构修改，如完成增删数据列、改变数据类型、设置默认值等操作。

（3）对已创建的 HSD 数据库表 Employee 进行删除操作。分别采用 GUI 方式和 SQL 语句执行方式完成。

3. 数据库表数据插入、修改及删除

对酒店部门信息表（Department）和雇员信息表（Employee）进行数据添加、数据修改或删除操作。

4. 数据库表数据查询

针对酒店管理数据库 HSD，分别进行如下数据查询处理：

（1）从酒店管理数据库中，查询工程部的雇员信息，结果数据包括雇员编号、雇员姓名、雇员性别、雇员电话、所在部门。

（2）从酒店管理数据库中，查询统计各个部门的雇员人数，结果数据包括部门名称、部门人数。

1.3.4 实验指导

本节先创建酒店管理用户 C##HOTEL，再建立该用户登录 HSD 数据库的连接 conn-HOTEL。此后，在用户 C##HOTEL 下进行酒店数据库表对象创建及管理。当表对象创建完成后，以部门信息表 Department 和雇员信息表 Employee 为例，对数据库表进行数据插入、数据修改、数据删除操作。同时也给出 SQL 语言实现雇员信息 Employee 与部门信息表 Department 的多表关联数据查询操作指导。

1. C##HOTEL 用户 Schema 创建

在 Oracle 数据库中，各个应用系统的数据库对象集合，需要在各自用户 Schema 中进行组织管理。因此，在酒店管理系统数据库中，将创建一个名称为 C##HOTEL 的用户 Schema，用于数据库表等对象管理。创建用户 Schema，可以使用 SQL Developer 数据库开发工具来实现。其操作步骤如下：

（1）在 Windows 程序组菜单中，运行 SQL Developer 开发工具程序，系统弹出初始界面，如图 1-91 所示。

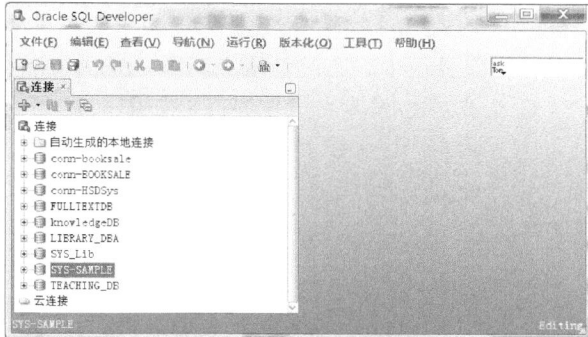

图 1-91　SQL Developer 初始界面

在该界面中，选取"文件→新建"菜单，系统将弹出新建数据库对象对话框，如图 1-92 所示。

（2）在新建数据库对象对话框中，选取"数据库连接"列表项，单击"确定"按钮，进入"新建/选择数据库连接"界面，如图 1-93 所示。

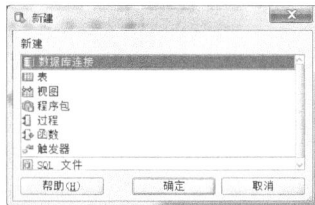

图 1-92　新建数据库对象对话框

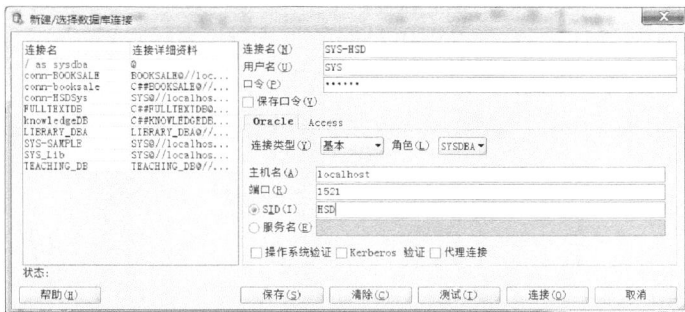

图 1-93　"新建/选择数据库连接"界面

在新建数据库连接界面中，输入连接名 SYS-HSD、用户名 SYS，以及口令、SYSDBA 角色、主机名、端口号、SID 名等参数。这些参数用于系统管理用户 SYS 登录访问数据库 HSD。当成功创建 SQL Developer 连接后。单击"连接"菜单，便可使 SYS 用户进入数据库 HSD 的管理操作界面，如图 1-94 所示。

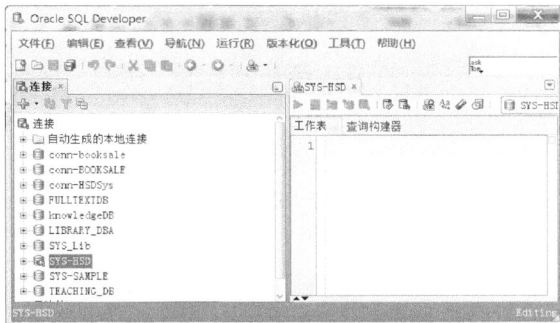

图 1-94　SYS 用户登录 HSD 数据库的管理操作界面

在数据库管理操作界面中，SYS 用户可进行数据库开发和数据库管理操作。

（3）在 HSD 数据库管理操作界面中，右键单击"SYS-HSD→其他用户"目录，在弹出的菜单中选择"创建用户"，进入"创建/编辑用户"界面，如图 1-95 所示。

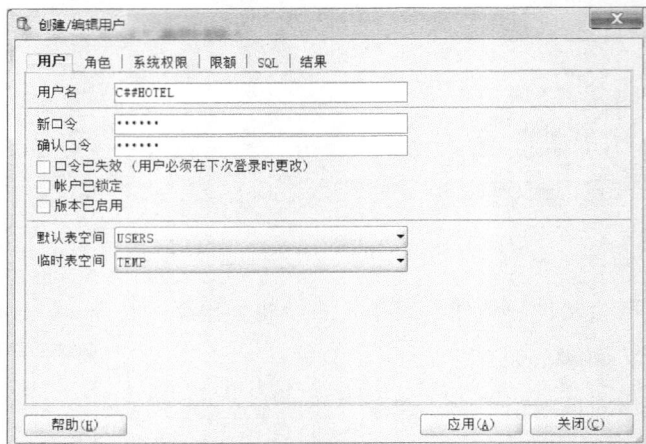

图 1-95　"创建/编辑用户"界面

在"创建/编辑用户"界面中，输入新用户名 C##HOTEL、口令，并选择默认表空间 USERS、临时表空间 TEMP 参数。同时，也设置该用户的角色为默认的 CONNECT、RESOURSE 角色。单击"应用"按钮后，系统执行创建用户操作，并输出结果，如图 1-96 所示。

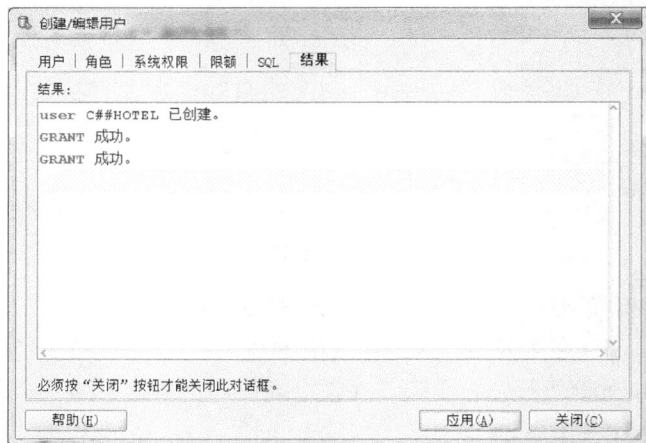

图 1-96　创建结果界面

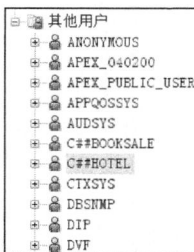

图 1-97　数据库用户列表界面

在用户创建结果界面中，单击"关闭"按钮，返回数据库管理操作界面。

（4）在 HSD 数据库管理操作界面中，右键单击"SYS-HSD→其他用户"目录在弹出的菜单中选择"刷新"，在用户列表中将出现"C##HOTEL"用户，如图 1-97 所示。

（5）在 HSD 数据库的 C##HOTEL 用户创建后，便可建立以 C##HOTEL 用户登录数据库 HSD 的连接 conn-HOTEL，如图 1-98 所示。

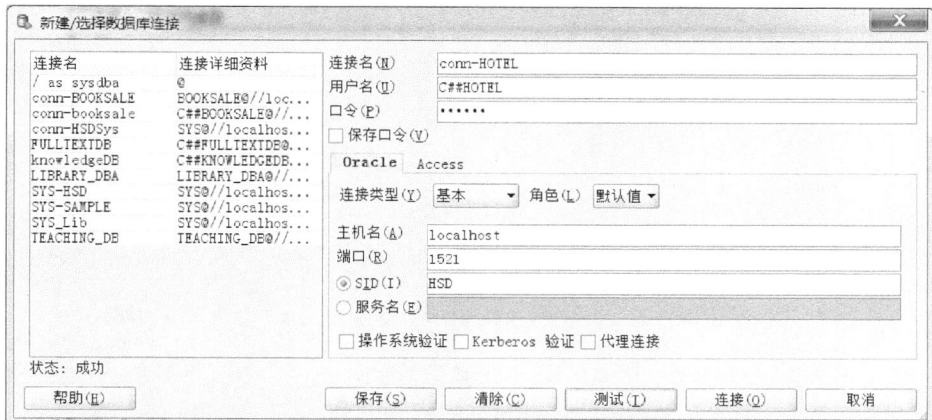

图 1-98　用户 C##HOTEL 的 conn-HOTEL 连接创建界面

在用户 C##HOTEL 连接创建界面中，输入连接名（conn-HOTEL）、用户名（C##HOTEL）、口令、主机名、端口、SID 等参数后，单击"测试"按钮。若返回"成功"状态，表示连接参数正确。单击"保存"按钮，将连接保存到系统中，以便后续访问使用。

（6）在 SQL Developer 中，单击 conn-HOTLE 连接，并输入口令后，便可使 C##HOTEL 用户登录到数据库 HSD。其进入后的初始管理操作界面如图 1-99 所示。

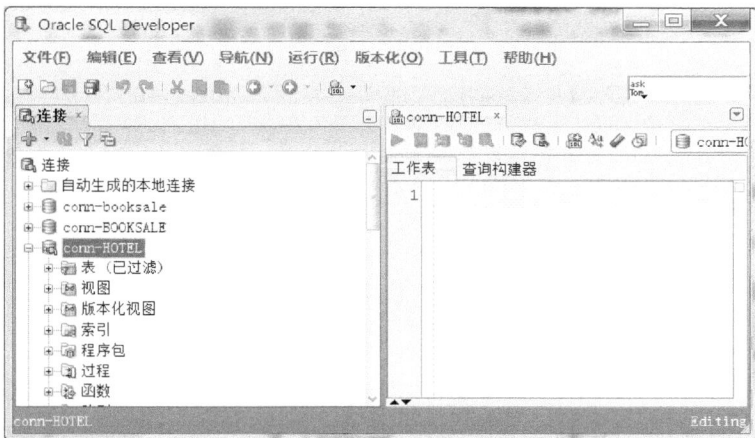

图 1-99　C##HOTEL 用户的管理操作界面

此后，在 C##HOTEL 用户 Schema 中，可对酒店数据库 HSD 进行对象创建及数据操作。

2. HSD 数据库表创建

当用户新建一个数据库后，该数据库刚开始是空的，即没有任何用户表。在数据库中存储数据，必须要有数据库表。因此，在数据库中，需要根据应用设计创建数据表对象。在 Oracle 数据库中，创建数据库表对象主要有如下两种方式。

1）使用 SQL Developer 开发工具 GUI 方式创建表

在 Windows 程序组菜单中，运行 SQL Developer 开发工具程序，打开系统初始界面，如图 1-100 所示。

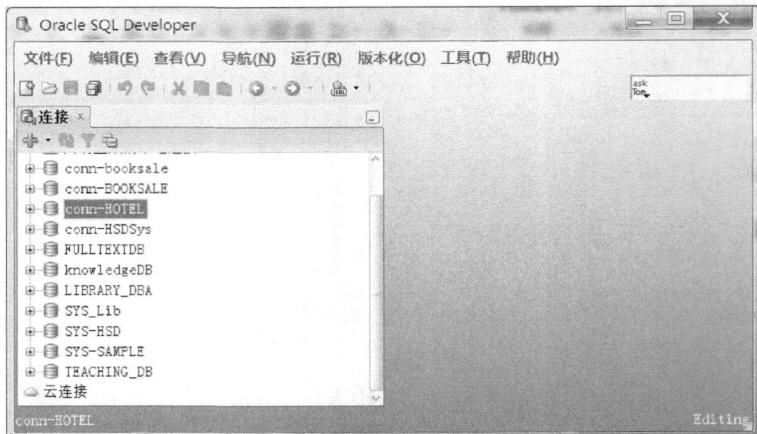

图 1-100　SQL Developer 初始界面

在该界面中，单击 conn-HOTLE 连接，系统将弹出"连接信息"界面，如图 1-101 所示。

图 1-101　C##HOTEL 用户连接登录界面

当输入用户名及口令后，进入数据库管理操作界面，如图 1-102 所示。

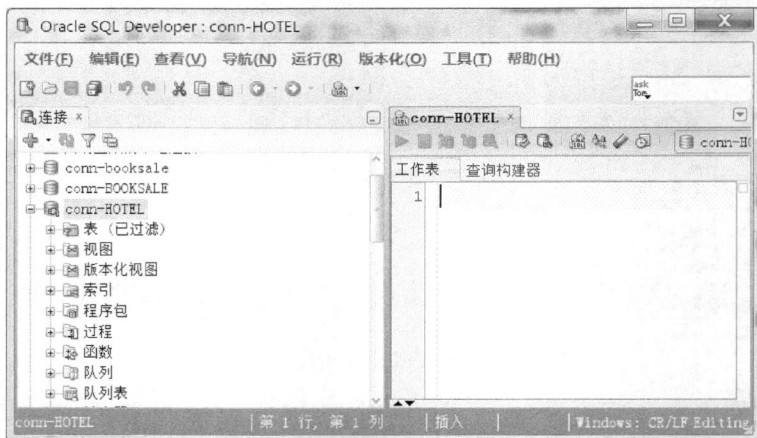

图 1-102　数据库管理操作界面

在 conn-HOTEL 连接目录列表中，选取表目录，并单击鼠标右键，在弹出的菜单中选择"新建表"，进入"创建表"界面，如图 1-103 所示。

在"创建表"界面中，输入表名称，然后定义各个列的名称、类型、大小、是否允许空值、是否主键等属性。例如，创建一个部门表 Department（DepID,DepName,DepAddr,DepPhone）。其"创建表"界面如图 1-104 所示。

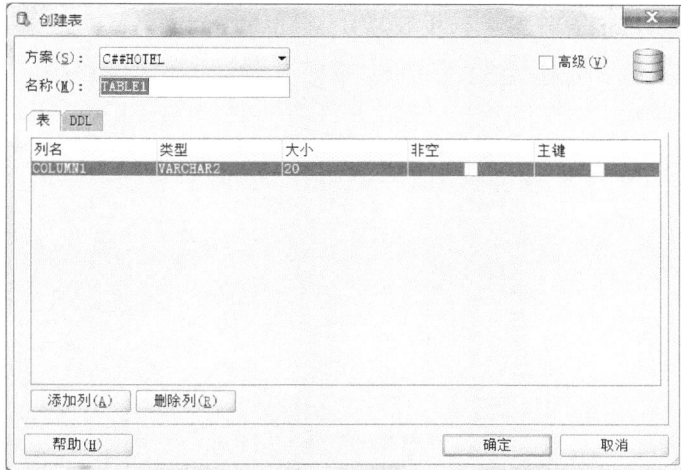

图 1-103　数据库"创建表"界面

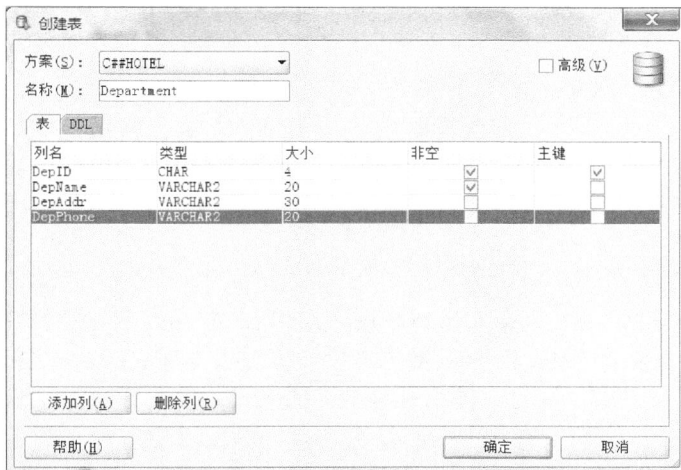

图 1-104　创建部门表 Department

当数据表创建结束后，单击"确定"按钮，系统创建该数据库表，其结果界面如图 1-105 所示。

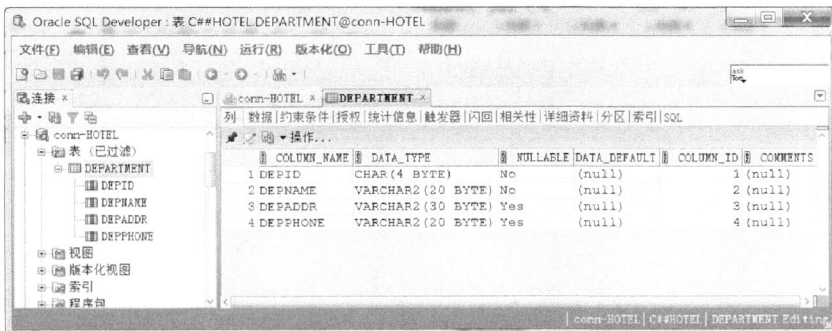

图 1-105　数据库表 Department 结果界面

2）使用 SQL Developer 开发工具执行 SQL 语句方式创建表

在 Oracle 数据库中，还可以在 SQL Developer 开发工具中执行 SQL 语句实现数据库表创建。例如，创建一个雇员表 Employee（EmpNumber,EmpName,Department,Phone,Email）。可以在 SQL Developer 工作表中输入创建 Employee 表的 SQL 语句，如图 1-106 所示。

图 1-106　雇员表 Employee 创建 SQL 语句

图 1-107　C##HOTEL 用户
Schema 的数据库表目录

在该界面中，单击 SQL 执行按钮，DBMS 将创建雇员表 Employee。当成功完成表创建操作后，在 C##HOTEL 用户 Schema 的表目录中将出现该表，如图 1-107 所示。

3. HSD 数据库表修改

在数据库应用开发过程中，有时需要对数据库表结构进行修改。Oracle 数据库中，修改数据库表对象主要有如下两种方式。

1）使用 SQL Developer 开发工具 GUI 方式修改表结构

在 SQL Developer 运行界面中，首先选取要进行结构修改的数据库表，单击鼠标右键，在弹出的菜单中选择"编辑"，即可进入"编辑表"界面。例如，修改部门表 DEPARTMENT 结构，其界面如图 1-108 所示。

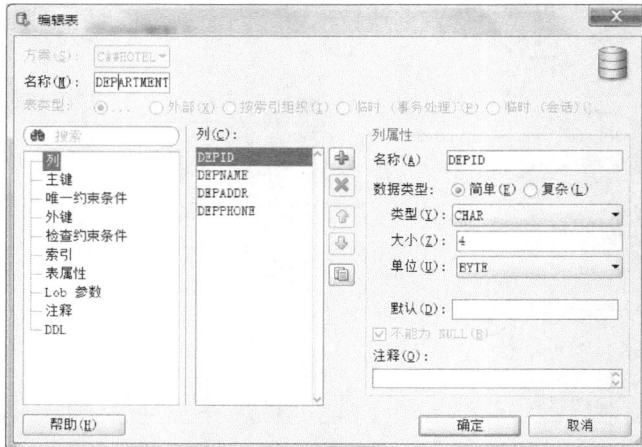

图 1-108　修改部门表 DEPARTMENT 结构

在该界面中，可以增加列、删除列，也可以对列属性进行修改。例如，对部门名称列 DEPNAME 设定默认值为"人力资源部"，其操作界面如图 1-109 所示。

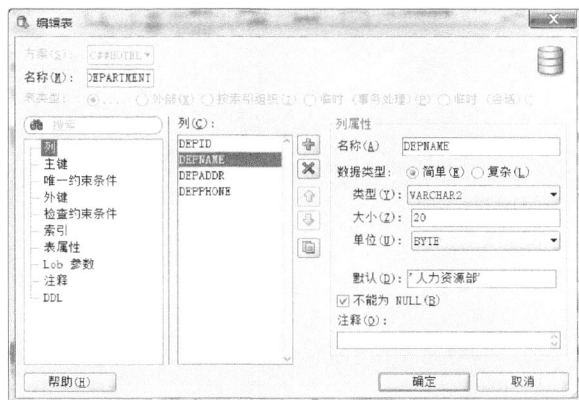

图 1-109　DEPARTMENT 表中设置部门名称默认值

当单击"确定"按钮后，部门表的部门名称列有了一个默认值"人力资源部"，如图 1-110 所示。

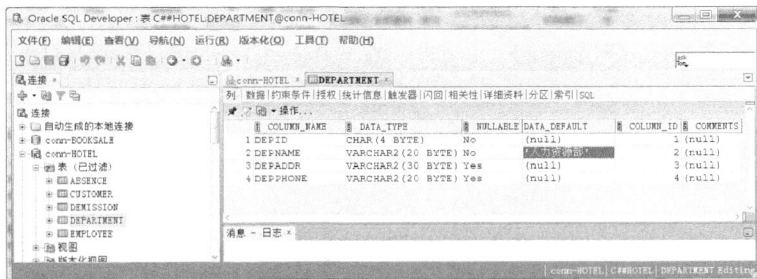

图 1-110　部门名称默认值

2）使用 SQL Developer 开发工具执行 SQL 语句方式修改表结构

在 Oracle 数据库中，还可以在 SQL Developer 开发工具中执行 SQL 语句实现数据库表结构修改。例如，在雇员表 EMPLOYEE 中添加性别（SEX）列，并设置默认值"男"。可以在 SQL Developer 工作表中输入修改表 SQL 语句，如图 1-111 所示。

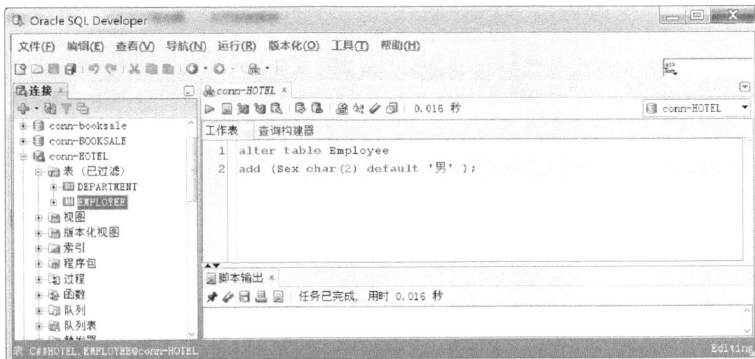

图 1-111　雇员表 EMPLOYEE 修改 SQL 语句

在该界面中，单击 SQL 执行按钮后，DBMS 执行该 SQL 语句，完成雇员表结构修改。在该表结构的列目录中将出现该列，如图 1-112 所示。

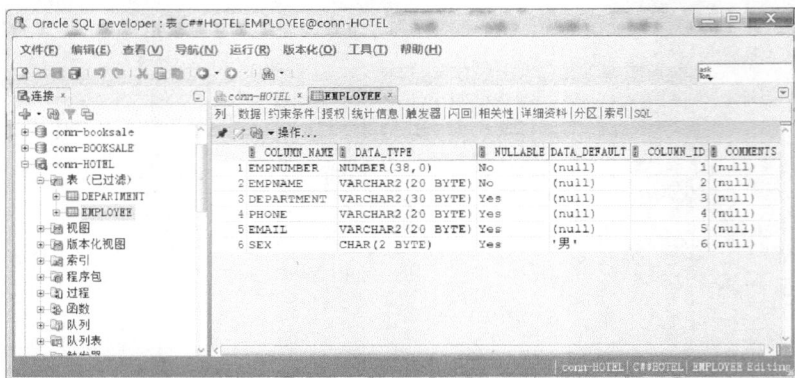

图 1-112　修改后的 EMPLOYEE 表结构

4. HSD 数据库表删除

当数据库中的某个表不再需要时，可以对该数据表进行删除操作。在 Oracle 数据库中，删除数据库表对象主要有如下两种方式。

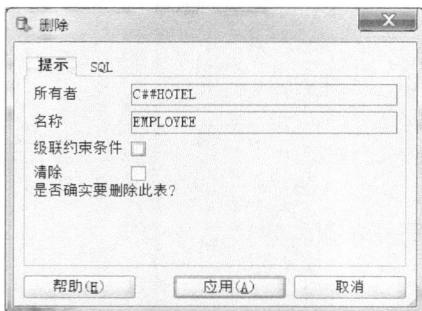

图 1-113　删除雇员表 EMPLOYEE

1）使用 SQL Developer 开发工具 GUI 方式删除表

在 SQL Developer 运行界面中，首先选取需要删除的数据库表，然后鼠标右键单击菜单项"表→删除"，系统弹出删除确认界面。例如，删除雇员表 EMPLOYEE，其界面如图 1-113 所示。

在该界面中，当单击"应用"按钮后，即可删除该表。若不删除，单击"取消"按钮即可。

2）使用 SQL Developer 开发工具执行 SQL 语句方式删除表

在 Oracle 数据库中，还可以在 SQL Developer 开发工具中执行 SQL 语句，实现数据库表删除操作。例如，删除雇员表 EMPLOYEE，可以在 SQL Developer 工作表中输入删除表 SQL 语句，如图 1-114 所示。

图 1-114　删除雇员表 EMPLOYEE SQL 语句

在该界面中，当单击 SQL 执行按钮后，即可删除该表。

5. HSD 数据库的数据插入

在数据库中创建了数据库表后，便可向数据库表添加数据，即对数据库表进行插入数据处理。实现数据插入的基本方式是执行 SQL 语言的 insert 语句，以下给出若干操作实例。

DEPID	DEPNAME	DEPADDR	DEPPHONE
1 A001	客房部	A座103	61831521

图 1-115　部门信息表原有数据

【例 1-1】在部门信息表 DEPARTMENT 中，原有数据如图 1-115 所示。

若在此表中插入一个新的部门数据，如"A002""工程部""A 座 304""61831526"，其插入数据 SQL 语句如下：

```
insert into  DEPARTMENT values('A002','工程部','A座304','61831526');
```

将该语句在 SQL Developer 的工作表中输入后，单击"运行语句"图标按钮，即可开始执行 SQL 语句。其结果界面如图 1-116 所示。

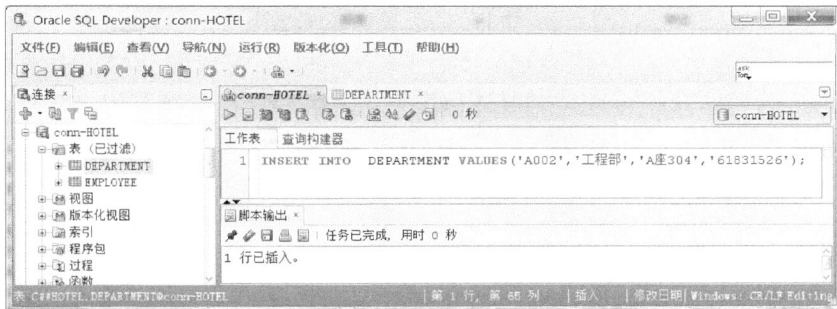

图 1-116　SQL Developer 执行单条 SQL 插入语句

当该条 insert 语句执行后，部门信息表将新增一行数据，如图 1-117 所示。

DEPID	DEPNAME	DEPADDR	DEPPHONE
1 A001	客房部	A座103	61831521
2 A002	工程部	A座304	61831526

图 1-117　部门信息表当前数据

注意：在 insert 插入数据语句中，所使用的 Interger 和 Numeric 等类型数值不使用引号标注，但 Char、Varchar、Date 和 Datetime 等值类型必须使用单引号。

在 DBMS 中，还可以一次执行一组 SQL 数据插入语句，实现在表中插入多行数据。

【例 1-2】在部门信息表 DEPARTMENT 中，一次插入多个部门数据。其插入数据的 SQL 语句如下：

```
insert into DEPARTMENT values('A003','餐饮部','A座201','61831522');
insert into DEPARTMENT values('A004','人力资源部','A座302','61831523');
insert into DEPARTMENT values('A005','财务部','A座305','61831525');
```

这些语句在 SQL Developer 的工作表中输入后，单击"运行脚本"按钮，开始执行 SQL 程序。其结果界面如图 1-118 所示。

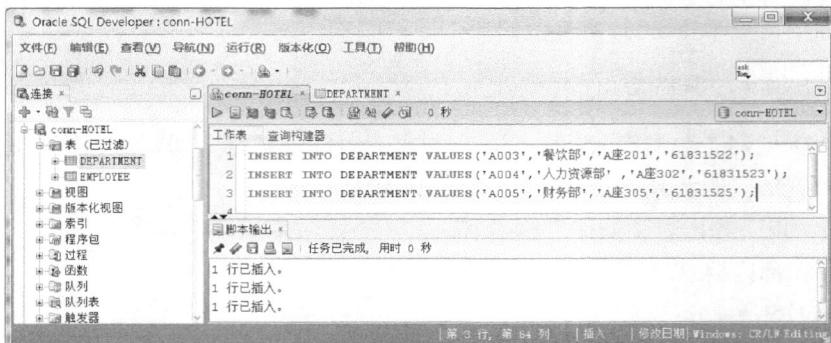

图 1-118　SQL Developer 执行多条 SQL 插入语句

当这些 insert 语句执行后，部门信息表将新增多行数据，如图 1-119 所示。

图 1-119　部门信息表当前数据

6. HSD 数据库的数据更新

如果需要对数据表中的数据进行修改，则可以通过执行 SQL 语言的数据更新语句 update 完成。

【例 1-3】在部门信息表 DEPARTMENT 中，若要将财务部原电话"61831525"修改为"61831528"，其数据修改的 SQL 语句如下：

```
update  DEPARTMENT
set  DEPPHONE='61831528'
where  DEPNAME='财务部';
```

当这个语句在 SQL Developer 的工作表中输入后，单击"运行语句"图标按钮，开始执行 SQL 程序。其结果界面如图 1-120 所示。

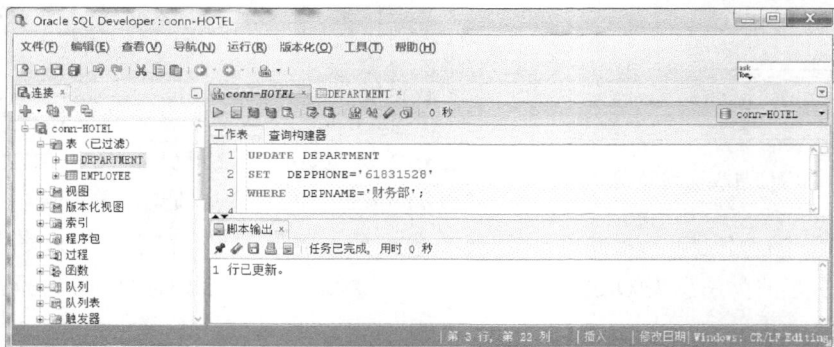

图 1-120　SQL Developer 执行数据更新 SQL 语句

当这个 update 语句成功执行后，部门信息表的财务部电话数据被修改，如图 1-121 所示。

图 1-121　修改后的部门信息表数据

注意：在数据修改语句中，不能忘记 where 条件，否则该语句将会对表中所有行中该列的值都进行修改。

update 数据修改语句也可以同时修改表中多个列值。例如，如果需要同时将部门"工程部"的地点和电话分别修改为"A 座 109""61831529"。其数据修改的 SQL 语句如下：

```
UPDATE  DEPARTMENT
SET  DEPADDR='A 座 109',DEPPHONE='61831529'
WHERE  DEPNAME='工程部';
```

这个语句执行后，部门信息表 DEPARTMENT 的数据如图 1-122 所示。

	D...	DEPNAME	DEPADDR	DEPPHONE
1	A001	客房部	A座103	61831521
2	A002	工程部	A座109	61831529
3	A003	餐饮部	A座201	61831522
4	A004	人力资源部	A座302	61831523
5	A005	财务部	A座305	61831528

图 1-122　修改后的部门信息表数据

7. HSD 数据库的数据删除

如果在数据库表中，不再使用某些数据，则可通过执行 SQL 语言的数据删除语句 delete，从指定数据库表中删除满足条件的数据行。

【例 1-4】部门信息表 DEPARTMENT 原始数据如图 1-122 所示。若要删除"餐饮部"信息数据，其数据删除的 SQL 语句如下：

```
delete
from  DEPARTMENT
where  DEPNAME='餐饮部';
```

当这个语句在 SQL Developer 的工作表中输入后，单击"运行语句"图标按钮，开始执行 SQL 程序。其结果界面如图 1-123 所示。

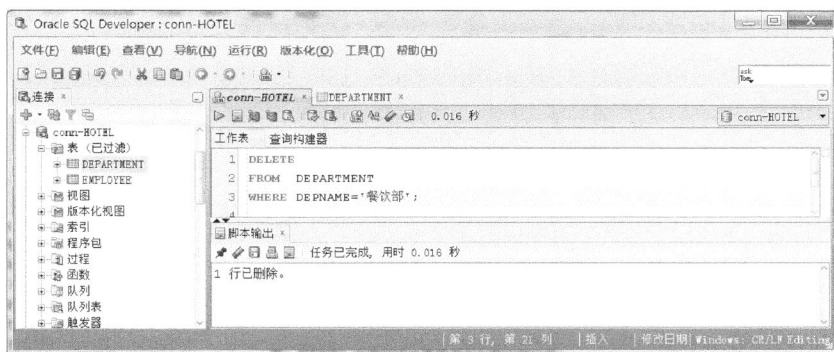

图 1-123　SQL Developer 执行数据删除 SQL 语句

	D...	DEPNAME	DEPADDR	DEPPHONE
1	A001	客房部	A座103	61831521
2	A002	工程部	A座109	61831529
3	A004	人力资源部	A座302	61831523
4	A005	财务部	A座305	61831528

图 1-124　删除后的部门信息表数据

当这个 delete 语句成功执行后，部门信息表中"餐饮部"数据被删除，其结果数据如图 1-124 所示。

注意：在数据删除语句中，不能忘记 where 条件，否则该语句将会对表中所有行数据进行删除。

8. HSD 数据库的数据查询

在 SQL 语言中，对数据库表进行数据查询处理的语句只有 select 语句。虽然只有一种语句，但该类语句功能丰富，组合条件使用灵活，所有数据查询操作都可以通过 select 语句实现。

【例 1-5】在酒店管理系统的 HSD 数据库中，查询工程部的雇员信息，结果数据包括雇员编号、雇员姓名、雇员性别、雇员电话、所属部门。该操作需要关联雇员信息表 Employee 和部门信息表 Department，采用连接查询方法实现两表关联查询，其查询 SQL 语句如下：

```
select Employee.EmpNumber as 雇员编号, Employee.EmpName as 雇员姓名, Employee.
Sex as 性别, Employee.Phone as 电话, Department.DepName as 部门名称
from  Employee, Department
where Department.DepID=Employee.Department and Department.DepName='工程部';
```

该语句在 SQL Developer 的工作表中输入后，单击"运行语句"按钮，开始执行 SQL 语句。其结果界面如图 1-125 所示。

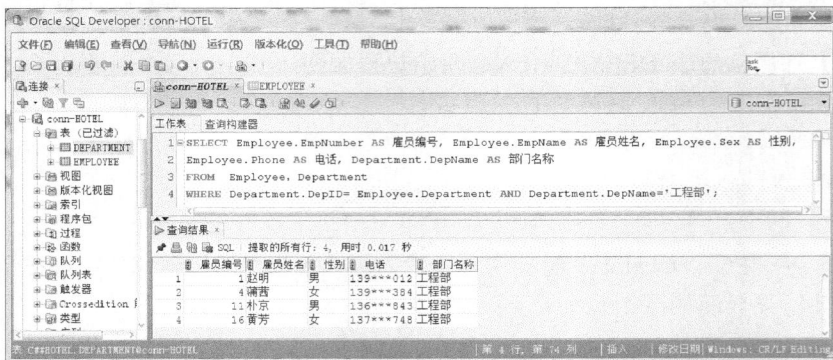

图 1-125　SQL Developer 执行查询 SQL 语句

在上面的连接查询中，使用连接条件 where Department.DepID= Employee.Department and Department.DepName='工程部'，实现两表关联查询。

【例 1-6】在酒店管理系统的 HSD 数据库中，如果希望统计各个部门的雇员人数，并要求查询结果中包含"部门名称""部门人数"输出信息，按部门名称降序排列。该操作需要关联雇员信息表 Employee 和部门信息表 Department，采用连接查询方法实现两表关联查询，其查询 SQL 语句如下：

```
select Department.DepName as 部门名称,COUNT(Employee.EmpNumber)  as 雇员人数
from  Employee,Department
where Department.DepID=Employee.Department
group  BY  Department.DepName;
```

该语句在 SQL Developer 的工作表中输入后，单击"运行语句"按钮，开始执行 SQL 语句。其结果界面如图 1-126 所示。

在上面的连接查询中，使用了 group by 子句和内置函数 COUNT（）对雇员按部门分组统计人数。

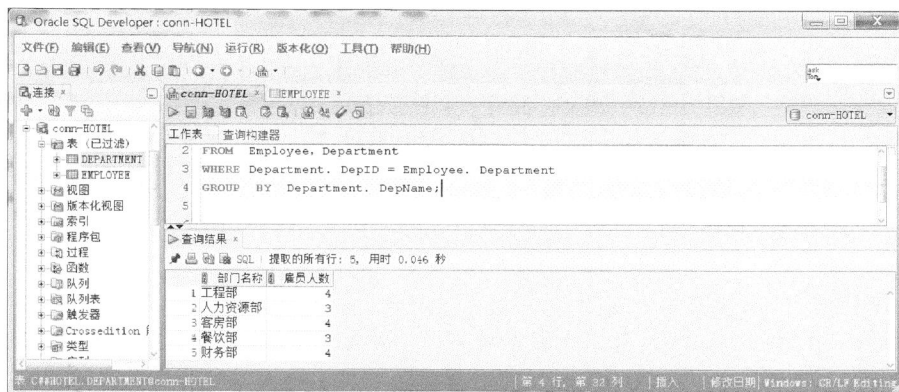

图 1-126　SQL Developer 执行查询 SQL 语句

1.3.5　问题解答

（1）Oracle 数据库的用户 Schema 是什么？

在 Oracle 数据库中，Schema 对象是一个组织管理某用户数据库对象的容器。每个用户都有一个同名的 Schema 对象。当访问一个数据库对象时，通常需要带有 Schema 限定名称，格式如[Schema].对象名。若没有给出 Schema 限定名称，则默认在当前 Schema 下访问数据库对象。

（2）在 C##HOTEL 用户插入数据到数据库表时，为什么提示没有 USERS 表空间权限？

这是因为系统赋予 C##HOTEL 用户的操作权限不够，对 USERS 表空间的数据库对象操作受限。因此，在 SYS 系统用户创建 C##HOTEL 用户时，除了赋予该用户的"CONNECT""RESOURSE"角色外，还应设置用户在 USERS 表空间的限额为"无限制"。 还可以执行 alter user "C##HOTEL" quota unlimited on users；语句来实现 USERS 表空间的无限额设置。

（3）在进行 SELECT 分组统计查询语句执行时，为什么有时出现错误？

在执行带内置函数的分组统计查询语句时，系统报错的主要原因如下：①Group by 所使用的分组列与 select 查询的输出列不匹配；②选定的 Group by 分组列不恰当。

1.3.6　实验练习

实　验　报　告

一、实验 3：图书借阅管理系统数据库表及数据访问操作

二、实验室名称：　　　　　　　　　　实验时间：

三、实验目的与任务

通过数据库表及数据访问操作实验，掌握数据库表创建及管理操作方法，同时也掌握数据插入、数据更新、数据删除、数据查询等 SQL 语句操作方法，培养数据库的数据操纵访问能力。

本实验任务是使用 SQL Developer 对图书借阅管理系统数据库表进行创建及管理，并对表进行数据添加、数据修改、数据删除和数据查询等 SQL 操作。

四、实验原理

在关系数据库系统中,所有对数据库的访问操作均是通过 DBMS 执行 SQL 语句操作来实现的。通过执行 create table、alter table、drop table 语句实现数据库表创建、修改和删除处理。通过执行 insert、update、delete 语句实现数据库表中数据添加、数据更新、数据删除处理。通过执行 select 语句实现数据库表数据查询。在 Oracle 数据库系统中,可以使用数据库开发工具 SQL Developer 或 SQL Plus 执行 SQL 语句实现数据库表及其数据的操作访问。此外,也可以利用 SQL Developer 工具以 GUI 方式操作实现。

五、实验内容

在 Oracle Database 12c 数据库系统软件环境中,实现图书借阅管理系统数据库表及数据操作访问。具体实验内容如下:

(1)图书信息表 Book 和图书分类表 Category 的创建、修改和删除处理。

(2)图书信息表 Book 和图书分类表 Category 的数据添加。

(3)图书信息表 Book 和图书分类表 Category 的数据修改。

(4)图书信息表 Book 和图书分类表 Category 的数据删除。

(5)图书信息表 Book 和图书分类表 Category 的数据查询。

在数据库数据表操作实验中,使用 Oracle 数据库开发工具 SQL Developer 执行 SQL 语句,完成数据库表及其数据的操作访问处理。

六、实验设备及环境

本实验所涉及的硬件设备为计算机、服务器及以太网络环境。

操作系统：Windows 7

DBMS：Oracle Database 12c

七、实验步骤

采用 Oracle 数据库开发工具 SQL Developer 进行数据库表及其数据操作访问。其步骤如下:

(1)创建图书管理用户 C##LIB,并授予必要的系统权限。

(2)建立 C##LIB 用户登录 Lib 数据的连接。

(3)在 C##LIB 用户 Schema 下,创建图书借阅管理数据库表对象。

(4)执行 insert 语句,实现图书借阅管理数据库表数据添加。

(5)执行 update 语句,实现图书借阅管理数据库表数据更新。

(6)执行 delete 语句,实现图书借阅管理数据库表数据删除。

(7)执行 select 语句,实现图书信息表数据查询。

八、实验数据及结果分析

说明：本节为学生编写的报告内容,学生应按照上述步骤分别给出各项实验内容的具体操作过程说明,并包含操作分析、操作原理、操作方法等描述内容。在报告内容中,需要有基本的操作界面和操作结果数据分析。

九、总结及心得体会

说明：本节为学生编写的报告内容,学生应对本实验的关键技术内容进行归纳总结,并给出心得体会。

1.4　实验 4——视图与索引操作

1.4.1　相关知识

在 Oracle 数据库应用中，除使用基本的表对象外，通常还使用视图、索引等对象。

1. 视图

在 SQL 语言中，视图（View）是一种基于 SELECT 查询语句执行结果导出的虚拟表。视图可以基于数据表或其他视图来构建，它本身没有自己的数据，而是使用了存储在基础表或其他视图中的数据。在基础数据表中的任何改变都可以在视图中看到，同样若在视图中对数据进行了修改，其基础数据表的数据也要发生变化。对视图的操作，其实是对它所基于的基础数据表进行操作。

使用视图这种数据库对象，用户可以获得如下好处：

（1）通过视图，数据库开发人员可以将复杂的查询语句封装在视图内，使外部程序只需要使用简单方式访问该视图，便可获取所需要的数据。

（2）通过视图，可以将基本数据表部分敏感数据隐藏起来，外部用户无法得知数据表的完整数据，降低数据库被攻击的风险。此外，通过视图访问，用户只能查询和修改他们所能见到的数据，可以保护部分隐私数据。

（3）通过视图，可提供一定程度的数据逻辑独立性。当数据表结构发生改变，只要视图结构不变，应用程序可以不做修改。

（4）通过视图，可以将部分用户不关心的数据进行过滤，仅仅提供他们所感兴趣的数据。

1）视图创建

在 Oracle 数据库中，执行 create view 语句可实现数据库视图对象创建，其创建视图对象的 SQL 语句基本格式如下：

```
create view [用户 Schema.]<视图名> [(列名 1),(列名 2),…] as <select 查询>;
```

其中 create view 为创建视图语句的关键词。<视图名>为将创建的视图名称。在同一个数据库用户 Schema 中，不允许有两个视图同名。在视图中，可以定义组成视图各个列的名称。若没有定义列名，则默认采用查询结果集的列名作为视图列名。as 关键词定义 select 查询语句查询结果集为视图的数据。

同样，也可以使用图形界面工具 SQL Developer 实现视图对象的可视化创建。"创建视图"的基本界面如图 1-127 所示。

在"创建视图"界面中，定义视图名称、SQL 查询语句等要素，单击"确定"按钮后，将在用户 Schema 中新增一个数据库视图对象。

2）视图修改

在 Oracle 数据库中，当某个数据库视图需要修改时，可执行 create or replace view 语句实现，其修改视图对象的 SQL 语句基本格式如下：

```
create or replace view [用户 Schema.]<视图名> [(列名 1),(列名 2),…] as <select 查询>;
```

图 1-127　SQL Developer 中视图对象创建主界面

该语句是在现有视图基础上，对视图定义进行修改和重建，并保持原有的用户操作权限。

同样，也可以使用图形界面工具 SQL Developer 实现视图对象的可视化修改。例如，修改视图对象（C##HOTEL.VIEW_EMPLOYEE）的基本界面如图 1-128 所示。

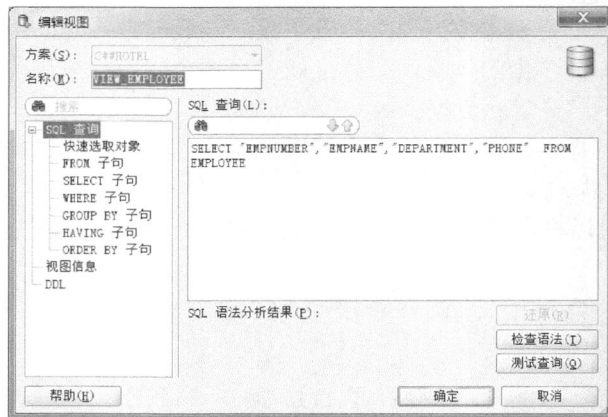

图 1-128　SQL Developer 中修改视图对象基本界面

在修改视图对象界面中，可修改视图名称、SQL 语句等要素，单击"确定"按钮后，将在用户 Schema 中完成该数据库视图对象修改。

3）数据库视图删除

在 Oracle 数据库中，当某个数据库视图不再需要时，可执行 drop view 语句实现数据库视图对象删除，其 SQL 语句基本格式如下：

```
drop view [用户 Schema.]<视图名>;
```

同样，也可以使用图形界面工具 SQL Developer 实现视图对象的可视化删除。例如，删除视图对象（C##HOTEL.VIEW_EMPLOYEE）的界面如图 1-129 所示。

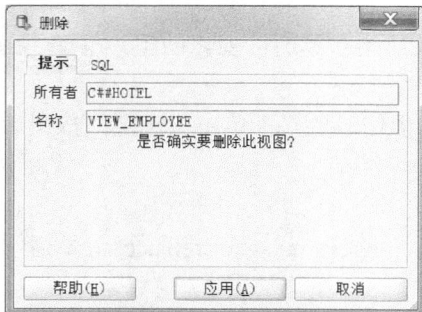

图 1-129　SQL Developer 中视图对象删除界面

在删除视图对象确认界面中，单击"应用"按钮后，即可将该视图对象从数据库中删除。

2. 索引

索引是对数据库表中一列或多列的值进行排序的一种结构，使用索引可快速访问数据库表中的特定信息。在 SQL 语言中，可使用数据定义语言语句完成索引对象的创建、修改、删除等操作。

在数据表中，创建索引主要有如下好处：

（1）可以大大加快数据的检索速度，这也是创建索引的最主要原因。

（2）可以加速表和表之间的连接，特别是在实现数据的参考完整性方面特别有意义。

（3）在使用分组和排序子句进行数据检索时，可以显著减少查询中分组和排序的时间。

当然，在数据表中，创建索引也会带来开销：

● 创建索引和维护索引耗费系统时间，这种时间会随着数据量的增大而增加。

● 索引需要占物理空间，除了数据表占数据空间之外，每一个索引还要占一定的物理空间。

● 当对表中数据进行增加、删除和修改时，索引也需要进行动态维护，这样会降低了数据的维护速度。

因此，在数据库系统开发中，需根据实际应用需求，仅对需要快速查询的信息表建立相应列索引。

1）索引创建

在 Oracle 数据库中，执行 create index 语句可实现数据库索引对象创建，其创建索引对象的 SQL 语句基本格式如下：

```
create index  [用户 Schema.]<索引名>  on  <表名><（列名）>;
```

其中 create index 为创建索引语句的关键词。<索引名>为在指定表中针对某列创建的索引名称。该语句执行后，在表中为指定列创建其列值的索引，使数据库可针对该列的索引实现快速查询。

同样，也可以使用图形界面工具 SQL Developer 实现索引对象的可视化创建。创建索引对象的基本界面如图 1-130 所示。

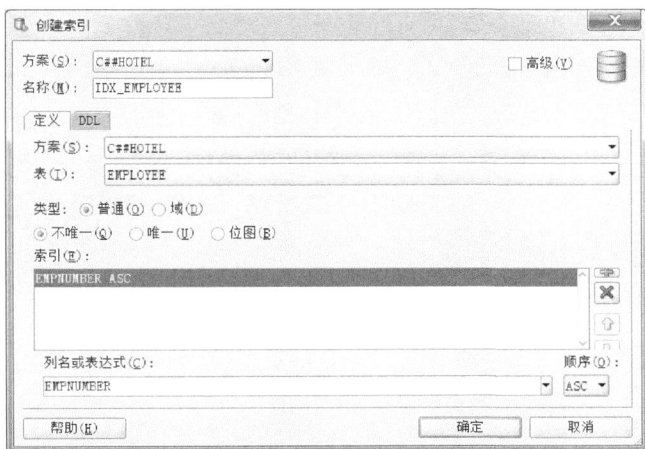

图 1-130　SQL Developer 中索引对象创建主界面

在创建索引对象界面中，定义索引名称、表名、列名、索引是否唯一、索引顺序等参数，单击"确定"按钮后，将在用户 Schema 中新增一个数据库索引对象。

2）索引修改

在 Oracle 数据库中，当某个数据库索引需要修改或重建时，可执行 alter index 语句实现，其修改索引对象的 SQL 语句基本格式如下：

```
alter index  [用户 Schema.]<索引名><索引修改子句>;
```

该语句是在现有索引基础上，对索引定义进行修改和重建。例如，对索引 IDX_EMPLOYEE 进行索引重建，其 SQL 语句为 alter index IDX_EMPLOYEE rebuild。

同样，也可以使用图形界面工具 SQL Developer 实现索引对象的可视化修改。例如，修改索引对象（C##HOTEL.IDX_EMPLOYEE）的基本界面如图 1-131 所示。

图 1-131　SQL Developer 中索引对象修改主界面

在修改索引对象界面中，可修改索引定义、索引属性、索引分区等要素。单击"确定"按钮后，将在用户 Schema 中完成该数据库索引对象的修改。

3）数据库索引删除

在 Oracle 数据库中，当某个数据库索引不再需要时，可执行 drop index 语句实现数据库索引对象删除，其 SQL 语句基本格式如下：

```
drop index  [用户 Schema.]<索引名>;
```

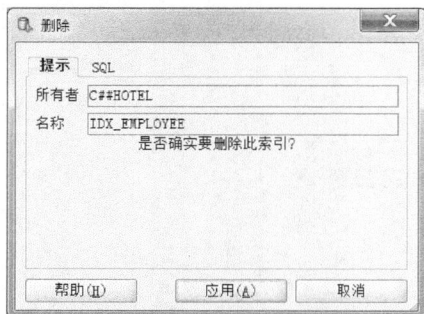

图 1-132　SQL Developer 中删除索引
对象界面

同样，也可以使用图形界面工具 SQL Developer 实现索引对象的可视化删除。例如，删除索引对象（C##HOTEL.IDX_EMPLOYEE）的基本界面如图 1-132 所示。

在该删除索引对象确认界面中，单击"应用"按钮后，即可将该索引对象从数据库中删除。

1.4.2　实验目的

通过 Oracle 数据库视图与索引操作实验，掌握数据库视图创建、视图使用、视图删除的 SQL 语句操作方法，同时也掌握数据表索引创建、索引使用、索引删除的 SQL 语句操作方法，从而培养数据库的高级数据访问能力。本实验具体目标如下：

（1）掌握 SQL 语言的 create view 语句使用方法，实现对 Oracle 数据库基本表创建视图处理。

（2）掌握 SQL 语言的 drop view 语句使用方法，实现对 Oracle 数据库视图删除处理。

（3）掌握 SQL 语言的 create index 语句使用方法，实现对 Oracle 数据表列创建索引处理。

（4）掌握 SQL 语言的 drop index 语句使用方法，实现对 Oracle 数据表列删除索引处理。

1.4.3　实验内容

1. 数据库视图创建、使用及删除

在酒店管理系统 HSD 数据库中，对酒店部门信息表（DEPARTMENT）创建视图、使用视图和删除视图处理。

（1）创建一个部门雇员名单基本信息的视图 DepartEmpView。

（2）对视图 DepartEmpView 进行数据访问使用。

（3）删除视图 DepartEmpView。

2. 数据库索引创建、修改及删除

在酒店管理系统 HSD 数据库中，对雇员信息表（EMPLOYEE）创建索引、修改索引和删除索引处理。

（1）创建雇员姓名列索引 EmpName_Idx，以支持按姓名快速查询雇员信息。

（2）修改雇员姓名列索引名，并支持聚类索引。

（3）删除雇员姓名列索引。

1.4.4　实验指导

本节将以部门信息表（DEPARTMENT）和雇员信息表（EMPLOYEE）为例，给出 SQL 语言实现数据库视图创建、视图使用、视图删除的基本操作指导。同时也给出 SQL 语言实现数据库索引创建、索引修改、索引删除操作指导。

1. Oracle 数据库视图创建、使用及删除

1）视图创建

视图可以由一个或几个基本表（或其他视图）的 SELECT 查询结果创建生成。当它被创建后，被作为一种数据库对象存放在数据库中以备使用。

【例 1-7】在酒店管理系统 HSD 数据库中，若需要建立一个部门雇员名单基本信息的视图 DepartEmpView，其创建 SQL 语句如下：

```
create  view DepartEmpView  as
select  DepName as 部门名称,EmpNumber as 雇员编号,EmpName as 雇员姓名,Sex as 性别
from  EMPLOYEE,DEPARTMENT
where  EMPLOYEE.Department=DEPARTMENT.DepID;
```

当这个语句执行后，在数据库中创建了一个名称为 DepartEmpView 的数据库视图对象，

见图 1-133 所示。

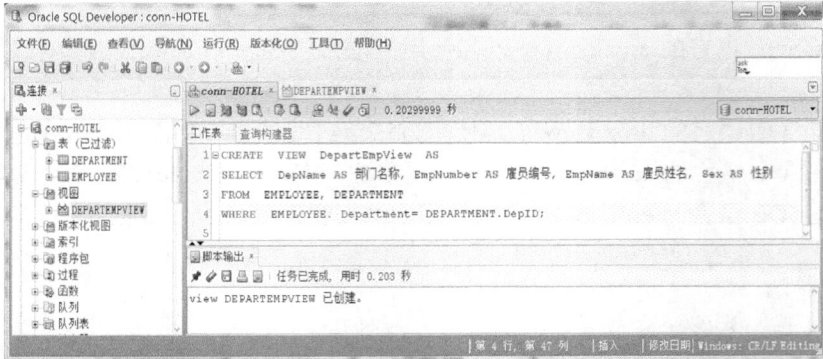

图 1-133　DepartEmpView 视图创建结果

2）视图使用

当视图在数据库中创建后，用户可以像访问基本数据表一样去操作访问视图。例如，使用 SELECT 语句查询该视图数据，并按部门名称排序输出，其 SQL 语句如下：

```
select  *
from  DepartEmpView
order by  部门名称；
```

这个语句执行后，其视图查询操作结果见图 1-134 所示。

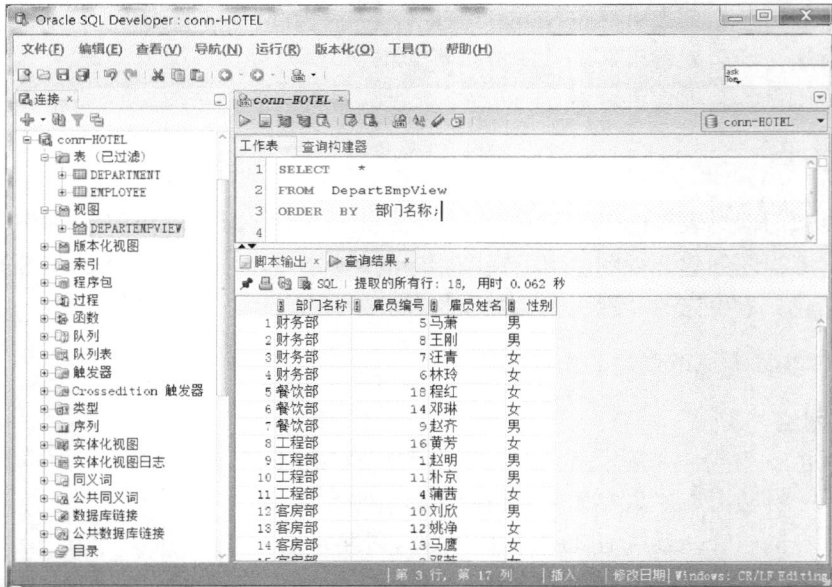

图 1-134　DepartEmpView 视图查询结果

在上面的视图查询输出结果集中，返回的信息取决于视图中定义的列，而非基本表的所有信息。返回的行顺序也是按视图所指定的"部门名称"列升序排列，而非基本表中的行顺序输出。

3）视图删除

当数据库不再需要某视图时，可以在数据库中删除该视图。若需要删除名称为 DepartEmpView 的视图对象，其删除该视图的 SQL 语句如下：

```
drop view DepartEmpView;
```

当该语句执行后，DepartEmpView 视图从数据库中被删除，如图 1-135 所示。

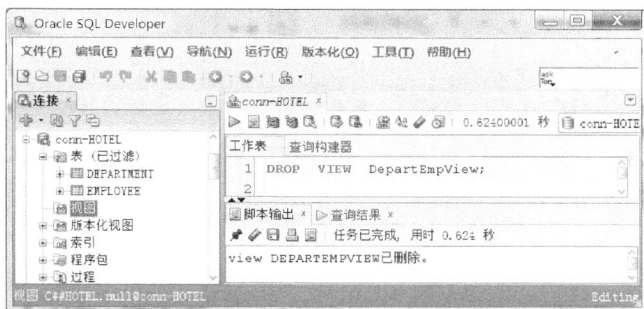

图 1-135　DepartEmpView 视图删除结果

2. Oracle 数据库索引创建、使用及删除

1）索引创建

如果需要快速访问数据库表中的部分数据，则可以对这些数据列定义索引。

【例 1-8】在雇员信息表 EMPLOYEE 中，为姓名 EmpName 列创建索引，以便支持按姓名快速查询雇员信息，其索引创建 SQL 语句如下：

```
create index EmpName_Idx on EMPLOYEE(EmpName);
```

执行上述语句，可以创建雇员信息表 EMPLOYEE 的 EmpName_Idx 索引，其运行结果界面如图 1-136 所示。

图 1-136　EmpName_Idx 索引创建

需要说明：create index 语句所创建的索引，其索引值可能会有重复值。如果在应用中不允许有重复索引值，则需要使用如下创建唯一索引的 SQL 语句：

```
create unique index<索引名> on<表名><（列名）>;
```

2）索引修改

在 Oracle 数据库中，使用索引修改 SQL 语句可以对索引对象进行修改操作。例如，在雇员信息表 EMPLOYEE 中，将原索引 EmpName_Idx 更名为 Name_Idx，并将默认的非聚集索引修改为聚集索引，其索引修改 SQL 语句如下：

```
alter index EmpName_Idx rename to Name_Idx;
```

执行上述语句，可以将雇员信息表 EMPLOYEE 的 EmpName_Idx 索引改名为 Name_Idx，其运行结果界面如图 1-137 所示。

图 1-137　索引名修改

3）索引删除

在数据库中，当不需要某索引时，可以删除该索引。例如，在雇员信息表 EMPLOYEE 中，删除 NAME_Idx 索引，其 SQL 语句如下：

```
drop index NAME_Idx;
```

执行上述语句，可以将雇员信息表 EMPLOYEE 中的 NAME_Idx 索引删除，其运行结果界面如图 1-138 所示。

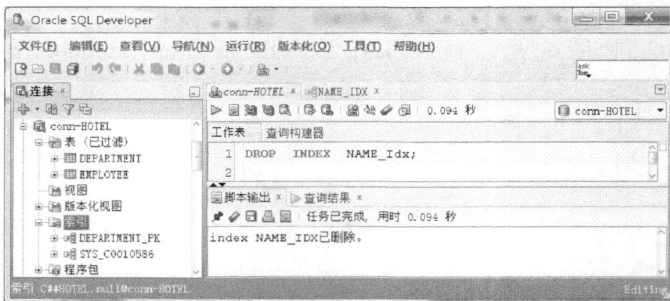

图 1-138　索引名删除

1.4.5　问题解答

（1）在 C##HOTEL 用户创建视图时，为什么会提示"ORA-01031: 权限不足"？

这是因为系统赋予给 C##HOTEL 用户的操作权限不够，对创建视图对象操作受限。因此，还需要 SYS 系统用户赋予该用户的"create view"系统权限。这可以通过 SYS 系统用户执行 grant create view to "C##HOTEL" ;语句来实现。

（2）在视图访问中，若使用原基础表的列名，为什么可能会报错？

在进行视图访问时，若使用原基础表的列名，可能会报错。其原因是创建视图时，视图的列名不同于原基础表列名。要正确访问视图，所使用的列名应为视图列名。除非视图列名与基础表列名相同。

（3）为了提高数据库访问速度，是否应尽量多创建索引？

否，虽然在数据库表中创建索引，可在一定程度上提高数据查询访问速度，但数据库表的数据插入、数据修改、数据删除均会因维护索引带来额外开销。通常，只对有大量查询访问的数据列，才考虑创建索引。

1.4.6　实验练习

实　验　报　告

一、实验 4：图书借阅管理系统的数据库视图与索引操作

二、实验室名称：　　　　　　　　　　　　实验时间：

三、实验目的与任务

通过数据库视图与索引操作实验，掌握数据库视图创建、视图使用、视图删除等 SQL 语句操作方法，同时也掌握数据表索引创建、索引修改、索引删除等 SQL 语句操作方法，培养数据库的高性能数据访问能力。

本实验任务是使用 Oracle Database 12c 数据库软件的开发工具 SQL Developer，在用户 Schema 中，对图书借阅管理数据库 Lib 的视图、索引等数据库对象进行 SQL 访问操作。

四、实验原理

在关系数据库系统中，为了提高对数据库的访问操作能力，可以使用视图、索引方法加强数据访问操作。针对数据库视图对象，通过执行 SQL 语言的 create view 语句实现视图创建，使用 drop view 语句实现视图删除，使用 DML 语句实现对视图虚拟表数据访问。针对数据库索引对象，通过执行 SQL 语言的 create index 语句实现索引创建，使用 alter index 语句实现索引修改，使用 drop index 语句实现索引删除。在 Oracle 数据库系统中，可以使用数据库开发工具 SQL Developer 或 SQL Plus 执行这些 SQL 语句实现数据库视图、索引对象操作处理。

五、实验内容

在 Oracle Database 12c 数据库系统软件环境中，实现图书借阅管理数据库 Lib 的视图对象、索引对象操作。具体实验内容如下：

（1）创建一个图书基本信息的视图 BookBasicInfoView。

（2）使用 SQL 语句对视图 BookBasicInfoView 进行数据访问。

（3）删除视图 BookBasicInfoView。

（4）针对图书信息表的名称列创建索引 BookNameIdex。

（5）修改图书信息表的索引 BookNameIdex，使它支持聚类索引。

（6）删除图书信息表的索引 BookNameIdex。

在数据库视图与索引实验中，使用 Oracle 数据库开发工具 SQL Developer 完成数据库视图、索引对象的 SQL 语句操作处理。

六、实验设备及环境

本实验所涉及的硬件设备为计算机、服务器及以太网络环境。

操作系统：Windows 7

DBMS：Oracle Database 12c

七、实验步骤

采用 Oracle 数据库开发工具 SQL Developer 进行数据库视图、索引对象操作处理，其步骤如下：

（1）执行 create view 语句，实现图书基本信息视图 BookBasicInfoView 创建。

（2）执行 select 语句，实现对视图 BookBasicInfoView 进行数据访问。

（3）执行 drop view 语句，实现对视图 BookBasicInfoView 进行删除。

（4）执行 create index 语句，创建图书信息表的名称列索引 BookNameIdex。

（5）执行 alter index 语句，修改索引 BookNameIdex 属性。

（6）执行 drop index 语句，删除索引 BookNameIdex。

八、实验数据及结果分析

说明：本节为学生编写的报告内容，学生应按照上述步骤分别给出各项实验内容的具体操作过程说明，并包含操作分析、操作原理、操作方法等描述内容。在报告内容中，需要有基本的操作界面和操作结果数据分析。

九、总结及心得体会

说明：本节为学生编写的报告内容，学生应对本实验的关键技术内容进行归纳总结，并给出心得体会。

第 2 章　Oracle 数据库高级实践

Oracle 数据库开发除包含数据库表、视图、索引等基本对象外，还涉及存储过程、触发器、游标、事务、用户角色及权限等高级对象。本章将介绍存储过程编程、触发器编程、游标编程、事务编程、用户管理、角色管理、权限管理，以及数据库备份与数据库恢复等高级技术实践知识，并在数据库实验示例中给出操作指导。

2.1　实验 1——存储过程编程

2.1.1　相关知识

存储过程是一种在数据库中存储的过程程序，该类程序通常实现对数据库表中的数据进行功能处理，即实现数据库后端数据 SQL 操作处理。在 Oracle 数据库中，存储过程使用 PL/SQL 语言编写功能程序，并存放在数据库的数据字典中，可以被具有 EXECUTE 权限的用户及其程序所调用执行。

在数据库应用开发中，使用存储过程的目的如下：

（1）存储过程对应用数据的加工处理是在 DBMS 服务器中完成，其运行速度、处理效率均比在客户端计算机处理的性能更高，同时也减少了大量数据在网络中传输。

（2）对应用数据的加工处理程序通常涉及业务逻辑的核心计算。若将这部分代码放入数据库存储过程进行开发与运行，可提高系统程序与数据的安全性。

（3）将一些通用的数据库处理程序实现为存储过程，可实现代码重用和性能优化，同时也可减少前端程序开发的复杂性。

在数据库应用开发中，使用存储过程实现系统后端数据处理虽然有不少好处，但存储过程也存在一些局限：存储过程代码通用性不强，局限于具体 DBMS 所支持的开发语言；存储过程程序的调试与维护较困难，对编程开发人员的专业技能要求较高。

在 Oracle 数据库中，存储过程可以分为系统存储过程和用户存储过程两大类。系统存储过程由 DBMS 软件在创建数据库时自动创建，可提供有权限的用户或程序调用执行。用户存储过程则需要数据库应用开发者根据设计需求创建实现，并将它们存放在用户自己的数据库中，提供应用程序或其他存储过程调用。

Oracle 数据库存储过程编程采用支持 SQL 语言标准的过程控制语言 PL/SQL 实现。因此，数据库开发人员除需要对 SQL 语言熟悉外，还需要了解 PL/SQL 语言的语句块、控制流程语句、数据类型、变量、运算符、表达式，以及游标等编程元素。同时，也需要对存储过程程序的调用执行、代码调试方法有一定掌握。

存储过程编程开发主要包括存储过程创建、存储过程调用、存储过程修改、存储过程删除等方面内容。以下分别对它们的编程操作方法进行简要说明。

1. 存储过程创建

在 Oracle 数据库中，创建存储过程对象使用 Create Procedure 语句实现，其基本语句格式如下：

```
Create [Or Replace] Procedure <过程名>
 [(<参数名><参数类型><数据类型>）[Default <默认值>[,…n] )]
[AS|IS]
 [<申明区>]
Begin
 <执行区语句块>
 [Exception 异常处理区]
End [<过程名>];
```

其中，Create Procedure 为创建存储过程的关键词。Or Replace 为可选项关键词，用于存储过程修改。过程名为创建存储过程的名称。参数列表用于定义多个参数（如果没有参数，这里可以省略），参数类型有 3 种形式：IN、OUT 和 IN OUT，如果没有指明参数的形式，则默认为 IN。可在 AS 或 IS 关键词之后引出申明区，该区域用于类型、变量、常量等的申明。使用 Begin 关键词引出执行区语句块，执行区语句块由若干 SQL 语句、PL/SQL 语句组成，语句之间采用分号隔离。执行区语句块是存储过程的必备部分，它实现存储过程的 SQL 数据功能处理。在执行区语句块后，还可以使用 Exception 语句处理程序内 SQL 语句或 PL/SQL 语句执行时出现的异常。使用 End 关键词标记执行区语句结束。

2. 存储过程调用

在 Oracle 数据库中，存储过程必须通过其他程序或用户操作命令进行调用才能被执行，其调用执行语句格式如下：

```
Exec[ute] <过程名>
 [(<实参1>[,…n] )];
```

其中，Exec 为调用存储过程执行的关键词，也可以使用全称 Execute 关键词。过程名为本用户 Schema 中已经存在的存储过程名称。若调用其他用户 Schema 的存储过程，在其存储过程名前，还需要附加该用户的 Schema 名称前缀。若该过程包含有参数，则在调用时，还需要指定对应的输入实参。

3. 存储过程修改

当存储过程的参数或过程代码需要修改时，可对原有存储过程进行重新定义。其修改语句类似于创建存储过程语句：

```
Create Or Replace Procedure <过程名>
 [(<参数名><参数类型><数据类型>）[Default <默认值>[,…n] )]
[AS|IS]
 [<申明区>]
Begin
 <执行区语句块>
 [Exception 异常处理区]
End [<过程名>];
```

4. 存储过程删除

在数据库中，若不再使用某存储过程时，可将它从数据库中删除，其删除操作语句格式如下：

```
Drop Procedure<过程名>;
```

其中，Drop Procedure 为删除存储过程的关键词。过程名为本用户 Schema 已经存在的存储过程名称。若删除其他用户的存储过程，在其过程名前，还需要附加该用户的 Schema 名称。

2.1.2 实验目的

通过 Oracle 数据库存储过程编程实验，掌握数据库存储过程的创建、执行、修改、删除，以及存储过程应用等方法，从而培养具备数据库存储过程开发能力。本实验具体目标如下：

（1）了解 Oracle 数据库存储过程的用途。

（2）掌握 Oracle 数据库存储过程编程方法，实现数据库存储过程创建。

（3）掌握 Oracle 数据库存储过程调用方法，实现存储过程调用执行。

（4）掌握 Oracle 数据库存储过程代码编译调试，以及存储过程修改、删除处理。

2.1.3 实验内容

本实验以酒店管理系统 HSD 数据库为例，采用存储过程方式对酒店部门信息表（DEPARTMENT）、雇员信息表（EMPLOYEE）的数据进行业务逻辑处理。具体实验内容如下。

1. 数据库存储过程创建、调用、修改及删除

针对酒店部门信息表（DEPARTMENT）、雇员信息表（EMPLOYEE）数据，实现酒店部门雇员人数统计处理。采用存储过程方式实现酒店部门人数统计，并进行存储过程创建、调用、修改和删除编程实践。

（1）创建存储过程 Pro_DepMembersCount（DepID，EmpCount），实现按部门编号（DepID）统计该部门的雇员人数信息（EmpCount）。其中，DepID 为输入参数，EmpCount 为输出参数。

（2）调用 Pro_DepMembersCount（DepID，EmpCount）存储过程执行。

（3）修改 Pro_DepMembersCount（DepID，EmpCount）存储过程定义，增加部门名称 DepartmentName 作为输出参数。

（4）删除 Pro_DepMembersCount（DepID，DepartmentName，EmpCount）存储过程对象。

2. 数据库存储过程应用

为了实现酒店部门按性别分类统计人数，可将上面的数据库存储过程进行扩展应用。创建一个新的存储过程 Pro_DepMembersNum（DepartID，DepartName，ManCount，WomenCount），该存储过程在酒店管理数据库中，分别统计指定部门的男女雇员人数。其输入参数为部门编号（DepartID），输出参数分别为部门名称（DepartName）、男雇员数（ManCount）和女雇员数（WomenCount）。

2.1.4　实验指导

本实验涉及酒店管理系统 HSD 数据库的部门信息表（DEPARTMENT）、雇员信息表（EMPLOYEE）数据处理，提供按部门分别统计雇员人数功能。它要求在数据库服务器中，采用存储过程方式实现该功能处理。其开发过程如下。

1. 数据库表数据准备

在编程定义存储过程对数据库表进行后端数据处理前，需要对存储过程涉及的数据库表进行数据准备。在 HSD 数据库中，分别对部门信息表（DEPARTMENT）、雇员信息表（EMPLOYEE）插入数据，其处理结果如图 2-1、图 2-2 所示。

	DEPID	DEPNAME	DEPADDR	DEPPHONE
1	A001	客房部	A座103	61831521
2	A002	工程部	A座304	61831526
3	A003	餐饮部	A座306	61832312
4	A004	人力资源部	A座302	61831523
5	A005	财务部	A座305	61831528

图 2-1　部门信息表（DEPARTMENT）数据

	EMPNUMBER	EMPNAME	DEPARTMENT	PHONE	EMAIL	SEX
1	1	赵明	A002	139***012	(null)	男
2	2	刘洋	A004	136***213	(null)	男
3	3	邓芳	A001	138***733	(null)	女
4	4	蒲茜	A002	139***384	(null)	女
5	5	马萧	A005	138***345	(null)	男
6	6	林玲	A005	136***745	(null)	女
7	7	汪青	A005	135***844	(null)	女
8	8	王刚	A005	136***457	(null)	男
9	9	赵齐	A003	138***375	(null)	男
10	10	刘欣	A001	135***476	(null)	男
11	11	朴京	A002	136***843	(null)	男
12	12	姚净	A001	136***843	(null)	女
13	13	马鹰	A001	135***457	(null)	男
14	14	邓琳	A003	139***476	(null)	女
15	15	白净	A004	138***894	(null)	女
16	16	黄芳	A002	137***748	(null)	女
17	17	蔡茶	A004	138***893	(null)	男
18	18	程红	A003	137***989	(null)	女

图 2-2　雇员信息表（EMPLOYEE）数据

2. 数据库存储过程创建、调用、修改及删除

为提供酒店部门雇员人数统计功能，这里需要进行数据库存储过程的创建、调用、修改和删除编程实践，实现对酒店部门信息表（DEPARTMENT）、雇员信息表（EMPLOYEE）数据处理。

1）Pro_DepMembersCount（DepID，EmpCount）存储过程创建

创建存储过程 Pro_DepMembersCount（DepID，EmpCount），实现按部门编号（DepID）分别统计该部门的雇员人数信息（EmpCount）。其中，DepID 为输入参数，EmpCount 为输出参数。其存储过程代码如下：

```
Create or Replace Procedure Pro_DepMembersCount
 (DepID in varchar,      --输入参数，部门编号
  EmpCount out number    --输出参数，部门人数
  )
As
Begin
  select count(*) into EmpCount from Employee Where department=DepID
  group by department; /*按部门统计雇员人数 */
End Pro_DepMembersCount;
```

将该存储过程代码输入 SQL Developer 工作表,设定这些 PL/SQL 脚本代码在 C##HOTEL 用户 Schema 中运行。单击 SQL Developer "运行脚本"按钮后,执行存储过程创建,其运行结果如图 2-3 所示。

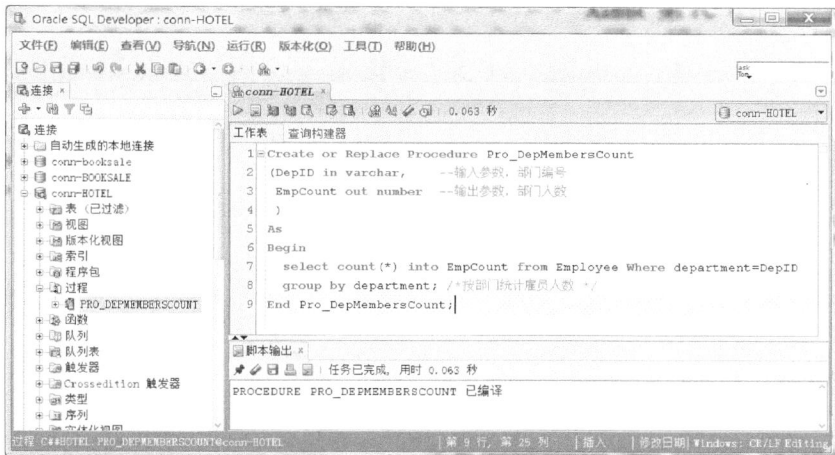

图 2-3　Pro_DepMembersCount(DepID,EmpCount)存储过程创建运行结果

如果代码正确运行,将完成 Pro_DepMembersCount 存储过程对象创建。刷新 conn-HOTEL 连接中的"过程"目录,将看到 Pro_DepMembersCount 存储过程对象出现在该目录列表中,如图 2-3 左侧目录列表所示。

2)Pro_DepMembersCount(DepID,EmpCount)存储过程调用

在 Pro_DepMembersCount 存储过程对象创建后,就可调用该存储过程执行,实现按部门统计雇员人数处理。在 Oracle 数据库中,调用存储过程执行,有如下两种方式:

(1)使用 Excute 语句调用存储过程执行。例如,在 SQL Plus 命令行工具中,采用 Excute 语句调用 Pro_DepMembersCount 存储过程执行结果,如图 2-4 所示。

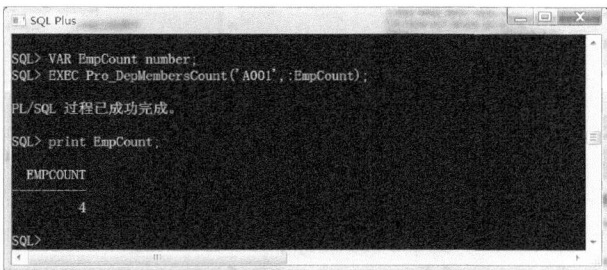

图 2-4　在 SQL Plus 中调用 Pro_DepMembersCount(DepID,EmpCount)存储过程执行

在 SQL Plus 中,先申明 VAR EmpCount number 输出变量。然后通过 EXEC 命令调用 Pro_DepMembersCount 存储过程执行。该存储过程的输入参数 DepID 值为'A001',输出参数为 EmpCount 变量。当存储过程执行后,通过执行变量输出命令 print EmpCount,将变量 EmpCount 的返回结果值输出。该存储过程返回结果值为 4,即表示编号 A001 的客房部,其雇员统计人数为 4 人。

（2）直接使用过程名调用存储过程执行。例如，在 SQL Developer 工作表中运行 PL/SQL
语句调用存储过程，可直接采用过程名调用 Pro_DepMembersCount 存储过程，其执行结果如
图 2-5 所示。

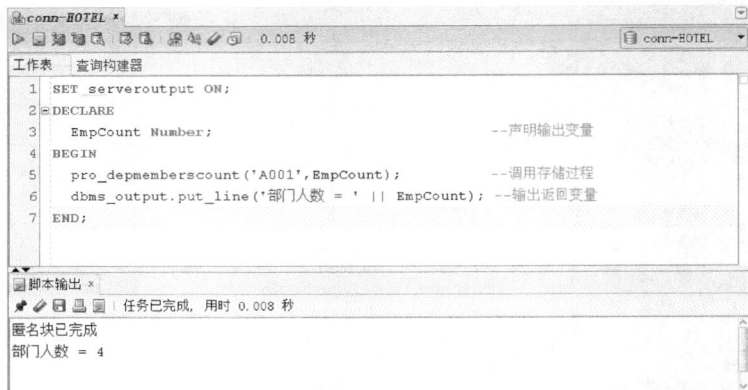

图 2-5　PL/SQL 语句直接调用 Pro_DepMembersCount（DepID，EmpCount）存储过程执行

在以上两种 SQL 编程工具方案中，以 GUI 方式运行和调试存储过程 PL/SQL 代码更加方
便和直观。

3）Pro_DepMembersCount 存储过程修改

在开发部门人数统计的存储过程功能中，可修改 Pro_DepMembersCount（DepID，
EmpCount）存储过程定义，如增加部门名称 DepartmentName 作为输出参数。这需要对存储
过程代码进行重新编辑和编译处理，其修改后的代码如下：

```
create or replace Procedure Pro_DepMembersCount
(DepartID in varchar,          --输入参数，部门编号
 DepartmentName out varchar,     --输出参数，部门名称
 EmpCount out number    --输出参数，部门人数
 )
As
Begin
 select DepName into DepartmentName from Department Where DepId=DepartID;
 select count(*) into EmpCount from Employee Where department=DepartID
 group by department; /*按部门统计雇员人数 */
End Pro_DepMembersCount;
```

在 SQL Developer 工作表中编辑修改该程序代码后，单击"编译"图标命令，即可重新创
建 Pro_DepMembersCount（DepartID，DepartmentName，EmpCount）存储过程，其执行结果
如图 2-6 所示。

为了验证修改后的 Pro_DepMembersCount 存储过程功能，编写 PL/SQL 语句块调用
Pro_DepMembersCount（DepartID，DepartmentName，EmpCount）存储过程执行，其执行结
果如图 2-7 所示。

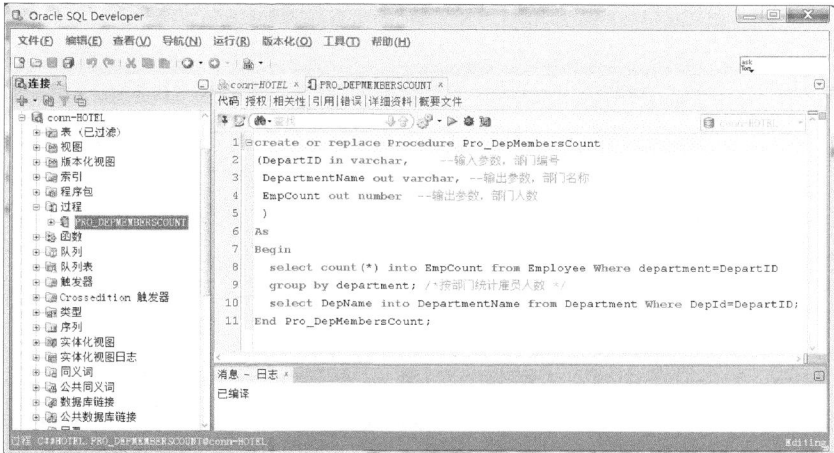

图 2-6　Pro_DepMembersCount（DepartID，DepartmentName，EmpCount）存储过程修改

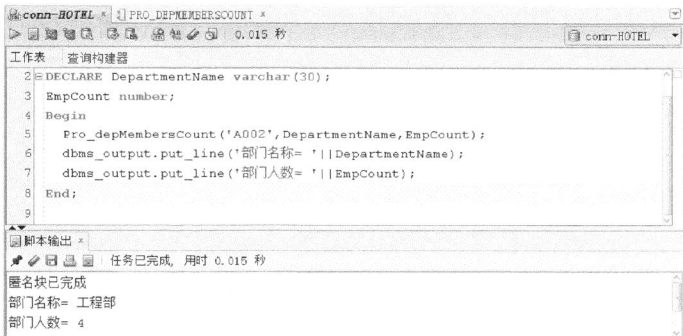

图 2-7　Pro_DepMembersCount（DepartID,DepartmentName,EmpCount）存储过程调用

4）Pro_DepMembersCount（DepartID,DepartmentName,EmpCount）存储过程删除

当系统不再需要 Pro_DepMembersCount（DepartID，DepartmentName，EmpCount）存储过程时，可将它从数据库中进行删除。删除该存储过程的语句如下：

```
Drop Procdure Pro_DepMembersCount;
```

该语句在 SQL Developer 工作表中的执行结果，如图 2-8 所示。

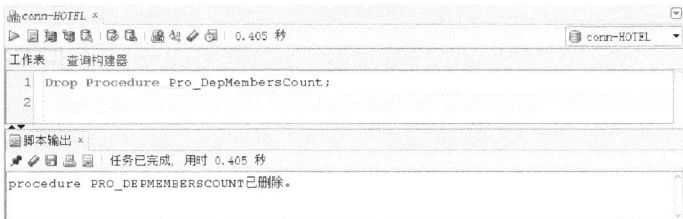

图 2-8　Pro_DepMembersCount（DepartID,DepartmentName,EmpCount）存储过程删除

当以上删除存储过程的 SQL 语句成功执行后，该存储过程对象就从数据库中被删除掉了。

3. 数据库存储过程应用

针对酒店部门信息表（DEPARTMENT）、雇员信息表（EMPLOYEE）的数据处理，还可进一步应用数据库存储过程。例如，为了实现酒店部门按雇员性别分类统计人数，可将上面的数据库存储过程进行扩展应用。创建一个新的存储过程 Pro_DepMembersNum（DepartID，DepartName，ManCount，WomenCount），该存储过程对酒店管理数据库进行数据操作，实现按性别分别统计指定部门的男女雇员人数。该存储过程的输入参数（DepartID）为部门编号，输出参数分别为部门名称（DepartName）、男雇员数（ManCount）和女雇员数（WomenCount）。其存储过程代码如下：

```
create or replace Procedure Pro_DepMembersNum
(DepartID in varchar,        --输入参数，部门编号
 DepartName out varchar,     --输出参数，部门名称
 ManCount out number,        --输出参数，男雇员人数
 WomenCount out number       --输出参数，女雇员人数
 )
As
Begin
  select DepName into DepartName from Department Where DepId=DepartID;
  select count(*) into  ManCount from Employee Where department=DepartID and sex='男'
  group by department;   /*按部门统计男雇员人数 */
  select count(*) into  WomenCount from Employee Where department=DepartID and sex='女'
  group by department;   /*按部门统计女雇员人数 */
End Pro_DepMembersNum;
```

将该存储过程代码输入 SQL Developer 工作表，选定 PL/SQL 脚本在 C##HOTEL 用户 Schema 中运行，单击 SQL Developer "运行脚本"按钮，其运行结果如图 2-9 所示。

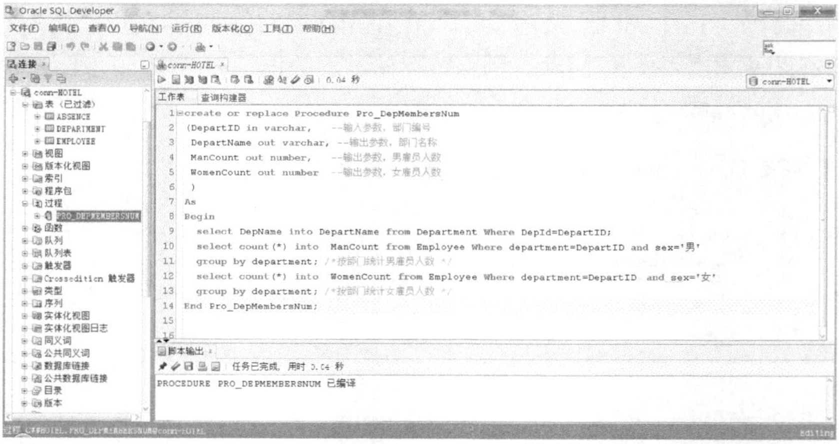

图 2-9　Pro_DepMembersNum（DepartID,DepartName,ManCount,WomenCount）存储过程创建

如果代码成功执行，将完成 Pro_DepMembersNum 存储过程对象创建。刷新 conn-HOTEL 连接中的"过程"目录，将在该目录列表中看到 Pro_DepMembersNum 存储过程对象，如图 2-9 左侧目录列表所示。

为了验证新创建的 Pro_DepMembersNum 存储过程功能，编写 PL/SQL 语句块调用 Pro_DepMembersNum（DepartID，DepartName，ManCount，WomenCount）存储过程执行，其代码如下：

```
SET Serveroutput ON;
Declare DepID varchar(4);
DepName varchar(30);
ManCount number;
WomenCount number;
Begin
 Pro_DepMembersNum('A004',DepName,ManCount,WomenCount);
 dbms_output.put_line('部门名称='||DepName);
 dbms_output.put_line('男雇员人数='||ManCount);
 dbms_output.put_line('女雇员人数='||WomenCount);
End;
```

将这些 PL/SQL 语句块代码输入到 SQL Developer 工作表中，并运行脚本，其执行结果如图 2-10 所示。

图 2-10　Pro_DepMembersNum 存储过程调用运行结果

从上面运行结果来看，所编写的存储过程和调用存储过程语句块代码均正确，实现了数据库后端程序处理数据的功能。

2.1.5　问题解答

（1）在使用 SQL Plus 命令登录 Oracle 数据库时，为什么有时出现 ORA-12560:TNS 协议适配器错误？

出现上述错误可能是由如下原因导致：（1）Oracle 监听服务在 Windows 系统中没有运行启动。（2）需要访问的数据库实例在 Windows 系统中没有运行启动。（3）Windows 注册表中的 ORACLE_SID 参数值与你访问的数据库 SID 值不一致。当以上问题都排除后，使用 SQL Plus 命令登录访问数据库就不会出现上述问题了。

（2）在 PL/SQL 程序中，将存储过程处理结果进行数据输出时，为什么看不到结果显示？

这是因为 Oracle 数据库的服务器输出选项参数 Serveroutput 默认是关闭状态。只有将它设置为允许状态后，系统执行 dbms_output.put_line（）输出函数时，才能将结果数据输出显示。因此，在执行 PL/SQL 程序前，通常需要先执行 Set Serveroutput ON 命令，将 Oracle 数据库服务器设置为允许数据输出状态。

（3）在 Oracle 数据库中，如何调用其他用户的存储过程执行？

在 Oracle 数据库中，允许一个用户的存储过程提供给其他用户调用访问，即实现功能代码复用。在调用其他用户的存储过程时，需要获得该用户的授权，同时在调用语句中，应将宿主用户的 Schema 名称作为存储过程的前缀名。

2.1.6　实验练习

实　验　报　告

一、实验 1：图书借阅管理系统数据库存储过程编程

二、实验室名称：　　　　　　　　　　　　实验时间：

三、实验目的与任务

通过数据库存储过程编程操作实验，了解数据库存储过程的作用与应用方法，熟悉存储过程的创建、修改、删除编程方法，掌握 PL/SQL 语言开发数据库存储过程的编程技术，从而培养数据库后端编程开发能力。

本实验任务是使用 PL/SQL 语言开发数据库存储过程程序，实现图书借阅管理数据库的后端数据处理功能。

四、实验原理

在 Oracle 数据库中，存储过程是一个使用 PL/SQL 语言编程实现的数据处理程序单元。按照 PL/SQL 语句定义存储过程的基本语句格式，完成该存储过程程序编写。在 SQL Plus 命令行工具或 SQL Developer 可视化图形界面工具中均可编辑、运行和调试存储过程代码。当存储过程创建后，再编写调用存储过程执行的 PL/SQL 语句块，通过语句块中的执行语句调用存储过程运行。

五、实验内容

在 Oracle Database 12c 数据库系统软件环境中，实现图书借阅数据库 Lib 的后端数据处理功能。具体实验内容如下：

1. 数据库存储过程创建、调用、修改及删除

对图书信息表 Book、图书分类表 Category 数据进行处理，完成不同图书类别的图书数量统计。采用存储过程编程实现，并进行存储过程创建、调用、修改及删除编程实践。

（1）创建存储过程 Pro_CategoryBooksCount（CateID，BooksCount），实现按类别编号（CateID）统计该类图书的数量（BooksCount）。其中，CateID 为输入参数，BooksCount 为输出参数。

（2）调用 Pro_CategoryBooksCount（CateID，BooksCount）存储过程执行。

（3）修改 Pro_CategoryBooksCount（CateID，BooksCount）存储过程定义，增加类别名称 CateName 作为输出参数。

（4）删除 Pro_CategoryBooksCount（CateID，CateName，BooksCount）存储过程对象。

2.　数据库存储过程应用

为实现图书类别按语言分类统计图书数量功能，可将上面的数据库存储过程进行扩展应用。创建一个新的存储过程 Pro_CategoryBooksNum（CateID，CateName，ChineseCount，ForeignCount），该存储过程分别统计不同图书类别下中文图书数量和外文图书数量。输入参数为图书类别编号（CateID），输出参数分别为图书类别名称（CateName）、中文图书数量（ChineseCount）和外文图书数量（ForeignCount）。

六、实验设备及环境

本实验所涉及的硬件设备为计算机、服务器及以太网络环境。

操作系统：Windows 7

DBMS：Oracle Database 12c

七、实验步骤

采用 Oracle 数据库开发工具 SQL Plus 或 SQL Developer 进行数据库存储过程编程。其步骤如下：

（1）在数据库中编写 PL/SQL 程序，实现存储过程创建。

（2）修改数据库存储过程的定义，实现新的数据处理功能。

（3）调用存储过程执行，实现数据库存储过程运行。

（4）删除不再需要的存储过程。

（5）实现存储过程扩展应用编程。

八、实验数据及结果分析

说明：本节为学生编写的报告内容，学生应按照上述步骤分别给出各项实验内容的具体操作过程说明，并包含操作分析、操作原理、操作方法等描述内容。在报告内容中，需要有基本的操作界面和操作结果数据分析。

九、总结及心得体会

说明：本节为学生编写的报告内容，学生应对本实验的关键技术内容进行归纳总结，并给出心得体会。

2.2　实验 2——触发器编程

2.2.1　相关知识

触发器是数据库中一种特殊的存储过程。它与存储过程的区别在于触发器程序不由用户或程序调用执行，而是当数据操作事件（如数据插入、数据删除、数据修改等）出现时，触发程序自动运行。在数据库应用中，触发器主要有如下用途：

（1）使用触发器可增强数据表之间的数据一致性，并实施业务规则处理。例如，可以根据客户当前的账户状态，控制是否允许插入新订单。

（2）利用触发器实现数据库之间的数据复制。例如，当生产数据库数据发生变动后，可通过触发器程序实现备份数据库的数据复制处理，以保证数据库之间的数据一致性。

（3）利用触发器的数据操作事件驱动特性，可自动地进行特定业务数据处理。例如，在插入雇员考勤数据后，系统自动进行部门人员出勤统计计算，给出雇员出勤率统计数据。

在 Oracle 数据库中，触发器可分为如下三大类：

（1）DML 触发器。这类触发器是一种建立在 DML 语句执行事件上的触发器，可进一步分为 Insert 触发器、Update 触发器和 Delete 触发器。它们都是基于数据操纵事件的触发器。

（2）替代触发器。这类触发器是一种建立在视图操作事件的触发器，它只执行触发器内部的 SQL 语句，而不执行激活触发器的 SQL 语句。

（3）系统触发器。这是一类由数据库系统操作事件引发的触发器，如启动数据库、关闭数据库、建立连接、断开连接等系统事件所激发的触发器程序执行。

在 Oracle 数据库中，涉及触发器对象的编程主要有触发器创建、触发器修改、触发器控制、触发器删除。以下分别对实现这些编程操作的 SQL 语句格式进行简要说明。

1. 触发器创建

在 Oracle 数据库中，创建触发器可使用 Create Trigger 语句实现，但创建 DML 触发器、系统触发器的语句格式有所区别。

创建 DML 触发器的语句格式如下：

```
Create [Or Replace] Trigger<触发器名>
 {Before|After|Instead of}              --定义触发器动作
 {Insert|Update|Delete [Of<列>[,…n]]}   --定义触发器类型
 On{<表名>|<视图>}                       --指定表或视图
 [For Each Row[When （<条件>)]]
 <PL/SQL 语句块>;
```

其中，Create Trigger 为创建触发器的关键词。Or Replace 为可选关键词，表示用新的触发器定义覆盖已存在的触发器，通常用于触发器的修改或重建。Before 关键词指定触发器在数据操作执行之前触发。After 关键词指定触发器在数据操作执行之后触发。Instead of 关键词指定替代触发器。Insert 关键词指定本触发器为 Insert 操作触发器。Update 关键词指定本触发器为 Update 操作触发器。Delete 关键词指定本触发器为 Delete 操作触发器。Of 关键词指定在表中哪个列上应用 DML 触发器，如果有多个列，则需要用逗号分隔。On 关键词指定在哪个表或视图建立触发器。For Each Row 关键词设定在表中每行操作均启动触发器，When 关键词可设定触发条件。PL/SQL 语句块为触发器执行程序的语句代码。

创建系统触发器的语句格式如下：

```
Create [Or Replace] Trigger<触发器名>
 {Before|After}              --定义触发器动作
 {<DDL 事件>|< 数据库事件>}    --定义触发器类型
 On{Database|Schema}         --指定数据库或 Schema
 <PL/SQL 语句块>;
```

其中，Create Trigger 为创建触发器的关键词。Or Replace 为可选关键词，表示用新的触发器定义覆盖已存在的触发器，通常用于触发器的修改或重建。Before 关键词指定触发器在数据操作执行之前触发。After 关键词指定触发器在数据操作执行之后触发。DDL 事件是指数据库对象定义操作，如 Create、Alter、Drop 等操作。数据库事件是指数据库启动、停止、建立连接、断开连接等事件。On 关键词指定在数据库或方案（Schema）上建立触发器。PL/SQL 语句块为触发器执行程序的语句代码。

2. 触发器修改

当触发器的选项参数或过程代码需要修改时，可对原有触发器进行重新定义。其修改语句同创建触发器语句，如 DML 触发器修改语句格式如下：

```
Create Or Replace Trigger<触发器名>
{Before|After|Instead of}              --定义触发器动作
{Insert|Update|Delete[Of<列>[,…n]]}    --定义触发器类型
On{<表名>|<视图>}                        --指定表或视图
[For Each Row [When （<条件>）]]
<PL/SQL 语句块>;
```

3. 触发器删除

在数据库中，当不再使用某触发器时，可将它从数据库中删除，其删除操作语句格式如下：

```
Drop Trigger <触发器名>;
```

其中，Drop Trigger 为删除触发器的关键词。触发器名为本用户 Schema 已经存在的触发器名称。若删除其他用户的触发器，在其触发器名前，还需要附加该用户的 Schema 名称。

4. 触发器控制

在使用数据库触发器过程中，可以对触发器进行使能控制，即启用或禁用触发器。一个触发器被禁用后，它便暂时失效。当它被启用后，便可重新工作。触发器控制语句格式如下：

```
Alter Trigger<触发器名>
{Disable|Enable};
```

其中，Alter Trigger 为控制触发器的关键词。触发器名为已经存在的触发器名称。若禁止触发器工作，使用 Disable 关键词。启用触发器，则使用 Enable 关键词。

2.2.2　实验目的

通过 Oracle 数据库触发器编程实验，掌握数据库触发器创建、触发器应用编程、触发器修改、触发器控制，以及触发器删除的编程方法，从而培养具备数据库触发器开发能力。本实验具体目标如下：

（1）了解 Oracle 数据库触发器的用途。

（2）掌握 Oracle 数据库触发器创建、修改、控制和删除编程方法。

（3）掌握 Oracle 数据库触发器代码编译调试方法。

2.2.3　实验内容

针对酒店人事管理，在进行雇员入职和离职业务处理时，需要同时维护该雇员所在部门的部门人数数据。在数据库应用中，可采用触发器方式实现酒店部门信息表人数数据自动维护。本实验实现酒店人事管理的数据库触发器创建、修改、控制，以及删除的编程实践。具体实验内容如下：

（1）在雇员信息表（EMPLOYEE）上创建 Insert 触发器，当有新雇员入职某部门时，则实现该部门信息表的人数字段数据自动增加。

（2）在雇员信息表（EMPLOYEE）上创建 Delete 触发器，当有雇员从某部门离职时，则实现该部门信息表的人数字段数据自动减少。

（3）修改雇员信息表（EMPLOYEE）的 Delete 触发器程序，在原有处理功能基础上，增加将离职雇员数据另存到离职雇员信息表（DEMISSION）处理。

（4）对雇员信息表（EMPLOYEE）触发器进行控制处理，禁止它们对数据表的处理。

（5）对雇员信息表（EMPLOYEE）的触发器进行删除处理，删除该表中的 Insert 触发器和 Delete 触发器。

2.2.4　实验指导

本实验涉及酒店管理系统 HSD 数据库的部门信息表（DEPARTMENT）、雇员信息表（EMPLOYEE）、离职雇员信息表（DEMISSION）数据处理，实现人事管理的部门雇员人数自动维护功能。其解决方案是在酒店数据库的 EMPLOYEE 上创建 Insert 触发器和 Delete 触发器，通过触发器程序实现该功能处理。当一个新雇员入职时，在 EMPLOYEE 上执行插入语句，并激发 Insert 触发器程序执行，对 DEPARTMENT 表的部门人数进行加 1 处理。当一个雇员离职时，在 EMPLOYEE 上执行删除语句，并激发 Delete 触发器程序执行，对 DEPARTMENT 表的部门人数进行减 1 处理。其开发过程如下。

1. 部门信息表 DEPARTMENT 结构修改

为了在部门信息表 DEPARTMENT 中能够保存部门雇员人数，需要在原有表结构基础上增加"部门人数（DepEmpCount）"字段。该字段的数据由雇员信息表 EMPLOYEE 上的触发器程序进行自动维护。针对部门信息表 DEPARTMENT 的列增加，可通过执行 Alter Table 语句实现，也可直接在 SQL Developer 工具中采用 GUI 方式操作实现，修改后的 DEPARTMENT 结构如图 2-11 所示。

COLUMN_NAME	DATA_TYPE	NULLABLE	DATA_DEFAULT
1 DEPID	CHAR(4 BYTE)	No	(null)
2 DEPNAME	VARCHAR2(20 BYTE)	No	'人力资源'
3 DEPADDR	VARCHAR2(30 BYTE)	Yes	(null)
4 DEPPHONE	VARCHAR2(20 BYTE)	Yes	(null)
5 DEPEMPCOUNT	NUMBER(4,0)	Yes	(null)

图 2-11　修改后的部门信息表（DEPARTMENT）结构

2. 数据库表数据准备

在使用触发器对数据库表进行后端数据处理前，需要对这些数据库表进行数据准备。在酒店数据库中，分别对部门信息表（DEPARTMENT）、雇员信息表（EMPLOYEE）插入数据，其结果如图 2-12、图 2-13 所示。

DEPID	DEPNAME	DEPADDR	DEPPHONE	DEPEMPCOUNT
1 A001	客房部	A座103	61831521	4
2 A002	工程部	A座304	61831526	4
3 A003	餐饮部	A座306	61832312	3
4 A004	人力资源部	A座302	61831523	3
5 A005	财务部	A座305	61831528	4

图 2-12　部门信息表（DEPARTMENT）数据

图 2-13　雇员信息表（EMPLOYEE）数据

3. 雇员表 EMPLOYEE 的 Insert 触发器创建

在雇员信息表（EMPLOYEE）上创建 Insert 触发器，该触发器程序在有新雇员入职某部门时被触发，进行添加部门信息表雇员人数处理。

在 EMPLOYEE 表上创建 Insert 触发器，并将它命名为 Tr_Employee_Insert。其创建触发器代码如下：

```
create trigger Tr_Employee_Insert
after insert on EMPLOYEE
for each row
begin
  update DEPARTMENT set DepEmpCount=DepEmpCount+1
  where DepID=:new.department;
end;
```

将该触发器代码输入 SQL Developer 工作表，设定这些 PL/SQL 脚本代码在 C##HOTEL 用户 Schema 中运行。单击"运行脚本"按钮后，执行触发器创建操作，其运行结果如图 2-14 所示。

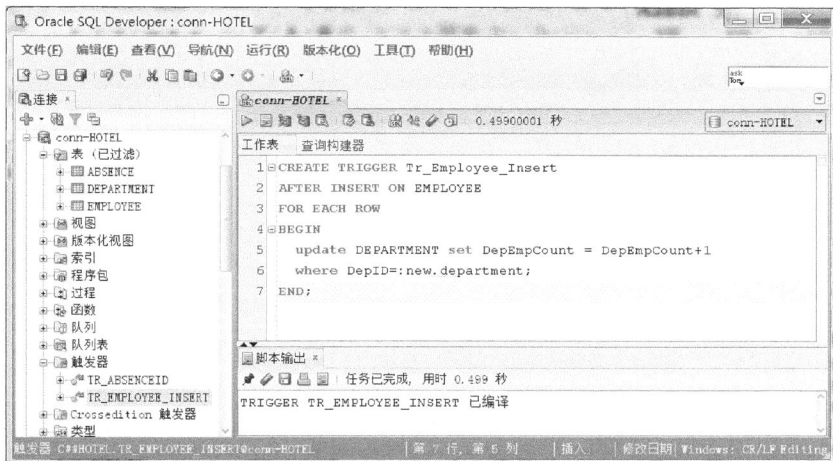

图 2-14　Tr_Employee_Insert 触发器创建运行结果

如果代码正确运行，将实现 Tr_Employee_Insert 触发器对象创建。刷新 conn-HOTEL 连接中的"触发器"目录，将在该目录列表中看到 Tr_Employee_Insert 触发器对象，如图 2-14 左侧目录列表所示。

4. 雇员表 EMPLOYEE 的 Insert 触发器功能验证

为了验证 Tr_Employee_Insert 触发器是否正确地实现了所设计的数据处理功能，可针对雇员表执行一个雇员数据插入操作。当该雇员数据插入 SQL 语句执行结束后，查看部门信息表的部门人数字段 DepEmpCount 值是否增加 1，若是，则表示 Tr_Employee_Insert 触发器已正确实现雇员人数处理；否则，需对触发器程序进行修改完善。

在执行触发器程序前，先分别查看 EMPLOYEE 表和 DEPARTMENT 表内容，如图 2-15、图 2-16 所示。

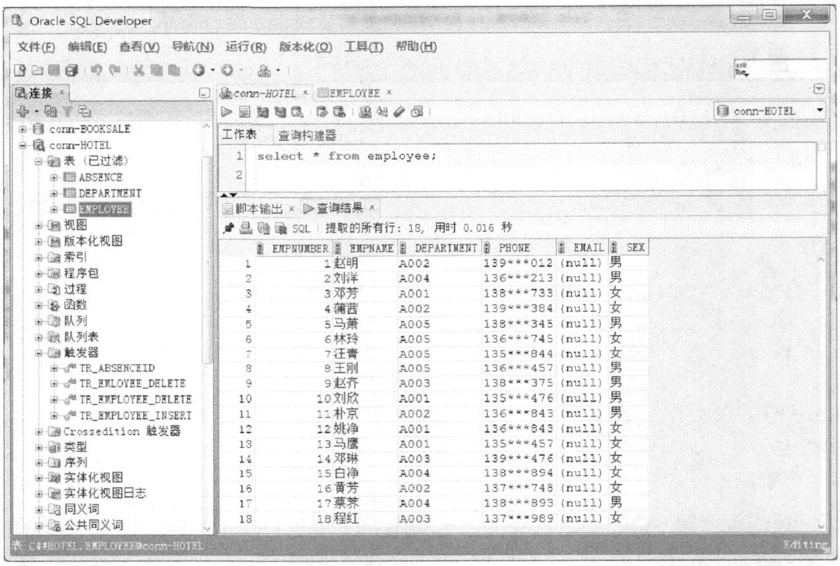

图 2-15　雇员信息表 EMPLOYEE 内容

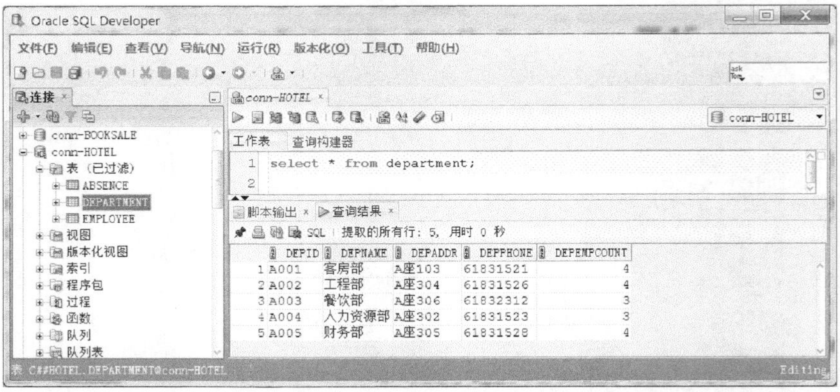

图 2-16　部门信息表 DEPARTMENT 内容

当一个新雇员"董蔚"入职"工程部"，将执行一个插入 SQL 语句，然后查询部门信息表 DEPARTMENT 内容，其 SQL 语句如下：

```
Insert into EMPLOYEE values(19,'董蔚','A002','136***869',null,'女');
Select * from DEPARTMENT;
```

当以上 SQL 语句执行后，其运行结果如图 2-17 所示。

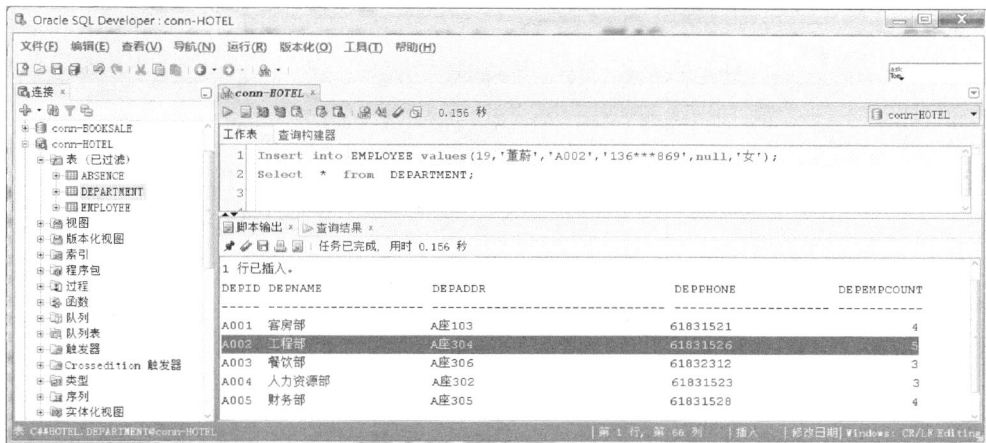

图 2-17　触发器执行后的部门信息表 DEPARTMENT 的内容

从上面运行结果来看，"工程部"的雇员数已发生变化，比原有数据多 1。这表明所编写的 Insert 触发器代码正确，实现了数据库后端程序处理数据的功能。

5. 雇员表 EMPLOYEE 的 Delete 触发器创建

在雇员信息表（EMPLOYEE）上创建 Delete 触发器，该触发器程序实现当有雇员从某部门离职时，自动减少部门信息表中雇员人数的操作。

在 EMPLOYEE 表上创建 Delete 触发器，将它命名为 Tr_Employee_Delete。其创建触发器代码如下：

```
create trigger Tr_Employee_Delete
after delete on EMPLOYEE
for each row
begin
  update DEPARTMENT set DepEmpCount=DepEmpCount-1
  where DepID=:old.department;
end;
```

将该触发器代码输入 SQL Developer 工作表，设定这些 PL/SQL 脚本代码在 C##HOTEL 用户 Schema 中运行。单击"运行脚本"按钮后，执行触发器创建操作，其运行结果如图 2-18 所示。

图 2-18　Tr_Employee_Delete 触发器创建运行结果

如果代码正确运行，将完成 Tr_Employee_Delete 触发器对象创建。刷新 conn-HOTEL 连接中的"触发器"目录，将在该目录列表中看到 Tr_Employee_Delete 触发器对象，如图 2-18 左侧目录列表所示。

6. 雇员表 EMPLOYEE 的 Delete 触发器功能验证

为了验证 Tr_Employee_Delete 触发器是否正确实现所设计的数据处理功能，可针对雇员表执行一个雇员数据删除操作。当该雇员数据删除 SQL 语句执行结束后，查看部门信息表的部门人数字段 DepEmpCount 值是否减少 1，若是，则表示 Tr_Employee_Delete 触发器已正确实现雇员人数处理；否则，需对触发器程序进行修改完善。

当一个雇员"董蔚"从"工程部"离职时，将执行一个数据删除 SQL 语句，然后查询部门信息表 DEPARTMENT 内容，其 SQL 语句如下：

```
Delete from EMPLOYEE where EmpName='董蔚';
Select  *  from  DEPARTMENT;
```

当以上 SQL 语句执行后，其运行结果如图 2-19 所示。

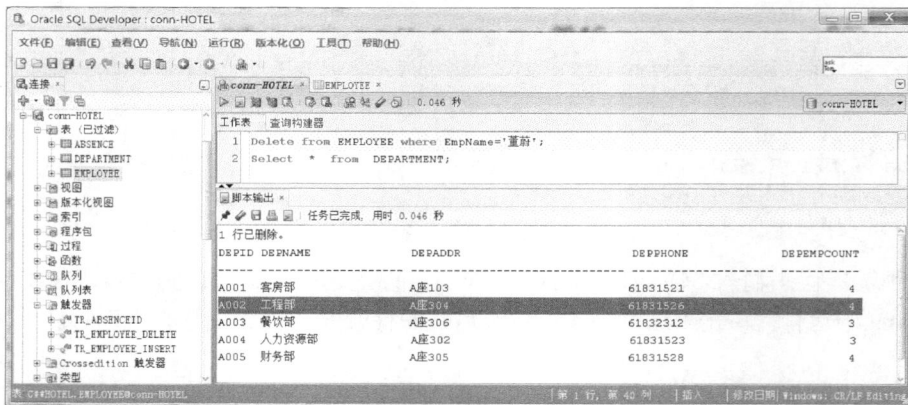

图 2-19　触发器执行后的部门信息表 DEPARTMENT 内容

从上面运行结果来看，"工程部"的雇员数已发生变化，比原有数据少 1。这表明所编写的 Delete 触发器代码正确，实现了数据库后端程序处理数据的功能。

7. 雇员表 EMPLOYEE 的 Delete 触发器修改

修改雇员信息表 EMPLOYEE 的 Delete 触发器程序，在原有处理功能基础上，增加将离职雇员数据另存到离职雇员信息表 DEMISSION 的处理。

在修改触发器程序前，先创建离职雇员信息表 DEMISSION，该表结构如图 2-20 所示。

	COLUMN_NAME	DATA_TYPE	NULLABLE	DATA_DEFAULT	COLUMN_ID	COMMENTS
1	EMPNUMBER	NUMBER(38,0)	No	(null)	1	(null)
2	EMPNAME	VARCHAR2(20 BYTE)	No	(null)	2	(null)
3	DEPARTMENT	CHAR(4 BYTE)	Yes	(null)	3	(null)
4	PHONE	VARCHAR2(20 BYTE)	Yes	(null)	4	(null)
5	EMAIL	VARCHAR2(20 BYTE)	Yes	(null)	5	(null)
6	SEX	VARCHAR2(2 BYTE)	Yes	(null)	6	(null)
7	DEMDATE	DATE	Yes	(null)	7	(null)

图 2-20　离职雇员信息表 DEMISSION 结构

修改 EMPLOYEE 表上 Delete 触发器代码，增加另存到离职雇员信息表 DEMISSION 的处理。其修改后的触发器代码如下：

```
create or replace trigger Tr_Employee_Delete
after delete on EMPLOYEE
for each row
begin
  update DEPARTMENT set DepEmpCount=DepEmpCount-1
  where DepID=:old.department;
  insert into DEMISSION values(:old.EmpNumber,:old.EmpName,:old.Department,
:old.Phone,:old.Email,:old.Sex,sysdate);
end;
```

将该触发器代码输入 SQL Developer 工作表，设定这些 PL/SQL 脚本代码在 C##HOTEL 用户 Schema 中运行。单击"运行脚本"按钮后，执行触发器编译操作，其运行结果如图 2-21 所示。

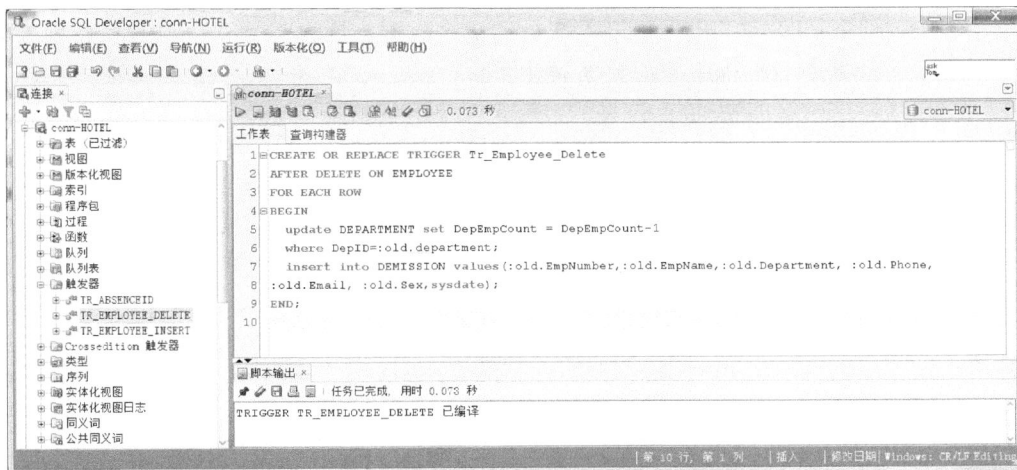

图 2-21　Tr_Employee_Delete 触发器修改运行结果

如果代码正确运行，将显示编译通过。否则，在日志对话框中输出错误消息。

为了验证修改后的 Tr_Employee_Delete 触发器是否正确实现所设计的数据处理功能，可针对雇员表执行一个雇员数据删除操作。当该雇员数据删除 SQL 语句执行结束后，查看删除的雇员信息是否被写入离职雇员信息表 DEMISSION 中，若是，则表示 Tr_Employee_Delete 触发器已正确实现其功能；否则，需对触发器程序进行修改完善。

例如，当一个雇员"程红"从"餐饮部"离职时，将执行一个数据删除 SQL 语句，然后查询部门信息表 DEPARTMENT 内容和离职雇员信息表 DEMISSION，其 SQL 语句如下：

```
Delete from EMPLOYEE where EmpName='程红';
Select  *  from  DEPARTMENT;
Select  *  from  DEMISSION;
```

当以上 SQL 语句执行后，其运行结果如图 2-22 所示。

图 2-22　触发器执行后的部门信息表 DEPARTMENT 内容

从上面运行结果来看，"餐饮部"的雇员数已发生变化，比原有数据少 1。同时，在离职雇员信息表 DEMISSION 中，出现被删除雇员的记录数据。这表明所编写的 Delete 触发器代码正确，实现了数据库后端程序处理数据的功能。

8. 雇员表 EMPLOYEE 的触发器控制处理

在数据库应用中，有时需要暂停触发器的使用，但又不想删除该触发器对象，可对触发器进行禁用控制。当又需要重新使用触发器时，可以控制该触发器启用。

例如，为了暂时禁用 Tr_Employee_Insert 触发器，可执行如下 PL/SQL 语句：

```
Alter Trigger  Tr_Employee_Insert  Disable;
```

为了验证 Tr_Employee_Insert 触发器的控制效果，可对雇员表执行一个雇员数据插入操作后，查看部门信息表的部门人数字段 DepEmpCount 值是否变化，若没有变化，则表示 Tr_Employee_Delete 触发器已经被禁用；否则，表示触发器没有被禁用。

当一个新雇员"程红"入职到酒店餐饮部时，将执行一个数据插入 SQL 语句。在该插入语句执行前后，分别查询部门信息表 DEPARTMENT 内容，其 SQL 语句如下：

```
Alter Trigger  Tr_Employee_Insert  Disable;
Select  *  from  DEPARTMENT;
Insert into  EMPLOYEE values(18,'程红','A003','137***989',null,'女');
```

```
Select  *  from  DEPARTMENT;
```

当以上 SQL 语句执行后，其运行结果如图 2-23 所示。

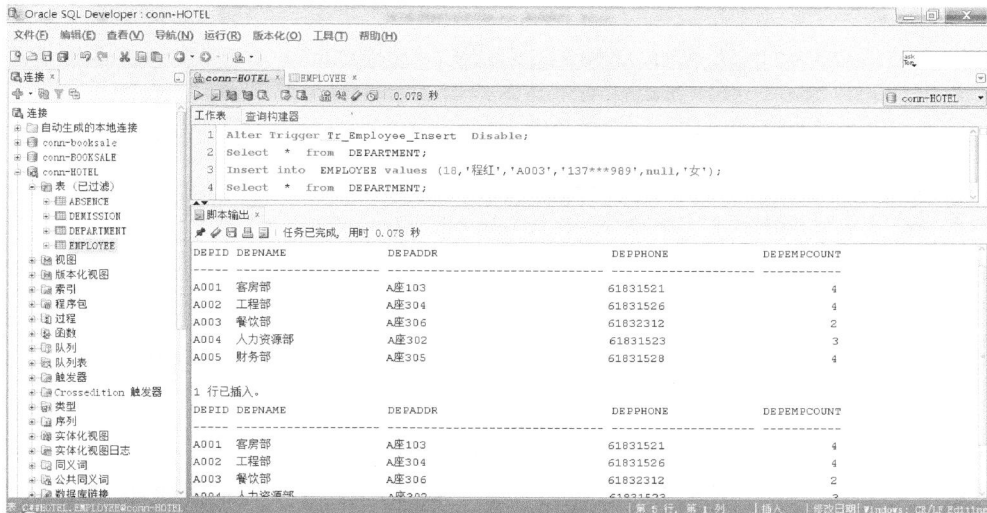

图 2-23　触发器执行后的部门信息表 DEPARTMENT 内容

从上面运行结果来看，Tr_Employee_Insert 触发器被禁用后，即使有新的雇员数据插入，但部门信息表中的雇员人数没有发生变化。这表明 Tr_Employee_Insert 触发器被禁用，实现了数据库触发器控制功能。

9. 雇员表 EMPLOYEE 的触发器删除处理

在数据库应用中，当一个触发器不再被使用时，可以将它删除。例如，若要删除 EMPLOYEE 表中的 Tr_Employee_Insert 触发器，可执行如下 SQL 语句：

```
drop trigger Tr_Employee_Insert;
```

当以上 SQL 语句执行后，其运行结果如图 2-24 所示。

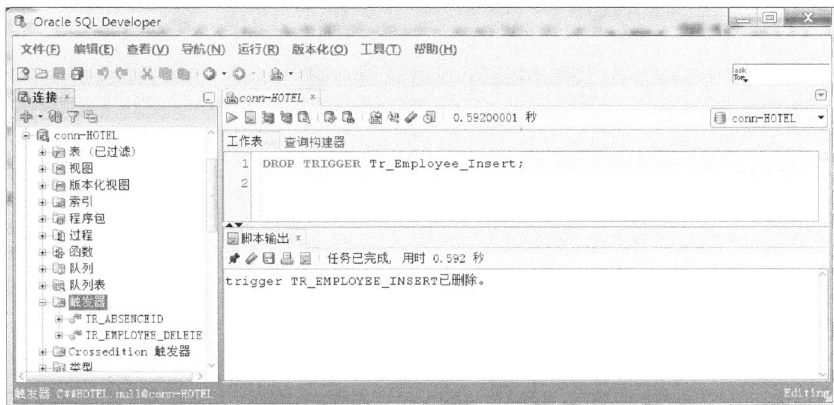

图 2-24　删除触发器 Tr_Employee_Insert 语句执行结果

　　当触发器删除语句执行后，查看界面左侧列表的"触发器"目录，已经没有 Tr_Employee_Insert 触发器，表明该触发器被删除掉了。

2.2.5　问题解答

　　（1）在 Oracle 数据库触发器编程中，经常使用的":new"和":old"代表什么？

　　在 Oracle 数据库触发器编程中，使用:new 限定符代表新添加到表中的记录，使用:old 限定符代表删除的记录。通过它们可以提取数据记录的列值进行操作。

　　（2）Oracle 数据库的语句级触发器和行级触发器有什么区别？

　　在 Oracle 数据库中，创建触发器时，可以指定该触发器是语句级触发器或行级触发器。这两类触发器有一定区别：当某触发事件发生时，语句级触发器只执行一次，而行级触发器对受到该操作影响的每一行数据，都单独执行一次。此外，在定义行级触发器时，需要使用 for each row 关键词，而定义语句级触发器不使用 for each row 关键词。

　　（3）在什么情况下使用 Instead of 触发器？

　　在数据库应用中，当需要对一个关联多表的视图进行数据修改操作时，SQL 语言的 Update 语句是不支持这种复杂视图的数据更新操作处理的。在这种情况下，可以使用 Instead of 触发器程序来实现视图的数据更新处理。Instead of 触发器之所以能够处理视图数据更新，这是因为它不直接执行视图的 Update 语句，而是在触发器程序中，分别对关联的各个表进行数据更新。

2.2.6　实验练习

实　验　报　告

　　一、实验 2：图书借阅管理系统数据库触发器编程

　　二、实验室名称：　　　　　　　　　　　　　实验时间：

　　三、实验目的与任务

　　通过数据库触发器编程实验，掌握数据库触发器创建、触发器应用编程、触发器修改、触发器控制，以及触发器删除的编程方法，从而培养具备数据库触发器开发的能力。

　　本实验任务是使用 PL/SQL 语言开发数据库触发器程序，实现图书借阅管理数据库的后端数据处理功能。

　　四、实验原理

　　在 Oracle 数据库中，触发器与存储过程一样，也是一个使用 PL/SQL 语言编程的数据处理程序单元。按照 PL/SQL 语句定义触发器的基本语句格式，完成该触发器程序编写。在 SQL Plus 命令行工具或 SQL Developer 可视化图形界面工具中均可编辑、运行和调试触发器代码。当触发器创建后，可通过事件激发触发器程序运行。

　　五、实验内容

　　在 Oracle Database 12c 数据库系统软件环境中，实现图书借阅数据库 Lib 的后端数据处理功能。针对图书借阅管理，当读者从图书馆借走一本图书时，将在图书借阅记录表 Loan 中记录借书信息（包括记录流水号、借阅类型、图书编号、读者编号、借书时间等数据列），同时

还在读者信息表 Reader（包括读者编号、姓名、性别、身份证号、手机号、在借图书总计等数据列）中累计该读者的借书数量。当读者还回一本图书到图书馆，将在图书借阅记录表 Loan 中记录还书信息（包括记录流水号、借阅类型、图书编号、读者编号、还书时间等数据列），同时还在读者信息表 Reader 中减去还书数量。采用触发器编程实现读者信息表中的在借图书总计数据自动处理，并进行触发器修改、控制和删除编程实践。具体实验内容如下：

（1）在图书借阅记录表 Loan 上创建 Insert 触发器。当有读者借阅图书时，该触发器程序在读者信息表 Reader 中，对该读者的在借图书总计进行累加处理。

（2）在图书借阅记录表 Loan 上创建 Delete 触发器。当有读者还书时，该触发器程序在读者信息表 Reader 中，对该读者的在借图书总计进行减少处理。

（3）对图书借阅记录表 Loan 上的 Delete 触发器程序进行修改，在原有处理功能基础上，增加超期还书信息处理。

（4）对图书借阅记录表 Loan 的触发器进行控制处理，禁止它们对数据表的处理。

（5）对图书借阅记录表 Loan 的触发器进行删除处理，不再使用触发器对象。

六、实验设备及环境

本实验所涉及的硬件设备为计算机、服务器及以太网络环境。

操作系统：Windows 7

DBMS：Oracle Database 12c

七、实验步骤

采用 Oracle 数据库开发工具 SQL Plus 或 SQL Developer 进行数据库触发器编程。其步骤如下：

（1）在数据库中创建读者信息表 Reader、借阅记录表 Loan，并与上个实验所创建的图书信息表 Book 建立关联。

（2）准备各个信息表的数据，并将数据插入各个表中。

（3）创建借阅记录表 Loan 的 Insert 触发器，实现业务数据处理。

（4）创建借阅记录表 Loan 的 Delete 触发器，实现业务数据处理。

（5）修改借阅记录表 Loan 的 Delete 触发器代码，实现新的业务数据处理功能。

（6）对借阅记录表 Loan 的触发器进行控制，实现触发器的使能。

（7）对不再需要的触发器进行删除处理。

八、实验数据及结果分析

说明：本节为学生编写的报告内容，学生应按照上述步骤分别给出各项实验内容的具体操作过程说明，并包含操作分析、操作原理、操作方法等描述内容。在报告内容中，需要有基本的操作界面和操作结果数据分析。

九、总结及心得体会

说明：本节为学生编写的报告内容，学生应对本实验的关键技术内容进行归纳总结，并给出心得体会。

2.3　实验 3——SQL 游标编程

2.3.1　相关知识

在进行数据库表 SQL 查询操作中，时常返回的结果为多行数据，称为结果集。数据库应用程序所使用的主语言（如 Java、C##、C++等）并不能直接将 SQL 语句执行返回的结果集作为一个单元来处理。因此，数据库系统需要在内存中开辟一个工作区用于存放 SQL 查询操作的结果集数据。游标则是在工作区中指向结果集当前数据行的指针，它在初始状态时，指向结果集中的首行记录。数据库编程语言可以通过游标指针来访问结果集的当前行记录数据，移动游标指针可遍历访问结果集中所有记录数据。因此，游标实现了对数据库操作结果集逐行访问机制，并为数据记录与主语言变量的数据交换提供支持。

在 Oracle 数据库中，游标可分为如下两类：

（1）隐式游标。隐式游标为 DML 语句执行时自动创建的游标，主要用于 Insert、Update、Delete 操作语句，以及 Select Into 单行查询语句。对于隐式游标的所有操作都由 Oracle 系统自动完成，用户只能通过统一的 SQL 名称关联读取相关属性值。

（2）显式游标。显式游标用于多行数据的 Select 查询。在数据库应用程序开发中，更多地使用显式游标实现对结果集逐行数据处理。

在数据库应用开发中，使用显式游标进行结果集数据访问编程，需要按照如下操作步骤实现。

1. 定义游标

定义游标就是将游标名与 Select 查询语句建立联系，此后，可使用游标名作为指针定位结果集记录。定义游标的 SQL 语句格式如下：

```
Declare Cursor  <游标名>[参数列表]
 IS
<Select 语句>;
```

其中，Cursor 为定义游标的关键词。IS 关键词引出关联的 Select 语句。

2. 打开游标

执行游标定义的 Select 语句，并将其查询结果数据放入内存工作区，同时游标指针在工作区中定位结果集的首行记录。打开游标的 SQL 语句格式如下：

```
Open  <游标名>[参数列表];
```

若打开带有参数的游标，其使用方式与函数使用一样。只有打开游标，才能对结果集进行数据访问。

3. 提取游标数据

提取游标数据就是在工作区中提取结果集的当前行数据，并将它们放入编程语言的变量中，以便应用程序对该数据处理。提取游标数据的 SQL 语句格式如下：

```
Fetch  <游标名>into{变量列表};
```

其中，变量列表的数量、类型、顺序必须与结果集记录的字段数量、数据类型、顺序一致。Fetch 语句需要与循环语句一起执行，每提取一个记录之后，游标指针指向下一记录，然后继续循环操作，直到游标指针到达结果集尾部。

4. 关闭游标

在完成结果集的数据访问后，需要关闭游标，以便释放它所占用的系统资源。关闭游标的 SQL 语句格式如下：

```
Close <游标名>;
```

当关闭游标之后，不能再对结果集数据进行访问。若需要再次访问，则需要重新打开游标进行操作。

在游标程序运行过程中，为了了解游标的当前状态，需要读取游标系统变量进行判断。Oracle 数据库支持如下 4 种游标系统变量。

（1）%isopen，该变量为布尔型，若当前游标是打开状态，该变量返回 ture，否则返回 false。

（2）%notfound，该变量为布尔型，若查询没有返回结果集，该变量返回 ture，否则返回 false。

（3）%found，该变量为布尔型，若查询返回结果集，该变量返回 ture，否则返回 false。

（4）%rowcount，该变量为数值型，若当前游标是打开状态，该变量返回结果集的记录行数。

对于显式游标编程，可以采用游标名引用游标系统变量名，例如，对于游标 cur_emp，可以使用 cur_emp%isopen 获取当前游标是否处于打开状态。对于隐式游标，则需要采用 SQL 名调用，如 SQL%isopen。

2.3.2　实验目的

通过 Oracle 数据库游标编程实验，掌握数据库游标定义、游标打开、游标数据提取、游标关闭，以及系统游标变量使用的编程方法，从而培养数据库游标编程访问能力。本实验具体目标如下：

（1）了解 Oracle 数据库游标的用途。

（2）掌握 Oracle 数据库隐式游标编程方法。

（3）掌握 Oracle 数据库显式游标编程方法。

2.3.3　实验内容

本实验以酒店管理系统 HSD 数据库为例，采用游标方式对酒店部门信息表（DEPARTMENT）、雇员信息表（EMPLOYEE）数据进行操作访问处理。具体实验内容如下：

（1）采用显式游标编程，输出指定部门雇员信息。

（2）采用显式游标编程，实现雇员薪水上调 10%。

（3）采用隐式游标编程，实现各个部门雇员的薪水统计。

2.3.4　实验指导

本实验涉及酒店管理系统 HSD 数据库的部门信息表（DEPARTMENT）、雇员信息表

（EMPLOYEE）数据处理，提供数据处理功能服务。其解决方案是在数据库中结合存储过程代码组织和游标对结果集的逐行处理，实现所需的数据处理功能。其开发过程如下。

1. 完善雇员信息表 EMPLOYEE

为了实现对雇员的薪水管理，需要在原有表结构基础上增加"薪水（Salary）"字段。针对部门信息表 EMPLOYEE 的列增加，可通过执行 Alter Table 语句实现，也可直接在 SQL Developer 工具中采用 GUI 方式操作实现，修改后的 EMPLOYEE 结构如图 2-25 所示。

	COLUMN_NAME	DATA_TYPE	NULLABLE	DATA_DEFAULT
1	EMPNUMBER	NUMBER(38,0)	Yes	(null)
2	EMPNAME	VARCHAR2(20 BYTE)	No	(null)
3	DEPARTMENT	CHAR(4 BYTE)	Yes	(null)
4	PHONE	VARCHAR2(20 BYTE)	Yes	(null)
5	EMAIL	VARCHAR2(20 BYTE)	Yes	(null)
6	SEX	CHAR(2 BYTE)	Yes	'男'
7	SALARY	NUMBER(4,0)	Yes	(null)

图 2-25　修改后的雇员信息表（EMPLOYEE）结构

2. 雇员信息表 EMPLOYEE 表数据准备

在使用存储过程对数据库表进行后端数据处理前，需要对这些数据库表进行数据准备。在数据库中，对雇员信息表（EMPLOYEE）插入数据，其结果如图 2-26 所示。

EMPNUMBER	EMPNAME	DEPARTMENT	PHONE	EMAIL	SEX	SALARY
1	赵明	A002	139***012	(null)	男	4800
2	刘洋	A004	136***213	(null)	男	5200
3	邓芳	A001	138***733	(null)	女	4700
4	蒲茜	A002	139***384	(null)	女	4600
5	马萧	A005	138***345	(null)	男	5000
6	林玲	A005	136***745	(null)	女	5100
7	汪青	A005	135***844	(null)	女	5300
8	王刚	A005	136***457	(null)	男	5200
9	赵齐	A003	138***375	(null)	男	4800
10	刘欣	A001	135***476	(null)	男	4500
11	朴京	A002	136***843	(null)	男	5000
12	姚净	A001	136***843	(null)	女	4800
13	马鹰	A001	135***457	(null)	女	4700
14	邓琳	A003	139***476	(null)	女	5000
15	白净	A004	138***894	(null)	女	5400
16	黄芳	A002	137***748	(null)	女	5200
17	蔡茶	A004	138***893	(null)	男	5300
18	程红	A003	137***989	(null)	女	5200

图 2-26　雇员信息表（EMPLOYEE）数据

3. 输出指定部门雇员信息的存储过程及游标编程

创建存储过程 Pro_DepEmpInfo（DepID），实现按部门输出雇员信息列表。其中，DepID 部门编码为输入参数。其过程代码如下：

```
Create or Replace Procedure Pro_DepEmpInfo
(DepID in varchar   --输入参数，部门编号 )
As
Begin
  Declare cursor cur_emp IS select * from Employee Where department=DepID;
                                      --定义游标
  v_empRow  Employee%Rowtype;         --定义记录变量
  Begin
    open cur_emp;                     --打开游标
    loop
      fetch cur_emp into v_empRow;    --提取游标当前行数据
```

```
        exit when cur_emp%notfound;          --如果没有数据，则退出循环
        dbms_output.put_line(cur_emp%rowcount||  --输出雇员信息数据
        ',雇员编号:'||v_empRow.EmpNumber||
        ',雇员姓名:'||v_empRow.EmpName||
        ',性别:'||v_empRow.Sex||
        ',电话:'||v_empRow.Phone||
        ',薪水:'||v_empRow.Salary);
      end loop;
      close cur_emp;  --关闭游标
    end;
End Pro_DepEmpInfo;
```

将该存储过程代码输入 SQL Developer 工作表，设定这些 PL/SQL 脚本代码在 C##HOTEL 用户 Schema 的连接中运行。单击"运行脚本"按钮后，执行存储过程创建操作，其运行结果如图 2-27 所示。

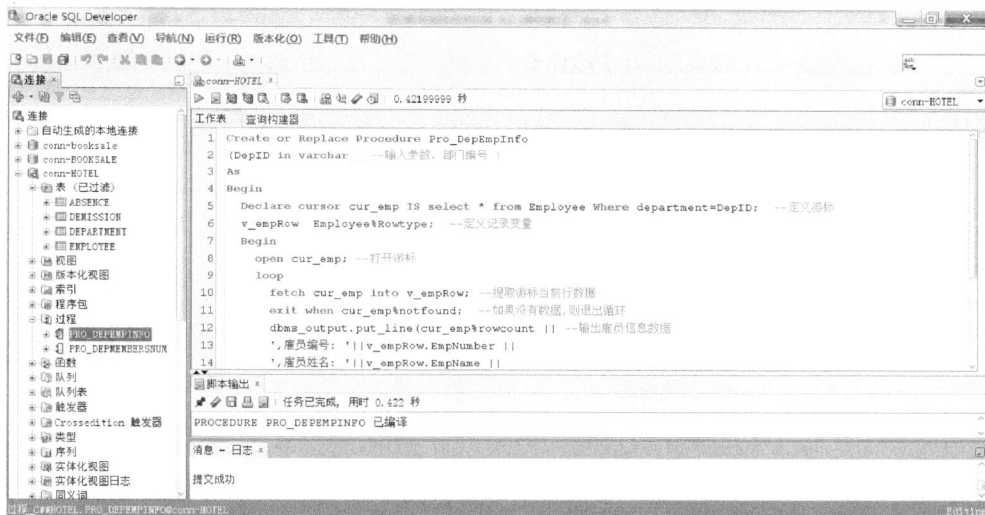

图 2-27　Pro_DepEmpInfo（DepID）存储过程创建运行结果

如果代码正确运行，将创建存储过程 Pro_DepEmpInfo（DepID）对象。刷新 conn-Hotel 连接中的"过程"目录，将看到存储过程 Pro_DepEmpInfo 对象，如图 2-27 左侧目录列表所示。

为了调用存储过程 Pro_DepEmpInfo（DepID）执行，编写 PL/SQL 语句块如下：

```
SET Serveroutput ON;
Begin
Pro_DepEmpInfo('A001'); --调用存储过程输出编号为'A001'部门的雇员信息
end;
```

将这段代码输入 SQL Developer 工作表中运行，其运行结果如图 2-28 所示。

从存储过程 Pro_DepEmpInfo（DepID）执行结果可以看到，存储过程的游标代码正确处理了指定部门的雇员信息输出。

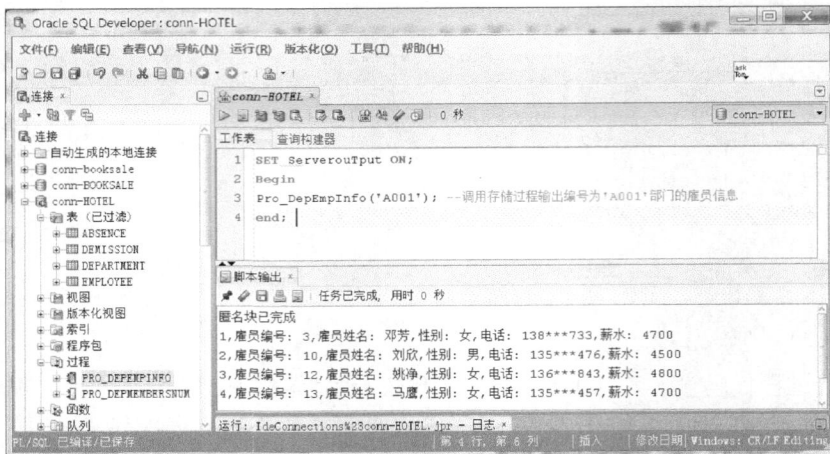

图 2-28　调用 Pro_DepEmpInfo（DepID）存储过程运行结果

4. 处理雇员薪水的存储过程及游标编程

创建存储过程 Pro_EmpSalaryUp（Scale），实现雇员薪水上调处理。其中，Scale 为输入参数，该参数为上调薪水的比例。其过程代码如下：

```
Create or Replace Procedure Pro_EmpSalaryUp
(Scale in number )                         --输入参数，上调比例
As
Begin
  Declare cursor cur_emp IS select * from Employee for update;
                                         --定义可更新游标
  v_empRow  Employee%Rowtype;            --定义记录变量
  Begin
    open cur_emp;  --打开游标
    loop
      fetch cur_emp into v_empRow;         --提取游标当前行数据
      exit when cur_emp%notfound;          --如果没有数据，则退出循环
      update Employee set salary=salary+salary*Scale/100
      where salary=v_empRow.Salary;
    end loop;
    close cur_emp;                         --关闭游标
  end;
End Pro_EmpSalaryUp;
```

将该存储过程代码输入 SQL Developer 工作表，设定这些 PL/SQL 脚本代码在 C##HOTEL 用户 Schema 的连接中运行。单击"运行脚本"按钮后，执行存储过程创建操作，其运行结果如图 2-29 所示。

如果代码正确运行，将创建存储过程 Pro_EmpSalaryUp（Scale）对象。刷新 conn-Hotel 连接中的"过程"目录，将看到存储过程 Pro_EmpSalaryUp 对象，如图 2-29 左侧目录列表所示。

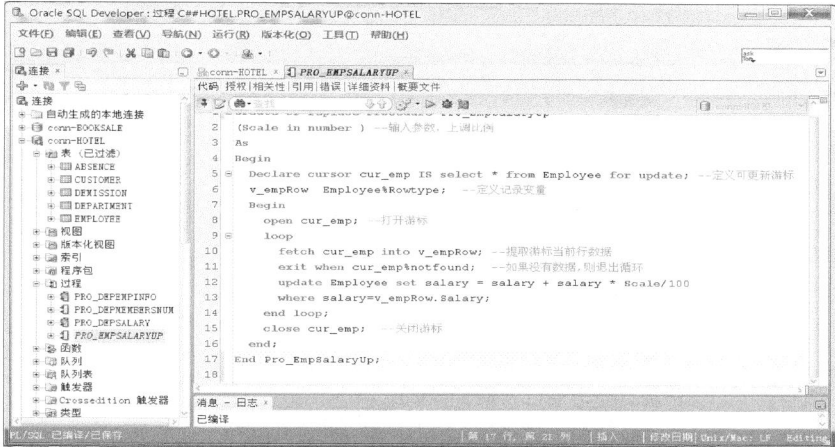

图 2-29　Pro_EmpSalaryUp（Scale）存储过程创建运行结果

为了调用存储过程 Pro_EmpSalaryUp（Scale）执行，编写 PL/SQL 语句块如下：

```
SET Serveroutput ON;
Begin
Pro_EmpSalaryUp（10）;  --调用存储过程执行，薪水上浮 10%
end;
```

将这段代码输入 SQL　Developer 工作表中运行，其运行结果如图 2-30 所示。

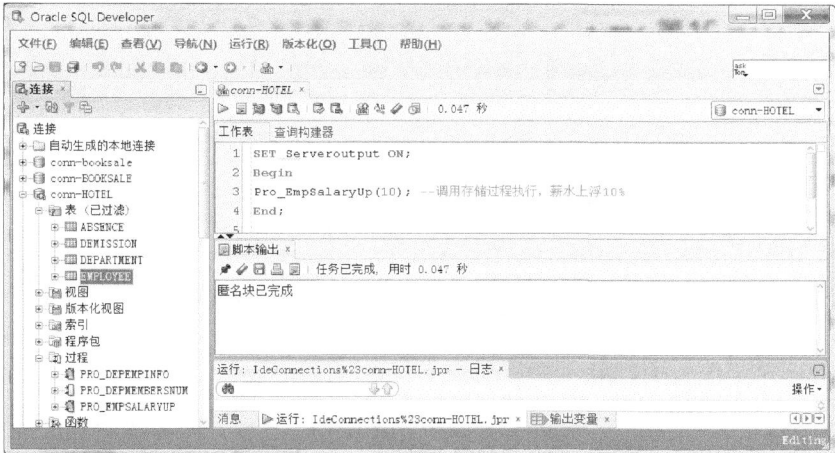

图 2-30　调用 Pro_EmpSalaryUp（Scale）存储过程运行结果

从调用存储过程 Pro_EmpSalaryUp（Scale）执行结果可以看到，该存储过程没有报错。在 SQL　Developer 工具中，打开雇员信息 EMPLOYEE 表，其数据如图 2-31 所示。

从雇员信息表（EMPLOYEE）的薪水数据来看，都在原有基础上上调了 10%。这表明所编写的 Pro_EmpSalaryUp（Scale）存储过程及游标程序正确。

图 2-31　调薪后的 EMPLOYEE 雇员信息表数据结果

5. 采用隐式游标实现部门雇员的薪水统计

此前在存储过程中，均是使用显式游标处理结果集数据。这里，针对部门雇员薪水统计功能的数据处理，将采用隐式游标处理。

创建存储过程 Pro_DepSalary（DepID, SalarySum），实现对指定部门的雇员薪水总计处理。其中，DepID 为输入参数，该参数为部门编号。SalarySum 为输出参数，该参数为部门薪水总计。其过程代码如下：

```
Create or Replace Procedure Pro_DepSalary
(DepID in varchar,                            --输入参数，部门编号
SalarySum out number                          --输出参数，部门薪水总计
)
As
Begin
   select sum(salary) into SalarySum from Employee  --使用隐式游标
   where department=DepID
   group by department;
End Pro_DepSalary;
```

将该存储过程代码输入 SQL Developer 工作表，设定这些 PL/SQL 脚本代码在 C##HOTEL 用户 Schema 的连接中运行。单击"运行脚本"按钮后，执行存储过程创建操作，其运行结果如图 2-32 所示。

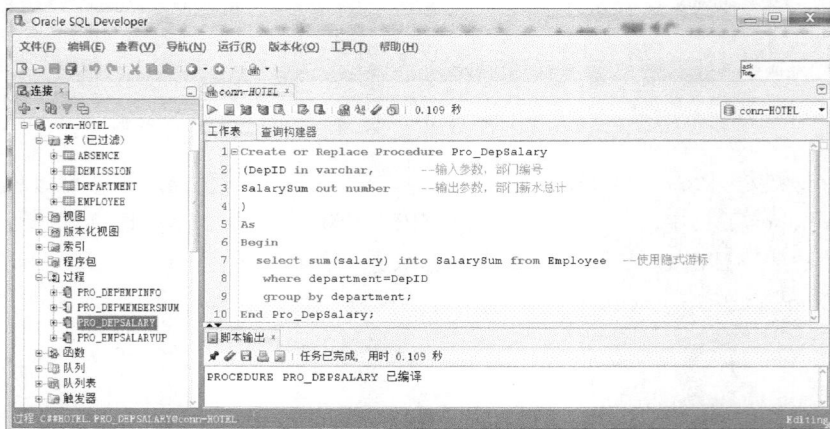

图 2-32　Pro_DepSalary（DepID, SalarySum）存储过程创建运行结果

如果代码正确运行，将创建存储过程 Pro_DepSalary（DepID, SalarySum）对象。刷新 conn-Hotel 连接中的"过程"目录，将看到存储过程 Pro_DepSalary 对象，如图 2-32 左侧目录列表所示。

为了调用存储过程 Pro_DepSalary（DepID, SalarySum）执行，编写 PL/SQL 语句块如下：

```
SET Serveroutput ON;
Declare DepSalary number;
Begin
Pro_DepSalary('A001',DepSalary);    --调用存储过程执行，返回薪水总计
dbms_output.put_line('编号为A001部门薪水总计='||DepSalary||'元');
                                   --输出返回变量
end;
```

将这段代码输入 SQL　Developer 工作表中运行，其运行结果如图 2-33 所示。

图 2-33　调用 Pro_DepSalary（DepID, SalarySum）存储过程运行结果

从调用存储过程 Pro_DepSalary（DepID, SalarySum）执行结果可以看到，该结果与实际数据吻合。这表明所编写的 Pro_DepSalary（DepID, SalarySum）存储过程代码及游标使用正确。

2.3.5　问题解答

（1）在 Oracle 数据库中，什么情况下使用显式游标，什么情况下使用隐式游标？

在 Oracle 数据库访问中，当涉及对多行结果集数据查询处理时，需要使用显式游标。当涉及单行结果集查询处理，以及 Insert、Delete、Update 语句执行时，则使用隐式游标。

（2）在 Oracle 数据库中，为什么有时执行 OPEN 游标语句时会报错？

在 Oracle 数据库中，一个游标被打开后，在它被关闭前，不能再次执行 OPEN 游标语句，否则会报错。同样，一个游标已经关闭，不能再次执行 CLOSE 游标语句，否则也会报错。如何知道当前游标是打开状态，还是关闭状态呢？可使用游标的系统变量（%ISOPEN）获取其状态值。

（3）在 Oracle 数据库中，可以使用游标修改或删除数据吗？

在数据库应用中，使用游标大多数情况是进行数据查询处理。当然，也可以使用游标对数据库进行数据修改或删除处理。但在定义游标的语句中，需要加入 for update 子句。因为该子句可以对提取出来的结果集实施行级锁定，避免多个用户同时对结果集数据进行更新操作。

2.3.6　实验练习

实　验　报　告

一、实验 3：图书借阅管理系统数据库游标编程

二、实验室名称：　　　　　　　　　　　实验时间：

三、实验目的与任务

通过 Oracle 数据库游标编程实验，掌握数据库游标定义、游标打开、游标数据提取、游标关闭及系统游标变量使用的编程方法。从而培养具备数据库游标开发能力。

本实验任务是使用 PL/SQL 语言开发数据库游标程序，实现图书借阅管理数据库的后端数据处理功能。

四、实验原理

在数据库中，游标实现了查询结果集逐行访问机制。通过游标指针可以定位结果集的每一行记录，然后对该行数据进行存取操作。在进行多行数据的结果集访问时，需要定义显式游标。而在进行 DML 语句操作或执行 Select Into 单行查询操作时，默认使用隐式游标。若进行显式游标访问，需要按照游标定义、游标打开、提取游标数据、关闭游标 4 个步骤编程。

五、实验内容

在 Oracle Database 12c 数据库系统软件环境中，实现图书借阅数据库 Lib 的后端数据处理功能。针对图书借阅管理，采用游标与存储过程方式实现业务功能的数据处理。具体实验内容如下：

（1）采用显式游标编程，实现读者在借图书清单。

（2）采用显式游标编程，实现读者允许借阅的图书数量增加 2 本。

（3）采用隐式游标编程，实现各图书近一年借阅次数统计。

六、实验设备及环境

本实验所涉及的硬件设备为计算机、服务器及以太网络环境。

操作系统：Windows 7

DBMS：Oracle Database 12c

七、实验步骤

采用 Oracle 数据库开发工具 SQL Plus 或 SQL Developer 进行数据库游标编程。其步骤如下：

（1）在数据库中对读者信息表 Reader 结构进行完善，以满足业务数据处理需要。

（2）针对图书借阅管理各个数据库表准备数据，并将数据插入各个表中。

（3）实现读者在借图书清单的游标程序，并验证该程序。

（4）实现读者允许借阅图书数量调整的游标程序，并验证该程序。

（5）实现各图书近一年借阅次数统计的游标程序，并验证该程序。

八、实验数据及结果分析

说明：本节为学生编写的报告内容，学生应按照上述步骤分别给出各项实验内容的具体操作过程说明，并包含操作分析、操作原理、操作方法等描述内容。在报告内容中，需要有基本的操作界面和操作结果数据分析。

九、总结及心得体会

说明：本节为学生编写的报告内容，学生应对本实验的关键技术内容进行归纳总结，并给出心得体会。

2.4　实验 4——事务处理编程

2.4.1　相关知识

在数据库应用系统中，事务是指完成特定功能处理的一个或多个 SQL 语句所组成的执行单元，该单元 SQL 语句操作要么都成功执行，要么一个语句都不执行。使用事务的目的是为了实现数据库操作的完整性。例如，银行系统在处理客户转账交易时，既涉及账户 A 的数据库操作，也涉及账户 B 的数据库操作。在转账事务中，所有数据库语句操作作为一个相互关联的整体，事务成功执行的前提是所有操作语句都成功执行，以确保数据库中账户 A 和账户 B 数据发生一致性、正确性改变。事务中任何一个数据库操作语句失败，都会取消该事务执行，数据库返回到执行前的状态。

在数据库应用中，将 SQL 操作程序实现为事务，需要有 DBMS 事务管理机制支持。DBMS 事务管理机制一个主要功能就是确保数据库事务具有如下特性：

（1）原子性。原子性（Atomicity）要求事务程序中每个操作语句成为实现事务功能必不可少的组成部分。只有每个操作语句都成功执行，该事务才成功执行。

（2）一致性。一致性（Consistency）是指在事务执行前和事务执行后，数据库中数据必须一致满足业务规则约束。

（3）隔离性。隔离性（Isolation）是指多个事务在数据库中并发执行时，它们相互独立，彼此之间不能相互干涉。

（4）持久性。持久性（Durability）是指当事务成功执行后，它对数据库操作改变不可逆转，即将数据变化写入数据库。

在数据库中，所有事务都必须具有上述 4 个特性，通常简称为数据库事务 ACID 特性。实现数据库事务处理，除了 DBMS 事务管理机制外，还需要使用专门的事务控制 SQL 语句实现事务程序编程及事务控制处理。Oracle 数据库提供如下事务控制 SQL 语句，具体如表 2-1 所示。

表 2-1　Oracle 数据库事务控制语句

语　　句	功　　能
SET Autocommit　ON | OFF	设置事务是否自动提交
Commit	提交事务
Rollback	回滚操作，取消事务中所有数据库操作
Rollback TO [保存点]	回滚操作，取消事务中最近的数据库操作，直到保存点
Savepoint　保存点	设置事务保存点

Oracle 数据库使用 SET Autocommit ON | OFF 控制语句设置数据库是否为自动提交状态。当设置为自动提交状态（ON），每执行一个 DML 语句（Insert、Update、Delete），DBMS 系统立即将改变的数据写回数据库。在这种状态下，每个 SQL 语句就是一个事务。为了实现多个 SQL 语句组成的逻辑单元作为事务处理，需要将数据库设置为非自动提交状态（OFF）。在

非自动提交状态下，可以将多个 SQL 语句实现为事务，其中需要使用 Commit、Rollback、Savepoint 等事务控制语句组织程序。

Oracle 12c 数据库的事务是隐含开始的，即它不需要专门的事务开始语句。当数据库发生如下事件，事务就默认自动开始。

（1）连接到数据库，并开始执行第一个 DML 语句。

（2）前一个事务结束。

Oracle 数据库的事务结束由如下事件控制：

（1）执行 Commit 语句提交事务或执行 Rollback 语句回滚事务。

（2）执行 DDL 语句，如 CREATE、DROP 或 ALTER 语句。

（3）执行 DCL 语句，如 GRANT、REVOKE、AUIT、NOAUIT 语句。

（4）断开数据库连接。

（5）执行 DML 语句失败，事务自动结束。

使用上述 SQL 事务控制语句及 PL/SQL 语句可实现一个事务功能处理。基本的 PL/SQL 事务程序框架如下：

```
Declare
声明块；              --定义变量、常量、游标等
Begin
SQL 语句块；          --事务逻辑的处理语句集合
Commit；             --事务处理语句都正常执行后，提交事务
Exception
  Rollback；         --事务处理语句抛出异常后，回滚事务
End；
```

2.4.2　实验目的

通过 Oracle 数据库事务处理编程实验，掌握数据库事务控制、事务编程的应用方法，从而培养具备数据库事务编程开发能力。本实验具体目标如下：

（1）了解 Oracle 数据库事务的用途。

（2）掌握 Oracle 数据库事务控制、事务操作方法。

（3）掌握 Oracle 数据库事务应用编程方法。

2.4.3　实验内容

在酒店系统人事管理中，处理雇员在部门之间工作调动业务，涉及雇员信息表（EMPLOYEE）记录数据修改和调动登记表（MOVE）记录数据添加处理。为满足多用户并发访问处理要求，该业务功能采用事务编程方式实现。具体实验内容如下：

（1）分别采用 SQL Plus 工具和 SQL Developer 工具模拟两个用户的会话程序，让它们并发访问雇员信息表（EMPLOYEE）数据。观察 Commit 事务语句执行前后，各会话程序访问雇员信息表的结果数据。

（2）采用 SQL Plus 工具对雇员信息表（EMPLOYEE）数据进行删除操作。观察 Rollback 事务语句执行前后，雇员信息表的结果数据变化。

（3）采用 SQL Developer 工具对雇员信息表（EMPLOYEE）数据进行删除操作。观察 Savepoint 与 Rollback 事务语句执行前后，雇员信息表的结果数据变化。

（4）采用 SQL Developer 工具对雇员信息表（EMPLOYEE）数据进行删除操作。观察数据库设置 Autocommit 状态前后，雇员信息表的结果数据变化。

（5）编写一个存储过程实现雇员在酒店内部门之间工作调动的功能程序，在该程序中涉及雇员信息表（EMPLOYEE）和调动登记表（MOVE）的数据处理。要求在过程程序中采用事务机制处理，以确保业务数据处理的完整性。

2.4.4　实验指导

本实验涉及酒店管理系统 HSD 数据库的雇员信息表（EMPLOYEE）和调动登记表（MOVE）数据处理，实现雇员部门调动功能的数据处理。其解决方案是在数据库中，创建相应功能的存储过程实现功能数据处理，并通过事务编程方式确保数据操作完整执行。其开发过程如下：

1.　雇员部门调动登记表 MOVE 表结构

为了实现雇员在酒店部门之间的工作调动业务功能处理，需要在原有数据库表基础上增加"调动登记表（MOVE）"。该表用于记录雇员在酒店内的调动信息数据，其表结构如图 2-34 所示。

图 2-34　调动登记表（MOVE）结构

2.　观察 Commit 语句执行前后的雇员信息表数据访问状况

为了理解 Commit 事务语句的作用，这里分别运行 SQL Plus 工具和 SQL Developer 工具模拟两个用户 Session（会话）程序，让它们并发访问雇员信息表（EMPLOYEE）数据。观察 Commit 事务语句执行前后，各会话程序访问雇员信息表的结果数据。

（1）在 SQL Plus 工具和 SQL Developer 工具均执行一个 SQL 查询语句，该语句统计 EMPLOYEE 表的雇员人数，其执行结果分别如图 2-35、图 2-36 所示。

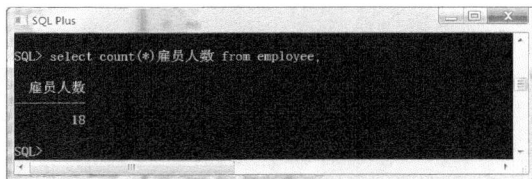

图 2-35　SQL Plus 工具查询 EMPLOYEE 表中雇员人数

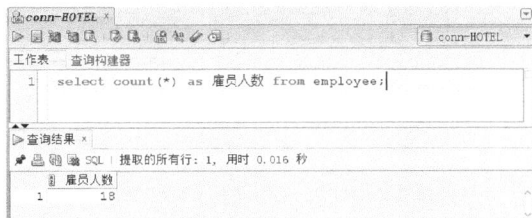

图 2-36　SQL Developer 工具查询 EMPLOYEE 表中雇员人数

这两个用户会话统计雇员信息表 EMPLOYEE 的雇员人数都为 18。此后，让 SQL Plus 工具程序执行一个 SQL 删除语句，将编号为 18 的雇员信息删除，然后再次对雇员表进行人数统计查询。之后，让 SQL Developer 工具再次执行对雇员表进行人数统计查询。它们的执行结果分别如图 2-37 和图 2-38 所示。

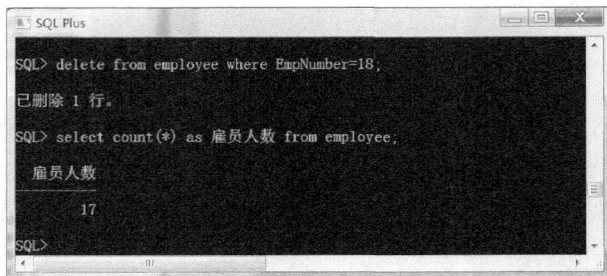

图 2-37   SQL Plus 工具查询统计 EMPLOYEE 表中雇员人数

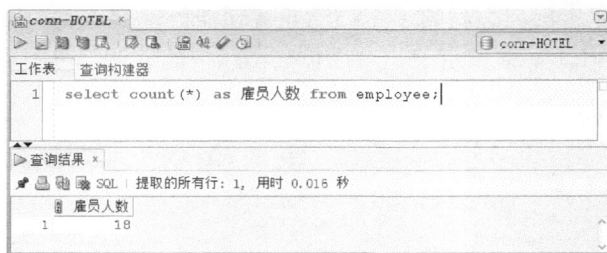

图 2-38   SQL Developer 工具查询统计 EMPLOYEE 表中雇员人数

从上面两个用户会话查询统计雇员信息表 EMPLOYEE 的结果来看，它们是不一样的。这是因为事务操作的缘故，SQL Plus 工具程序只是将 SQL 删除语句操作结果保存在本事务缓冲区中，还没有将数据变更提交到数据库。而 SQL Developer 工具再次执行对雇员表进行人数查询统计结果依旧为原有数据。

（2）下面让 SQL Plus 工具在执行删除 SQL 语句后，立即执行 Commit 事务提交语句，然后再让 SQL Plus 工具和 SQL Developer 工具分别执行一个 SQL 语句查询统计 EMPLOYEE 表的雇员人数，它们的执行结果如图 2-39 和图 2-40 所示。

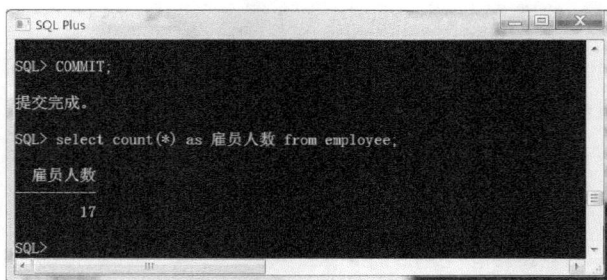

图 2-39   SQL Plus 工具查询 EMPLOYEE 表中雇员人数

从上面的两个用户会话查询统计雇员信息表 EMPLOYEE 的结果来看，它们的数据是一样的。这表明在 SQL Plus 工具程序的事务提交后，该事务缓冲区数据与数据库数据保持一致了。

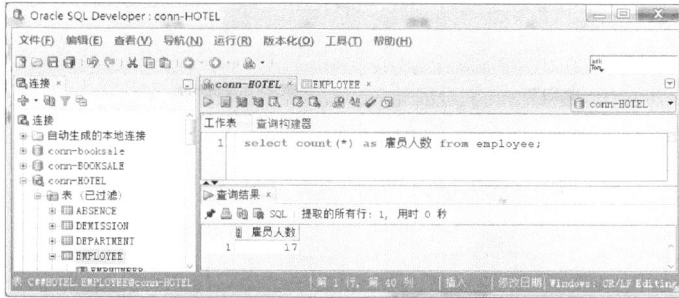

图 2-40　SQL Developer 工具查询 EMPLOYEE 表中雇员人数

3. 观察 Rollback 语句执行前后的雇员信息表数据访问状况

为了理解 Rollback 事务语句的作用，在 SQL Plus 工具中，先执行一条删除数据的 SQL 语句，然后再执行一条 Rollback 事务语句。观察 Rollback 事务语句执行前后，雇员信息表的结果数据变化。

（1）让 SQL Plus 工具执行一个 SQL 删除语句，该语句将编号为 17 的雇员信息删除，然后再对雇员表进行人数统计查询，其执行结果如图 2-41 所示。

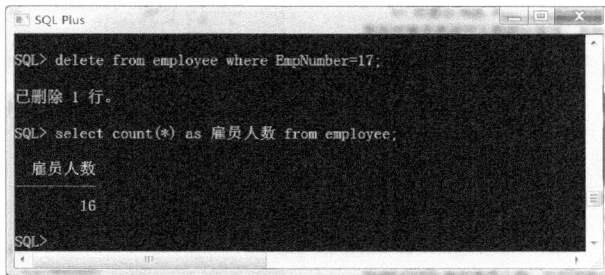

图 2-41　SQL Plus 工具执行结果

（2）让 SQL Plus 工具执行 Rollback 事务回滚语句，然后再对雇员信息表进行人数统计查询，其执行结果如图 2-42 所示。

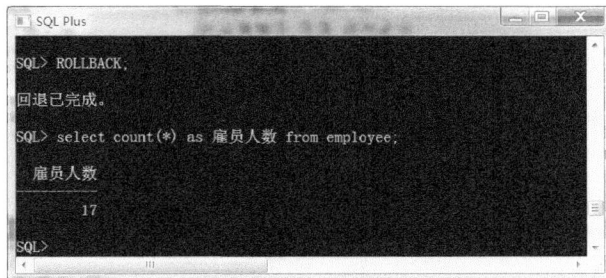

图 2-42　回滚后 SQL Plus 工具执行结果

从上面的 SQL Plus 工具执行结果来看，Rollback 事务语句撤销了之前的数据删除语句执行结果，回退到之前数据库状态。这表明 Rollback 事务语句执行可以撤销事务中的数据操作，回退到事务前的数据库状态。

4. 观察 Savepoint 与 Rollback 语句执行前后雇员信息表数据访问状况

在事务程序中，Rollback 语句将回退本事务内所有未提交的 SQL 语句操作。如希望回退到指定位置，则需要使用 Savepoint 语句和 Rollback to 语句编程事务程序。

（1）让 SQL Developer 工具对雇员信息表执行一个 SQL 插入语句，其插入数据为（18，'程红','A003','137***989',null,'女',5000），然后写入保存点 save_a。再对雇员信息表进行修改，将刚插入雇员的 EMAIL 数据修改为 "ch@163.com"，最后对该雇员信息进行查询，其执行结果如图 2-43 所示。

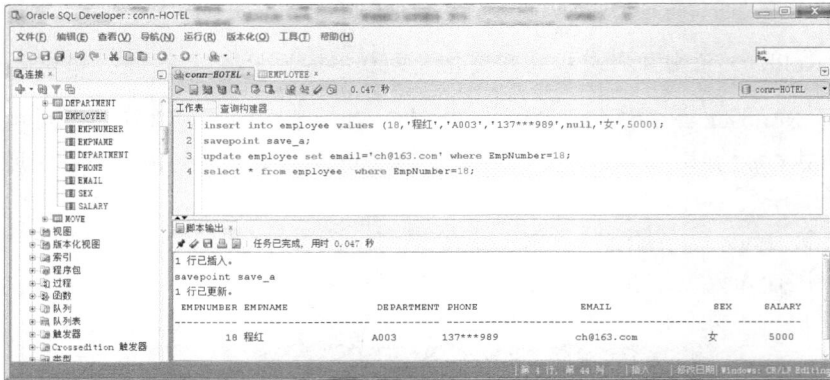

图 2-43　插入并修改数据

（2）在事务未提交前，可以进行回退处理。这里将使用 Rollback to 语句回退到保存点 save_a，并查询雇员信息，其 SQL 执行结果如图 2-44 所示。

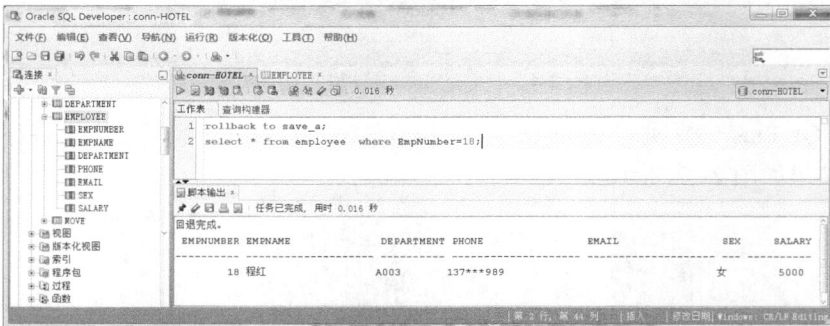

图 2-44　Rollback to 语句执行结果

从上面运行结果来看，Rollback to save_a 语句将事务操作回退到保存点 save_a 语句的数据库状态。

5. 观察数据库设置为 Autocommit On 状态前后，雇员信息表数据访问状况

在 Oracle 数据库中，默认情况下，事务状态 Autocommit 为非自动提交（off）。在非自动提交状态下，所有事务操作都需要显式执行 Commit 事务提交语句，才能将数据库操作提交到数据库保存。若事务状态设置自动提交状态（on），则每个 SQL 语句执行后，都将进行事务提交。

这里将数据库事务设置为自动提交，然后在 EMPLOYEE 表上进行雇员添加操作，其操作语句如下：

```
SET  Autocommit On;
Insert  into  employee values (19,'李骑','A002','139***873',null, '男',5600) ;
Rollback;
Select  *  from  employee where EmpNumber=19;
```

将该段代码输入 SQL Developer 工作表，单击"运行脚本"按钮后，其运行结果如图 2-45 所示。

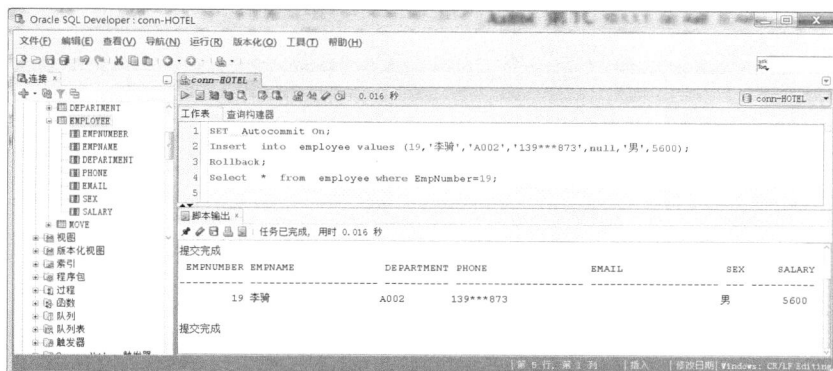

图 2-45　事务自动提交状态下 SQL 运行结果

在数据库设置为事务自动提交状态下，每个 SQL 执行后，都将作为一个事务自动提交数据库。

6. 在存储过程中，采用事务编程方式实现雇员调动的数据处理

编写一个存储过程 Pro_EmpDepMove（EmpID, OldDep, NewDep, MDate），实现雇员在酒店部门之间工作调动的数据处理功能。该存储过程涉及雇员信息表（EMPLOYEE）和调动登记表（MOVE）的数据处理，并采用事务方式编程处理，以确保业务数据处理的完整性。其 PL/SQL 程序语句如下：

```
create or replace Procedure Pro_EmpDepMove
(EmpID in number,              --输入参数，雇员编号
 OldDep in varchar,            --输入参数，原部门编号
 NewDep in varchar,            --输入参数，新部门编号
 MDate in Date                 --输入参数，调动日期
 )
As
Begin
  insert  into  move(EmpID,OldDep,NewDep,MDate)  values(EmpID,OldDep,NewDep,
MDate);                        --插入数据到调动登记表
  update  employee  set  department=NewDep where EmpNumber=EmpID;
                               --更新雇员的所属部门
  commit;                      --提交事务
  exception                    --异常处理
   when others then
   dbms_output.put_line('错误消息='||sqlerrm);
   rollback;                   --回退事务
End Pro_EmpDepMove;
```

当将以上 PL/SQL 语句输入 SQL Developer 工作表执行后，其运行结果如图 2-46 所示。

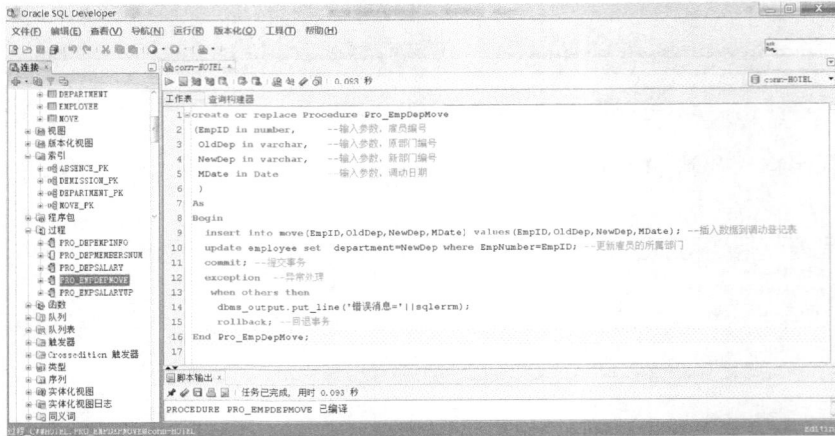

图 2-46　存储过程 Pro_EmpDepMove（EmpID,OldDep,NewDep,MDate）创建

当存储过程创建成功后，单击连接列表的"过程"目录，可以看到刚创建的存储过程对象，如图 2-46 左侧列表所示。

为了验证存储过程 Pro_EmpDepMove（EmpID, OldDep, NewDep, MDate）功能的正确性，编写如下 PL/SQL 语句块调用该存储过程运行。

```
SET Serveroutput ON;
Begin
 Pro_EmpDepMove(19,'A002','A004',to_date('2016-08-16','yyyy-mm-dd'));
End;
```

将当以上 PL/SQL 语句输入 SQL Developer 工作表执行后，其运行结果如图 2-47 所示。

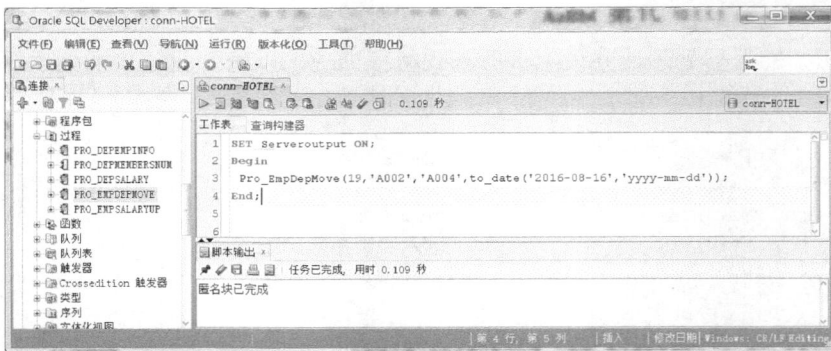

图 2-47　调用存储过程 Pro_EmpDepMove（EmpID,OldDep,NewDep,MDate）执行结果

当存储过程 Pro_EmpDepMove（EmpID,OldDep,NewDep,MDate）被成功调用执行后，可对雇员信息表 EMPLOYEE 和调动登记表 MOVE 数据进行查询，其查询结果分别如图 2-48 和图 2-49 所示。

从图 2-48 和图 2-49 所示的查询结果数据看到，存储过程 Pro_EmpDepMove（EmpID, OldDep, NewDep, MDate）正确实现了雇员部门调动的数据处理，同时也证明存储过程代码中所使用的事务编程是正确的。

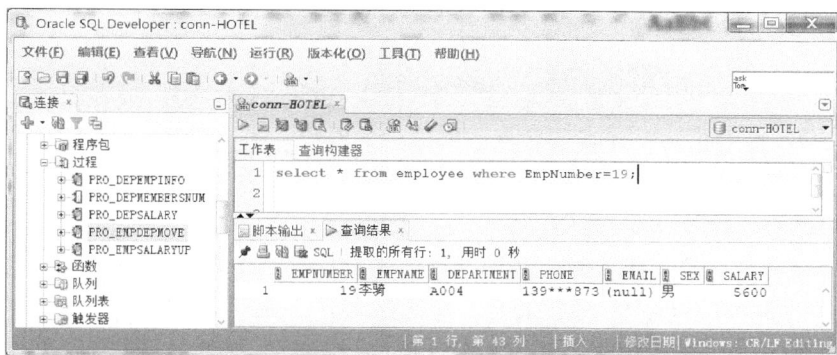

图 2-48　查询编号为 19 的雇员信息

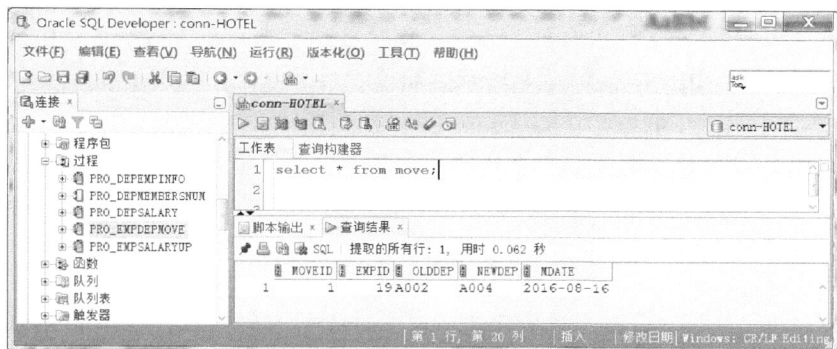

图 2-49　调用登记表 MOVE 数据

2.4.5　问题解答

（1）在 Oracle 数据库事务编程中，需要使用事务开始语句吗？

Oracle 数据库系统没有定义专门的事务开始语句，而是根据数据库事件隐含开始，如数据库连接后第 1 个 DML 语句执行，前一事务结束或执行一条自动提交事务语句。

（2）如何设置 Oracle 数据库当前事务为显式事务状态或隐含事务状态？

在 Oracle 数据库中，默认的事务状态为显式事务状态。在该状态下，对数据库的数据更改操作，需要通过执行 Commit 事务语句来提交。而在隐含事务状态下，不需要执行 Commit 事务语句，每个 DML 语句执行后都自动提交事务。改变事务状态是通过执行 SET Autocommit 语句来实现。当执行 SET Autocommit ON 语句后，设置事务自动提交，采用隐含事务方式。当执行 SET Autocommit OFF 语句后，设置事务非自动提交，采用显式事务方式。

（3）在事务程序中，如何处理语句执行异常？

事务具有原子性，事务中任何语句操作失败，均会执行 Rollback 语句取消事务的数据库操作，回退到事务前的数据库状态。为了捕获事务中的语句执行异常，需要在事务程序的 PL/SQL 代码中加入 Exception 异常处理语句。在捕获事务中的语句执行异常后，执行 Rollback 语句取消事务中的数据库操作。

2.4.6 实验练习

实 验 报 告

一、实验 4：图书借阅管理系统数据库事务处理编程

二、实验室名称：   实验时间：

三、实验目的与任务

通过数据库事务处理编程实验，掌握数据库事务控制、事务编程的应用方法，从而培养具备数据库事务编程开发能力。

本实验任务是使用 PL/SQL 语言开发数据库事务程序，实现图书借阅管理数据库的后端数据处理功能。

四、实验原理

在 Oracle 数据库中，实现事务处理有显式事务处理方式和隐含事务处理方式。在显式事务处理方式下，需要使用 Commit 事务控制语句提交事务操作，使用 Rollback 事务控制语句取消事务操作。此外，还可以使用 Savepoint 事务控制语句和 Rollback To 事务控制语句进行中间结果数据保存和回退到指定保存点处理。在隐含事务处理方式中，对事务的处理更为简单，每个 SQL 语句执行后，自动提交事务操作，但隐含事务处理方式不能将多个 SQL 语句组成一个事务单元。

五、实验内容

在 Oracle Database 12c 数据库系统软件环境中，实现图书借阅数据库 Lib 的后端数据处理功能。针对图书借书管理，当读者从图书馆借走一本图书时，系统需要先读取该读者信息表 READER 中的已借图书总计数据，看是否达到允许借书数量的最大值。若已达到最大值，需要先还书，才能再借。若没有达到最大借书量，则可以继续借书，将在图书借阅记录表 LOAN 中记录借书信息。该借书处理功能涉及读者信息表 READER 和图书借阅记录表 LOAN 的数据处理。为满足多用户并发访问处理要求，该功能处理中采用事务编程实现。具体实验内容如下：

（1）分别采用 SQL Plus 工具和 SQL Developer 工具模拟两个用户会话程序，让它们并发访问读者信息表 READER 数据。观察 Commit 事务语句执行前后，各会话程序访问读者信息表的结果数据。

（2）采用 SQL Plus 工具对读者信息表 READER 数据进行删除操作。观察 Rollback 事务语句执行前后，读者信息表的结果数据变化。

（3）采用 SQL Developer 工具对读者信息表 READER 数据进行删除操作。观察 Savepoint 与 Rollback 事务控制语句执行前后，读者信息表的结果数据变化。

（4）采用 SQL Developer 工具对读者信息表 READER 数据进行删除操作。观察数据库设置 Autocommit On 状态前后，读者信息表的结果数据变化。

（5）编写一个存储过程实现借书功能程序，在该程序中涉及读者信息表 READER 和借阅记录表 LOAN 的数据处理。要求在过程程序中采用事务机制处理，以确保业务数据处理的完整性。

六、实验设备及环境

本实验所涉及的硬件设备为计算机、服务器及以太网络环境。

操作系统：Windows 7

DBMS：Oracle Database 12c

七、实验步骤

采用 Oracle 数据库开发工具 SQL Plus 或 SQL Developer 进行数据库事务编程。其步骤如下：

（1）观察 Commit 语句执行前后的读者信息表数据访问状况。

（2）观察 Rollback 语句执行前后的读者信息表数据访问状况。

（3）观察 Savepoint 与 Rollback 语句执行前后的读者信息表数据访问状况。

（4）观察数据库设置为 Autocommit ON 状态前后的读者信息表数据访问状况。

（5）采用事务编程的存储过程实现借书数据处理功能。

八、实验数据及结果分析

说明：本节为学生编写的报告内容，学生应按照上述步骤分别给出各项实验内容的具体操作过程说明，并包含操作分析、操作原理、操作方法等描述内容。在报告内容中，需要有基本的操作界面和操作结果数据分析。

九、总结及心得体会

说明：本节为学生编写的报告内容，学生应对本实验的关键技术内容进行归纳总结，并给出心得体会。

2.5　实验 5——数据库安全管理

2.5.1　相关知识

在任何机构的信息系统中，数据库都是系统一个重要的组成部分。由于数据库存储了机构的各类信息数据，所有业务的开展都离不开这些数据的处理。因此，数据库及其数据内容是机构最重要的资产。IT 系统的最大风险就是其机构信息数据被窃取、被篡改、或被删除。因此，数据库安全管理在信息系统应用中是极其重要的工作。

数据库安全管理是指采取一定的技术手段与方法，以防护数据库被非法访问、数据被篡改或被破坏。实现数据库安全管理需要建立一个完整的数据库系统安全防范体系，如数据库 DBMS 安全、数据库通信安全、数据库存储安全等。这里主要讨论数据库 DBMS 内部的数据存取安全模型，及其用户管理、角色管理和权限管理安全机制。

在数据库 DBMS 系统安全机制中，其中最基本就是数据存取安全模型，该模型用来限制目标用户对指定对象进行授权操作。DBMS 数据存取安全模型如图 2-50 所示。

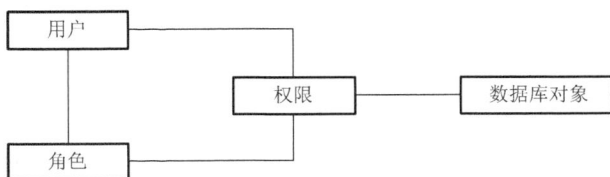

图 2-50　DBMS 数据存取安全模型

在 DBMS 数据存取安全模型中，每个用户可以被赋予多个角色，每个角色可以对应多个用户。在数据库对象上可设置多个不同操作权限。角色可以被赋予数据库对象的若干操作权限。用户拥有一个角色后，自然也就拥有该角色的权限。用户也可直接被赋予数据库对象的特定操作权限，但为了管理方便，一般是通过角色来赋予数据库对象操作权限。

1. 用户管理

在任何数据库 DBMS 系统中，都有一套严格的用户管理机制。只有数据库用户，才能进入数据库系统进行访问操作。数据库用户一般分为系统管理用户和应用用户。系统管理用户具有高级权限，它可以进行创建新用户、修改用户和删除用户管理。例如，在 Oracle 数据库系统中，使用最高权限的 SYS 用户或 SYSTEM 对其他用户进行管理操作。

1）用户创建

在 Oracle 数据库中，有两种方法创建用户：执行 SQL 语句方式创建用户和基于 GUI 界面操作方式创建用户。

创建用户的 SQL 语句格式如下：

```
Create User<用户名>                                    --定义用户名
[Identified by {<密码>|Externally|Globally as'<外部名称>']    --定义如何验证用户
[Default Tablespace<默认表空间名>]                      --定义用户使用的默认表空间
[Temporary Tablespace{<临时表空间名>]                   --定义用户使用的临时表空间
[Quota <数值>K|<数值>M|Unlimited on <表空间名>]        --定义存储对象空间大小
[Profile <概要文件名>]                                 --定义用户使用的概要文件
[Password Expire]                                      --定义用户口令到期
[Account {Lock|Unlock}]                                --定义账户是否锁定
```

执行创建用户 SQL 语句的用户必须具有创建用户权限，或者该用户为最高权限的系统管理用户，如 SYS 用户。

使用 SQL Developer 工具，还可以实现基于 GUI 界面操作方式创建用户。例如，使用 SYS 用户连接数据库后，右键单击"其他用户"目录，在弹出的菜单中选择"创建用户"，即可进入"创建/编辑用户"操作界面，如图 2-51 所示。

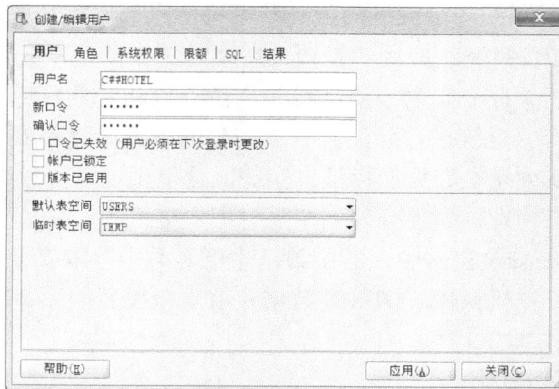

图 2-51　"创建/编辑用户"界面

在"创建/编辑用户"界面中，输入用户名、口令，选取默认空间和临时空间，以及设置限额等选项后，单击"应用"按钮，即可创建该用户。

2）用户修改

在 Oracle 数据库中，执行 SQL 语句方式也可修改用户属性，其修改用户的 SQL 语句格式如下：

```
Alter User<用户名>
 [Identified by {<密码>|Externally|Globally as'<外部名称>']   --定义如何验证用户
 [Default Tablespace<默认表空间名>]                 --定义用户使用的默认表空间
 [Temporary Tablespace{<临时表空间名>]              --定义用户使用的临时表空间
 [Quota<数值>K|<数值>M|Unlimited on<表空间名>]      --定义存储对象空间大小
 [Profile<概要文件名>]                              --定义用户使用的概要文件
 [Password Expire]                                 --定义用户口令到期
 [Account {Lock|Unlock}]                           --定义账户是否锁定
```

执行修改用户 SQL 语句的用户必须具有修改用户权限，或者该用户为最高权限的系统管理用户，如 SYS 用户。

同样，修改用户属性，也可使用 SQL Developer 工具，实现基于 GUI 界面操作方式创建用户。例如，使用 SYS 用户连接数据库后，单击"其他用户→C##HOTEL"的"编辑用户"，即可进入 C##HOTEL 用户的修改操作界面，如图 2-52 所示。

图 2-52　用户修改

在用户修改操作界面中，可以修改口令、默认空间、临时空间，以及重新设置限额等参数，单击"应用"按钮，即可实现该用户属性修改。

3）用户删除

在 Oracle 数据库中，执行 SQL 语句还可删除用户，其删除用户的 SQL 语句格式如下：

```
Drop User<用户名>
```

执行删除用户 SQL 语句的用户必须具有删除用户权限，或者该用户为最高权限的系统管理用户，如 SYS 用户。

使用 SQL Developer 工具，同样可以实现基于 GUI 界面操作方式删除用户。例如，使用 SYS 用户连接数据库后，单击"其他用户→C##HOTEL"的右键菜单"删除用户"，即可进入用户删除操作界面，如图 2-53 所示。

在"删除用户"界面中，单击"应用"按钮后，即可删除该用户。

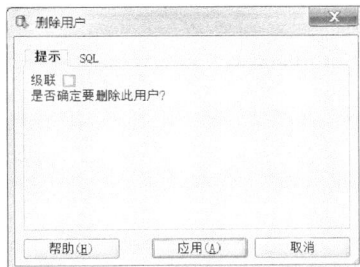

图 2-53　"删除用户"界面

2. 角色管理

在数据库系统中，角色用于代表一类具有相同特性的用户。当给角色赋予数据库对象的若干权限后，属于该类角色的用户都可具有这些权限，从而可方便用户权限管理。通常只有具有系统管理权限的用户才能进行角色管理。例如，在 Oracle 数据库系统中，SYS 用户或 SYSTEM 用户可以进行创建角色、修改角色、角色权限赋予、角色权限取消、将角色赋予用户、启用和禁用角色，以及角色删除等管理操作。

1）角色创建

在 Oracle 数据库中，有执行 SQL 语句方式创建角色和基于 GUI 界面操作方式创建角色两种方法。

创建角色的 SQL 语句格式如下：

```
Create Role<角色名>                               --定义角色名
  [Not Identified]                                --定义该角色由数据库授权
  [Identified {by<密码>|Externally|Globally}]]    --定义该角色类型
```

使用 SQL Developer 工具，也可以实现基于 GUI 界面操作方式创建角色。例如，使用 SYS 用户连接数据库后，在 DBA 连接视图中，单击"安全→角色"目录的右键菜单"新建"，即可进入"创建角色"操作界面，如图 2-54 所示。

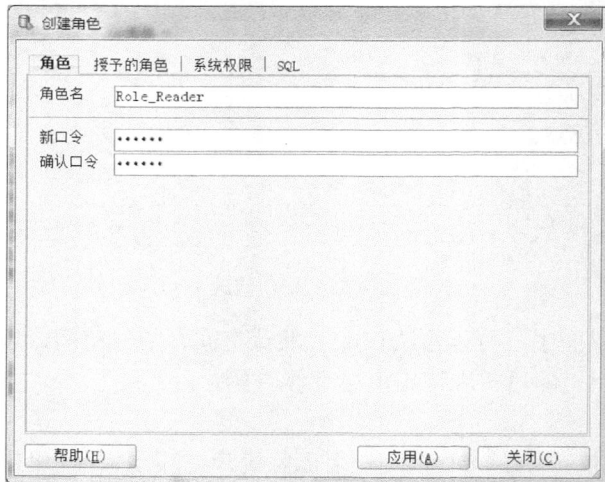

图 2-54　"创建角色"界面

在"创建角色"界面中，输入角色名、口令，选取角色的赋予角色和系统权限，单击"应用"按钮，即可创建该角色。

2）角色修改

在 Oracle 数据库中，执行 SQL 语句方式也可修改角色属性，其修改角色的 SQL 语句格式如下：

```
Alter Role<角色名>
  [Not Identified]                                --定义该角色由数据库授权
  [Identified {by<密码>|Externally|Globally}]]    --定义该角色类型
```

同样，修改角色属性，也可使用 SQL Developer 工具，实现基于 GUI 界面操作方式修改角色属性。例如，使用 SYS 用户连接数据库后，在 DBA 连接视图中，单击"安全→角色"目录的 C##CUSTOMER 角色的右键菜单"编辑"，即可进入"编辑角色"操作界面，如图 2-55 所示。

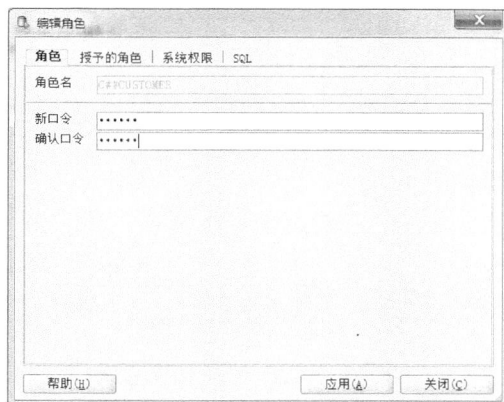

图 2-55   "编辑角色"界面

在"编辑角色"界面中，可以修改口令，重新选取赋予的系统角色，以及重新赋予系统权限等参数，单击"应用"按钮，即可实现该角色属性修改。

3）将角色授予用户

在数据库中，只有将角色授予用户，角色才能发挥作用。将角色授予用户的 SQL 语句格式如下：

```
Grant   <角色名>[…n]
to{<用户名>|<角色名>|Public}        --角色授予给用户、其他角色或公共组用户
 [With Admin Option ]              --具有管理特性，可以将权限传递给其他用户
```

同样，将角色授予用户也可通过使用 SQL Developer 工具实现。例如，给用户 C##HOTEL 赋予新的角色，可单击 C##HOTEL 用户的右键菜单"授予角色"，即可进入用户的"授予角色"界面，如图 2-56 所示。

在"角色名"下拉列表中，选取需要授予的角色名称，设置是否具有管理特性，单击"应用"按钮，即可实现该用户的角色授予。

4）收回用户的角色

在数据库管理中，当不再将某角色授予用户时，系统管理员可以将该角色从用户收回。将角色从用户收回的 SQL 语句格式如下：

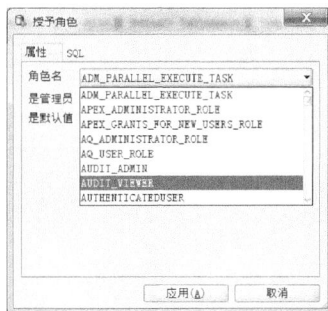

图 2-56   "授予角色"界面

```
Revoke   <角色名>[…n]
From{<用户名>|<角色名>|Public}       --从用户、其他角色或公共组用户收回角色
```

同样，将角色从用户收回也可通过使用 SQL Developer 工具实现。例如，从用户 C##HOTEL 收回角色，可单击 C##HOTEL 用户的右键菜单"编辑"，即可进入"编辑用户"中的"授予的角色"操作界面，如图 2-57 所示。

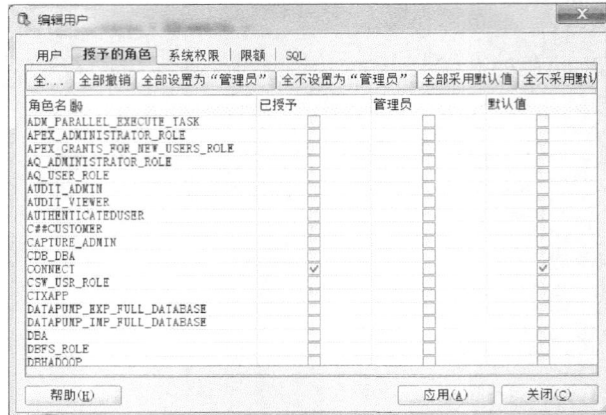

图 2-57　"授予的角色"界面

在该界面的用户角色列表中，取消需要收回的角色名称，单击"应用"按钮，即可实现该用户的角色收回。

5）角色删除

在数据库管理中，当不再需要某角色时，可将它从数据库中删除。删除角色的 SQL 语句格式如下：

```
Drop  Role  <角色名>
```

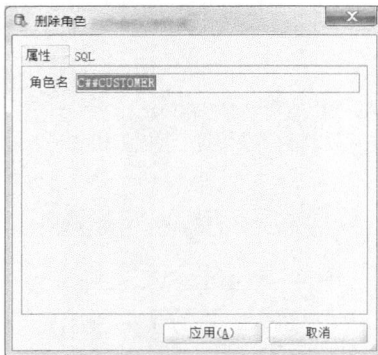

图 2-58　"删除角色"界面

使用 SQL Developer 工具，同样可以实现基于 GUI 界面操作方式删除角色。例如，使用 SYS 用户连接数据库后，在 DBA 视图中，选取"安全→角色"目录中需要删除的角色名 C##CUSTOMER，再单击右键菜单"删除角色"，即可进入"删除角色"界面，如图 2-58 所示。

在该窗口界面中，单击"应用"按钮后，即可删除该角色。

3．权限管理

在数据库中，权限是指具有访问数据库对象或执行操作语句的能力。这些权限可分为系统权限和对象权限。

1）系统权限

系统权限是指在数据库系统级上控制数据库存取和使用的能力，例如，连接数据库、创建数据库对象（表、视图、索引、存储过程、触发器等）、修改数据库对象、删除数据库对象等。在 Oracle 数据库中，已经默认定义了几十项系统权限。用户必须被授予一定的系统权限，才能连接数据库和进行相应的操作。例如，在创建一个新用户时，当它被赋予 CREATE ANY TABLE 系统权限后，它就具有创建数据库表对象的权限。

2）对象权限

对象权限是指在数据库对象级上控制数据库存取和使用的能力，例如，数据库表对象数据操作访问、视图对象的数据操作访问、存储过程对象的执行控制等。在 Oracle 数据库中，每个数据库对象都可以定义若干操作权限，这些操作权限可以赋予相应的角色及用户。例如，可以将图书信息表上的 Select 权限赋予给读者角色，图书信息表上的 Insert 权限、Upadte 权限、Delete 权限赋予给图书馆员角色。

将对象权限赋予用户或角色，可以通过执行权限赋予 SQL 语句来实现，其基本语句格式如下：

```
Grant    <权限名>
to{<用户名>|<角色名>|Public}        --权限授予给用户、其他角色或公共组用户
 [With Admin Option ]              --具有管理特性，可以将权限传递给其他用户
```

当系统从用户或角色收回权限时，可以通过执行权限收回 SQL 语句来实现，其基本语句格式如下：

```
Revoke   <权限名>
From{<用户名>|<角色名>|Public}       --从用户、其他角色或公共组用户收回权限
```

在数据库权限管理中，除了通过执行 SQL 语句实现赋予权限和收回权限外，还可在 SQL Developer 工具中，以 GUI 界面方式直接进行权限管理。例如，对数据库某个表对象进行权限管理，可在选取该表后，单击右键菜单"权限"，即可进行对象权限管理，如图 2-59 所示。

例如，对该表进行授权管理，单击"授权"选项后，即可进入该表对象的授权界面，如图 2-60 所示。

图 2-59　选择"权限"选项

图 2-60　表对象授权界面

在授权界面中选定授权列表后，单击"应用"按钮，便可执行授权操作。

2.5.2　实验目的

通过 Oracle 数据库安全管理实验，掌握数据库用户管理、角色管理、权限管理的操作方法，从而培养具备数据库安全管理能力。本实验具体目标如下：

（1）了解 Oracle 数据库数据存取安全模型的实现机制。

（2）掌握 Oracle 数据库用户管理方法，实现数据库用户创建、修改和删除处理。

（3）掌握 Oracle 数据库角色管理方法，实现数据库角色创建、修改和删除处理。

（4）掌握 Oracle 数据库权限管理方法，实现数据库权限授权和回收处理。

2.5.3　实验内容

本实验以酒店管理系统 HSD 数据库为例，针对酒店管理数据库的数据存取安全模型，开

展数据库角色、权限、用户的设计与实现。具体实验内容如下：

（1）在数据库中，创建客户（C##R_Cust）、雇员（C##R_Empl）和经理（C##R_Mana）角色。

（2）在数据库中，为客户（C##R_Cust）、雇员（C##R_Empl）和经理（C##R_Mana）角色赋予数据库对象权限。

（3）在数据库中，分别创建 C##U_Cust、C##U_Empl 和 C##U_Mana 用户。

（4）分别为 C##U_Cust、C##U_Empl 和 C##U_Mana 用户分派客户（C##R_Cust）、雇员（C##R_Empl）和经理（C##R_Mana）角色。

（5）分别以 C##U_Cust、C##U_Empl 和 C##U_Mana 用户身份访问酒店管理数据库，验证所实现数据存取权限模型的有效性。

2.5.4　实验指导

本实验涉及酒店管理系统 HSD 数据库的数据存取安全模型设计与实现。将围绕酒店管理业务需求，设计数据库角色、权限和用户，并对角色进行权限分派、用户角色分派。同时，分别以不同用户身份对酒店数据库进行操作访问，验证所实现数据存取模型的有效性。其开发过程如下：

1. 酒店管理数据库角色权限表设计

为了实现酒店管理数据库的数据安全访问，需要设计数据存取安全模型，即酒店数据库的角色、用户、权限组成关系。其中酒店管理数据库角色权限表设计如表 2-2 所示。

表 2-2　酒店管理数据库角色权限表设计

表	客户（C##R_Cust）	雇员（C##R_Empl）	经理（C##R_Mana）
Customer	插入、修改、查询	查询	查询
Employee	-	查询	插入、删除、修改、查询
Department	-	查询	插入、删除、修改、查询
Move	-	查询	插入、删除、修改、查询
Demission	-	-	插入、删除、修改、查询
...			

在表 2-2 中，分别定义了客户、雇员和经理角色对酒店管理数据库中各个表对象的操作权限。各角色的表对象权限设计取决于业务需求与业务规则。

2. 酒店数据库角色创建

在酒店数据库中，创建客户（C##R_Cust）、雇员（C##R_Empl）和经理（C##R_Mana）角色，其创建 SQL 语句如下：

```
create role C##R_Cust;
create role C##R_Empl;
create role C##R_Mana;
```

以 SYS 用户登录连接酒店数据库，并执行上面的创建角色 SQL 语句，其执行结果如图 2-61 所示。

图 2-61　执行角色创建 SQL 语句

当创建角色的 SQL 语句成功执行后，可以在连接列表中选取"角色"目录，并单击右键菜单"刷新"，即可在数据库角色列表中找到新建的 3 个用户角色，如图 2-61 左侧列表所示。

3. 为用户角色赋予数据库对象操作权限

当新建一个角色后，该角色并没有权限。系统管理用户可以为它赋予必要的权限。按照表 2-2 所设计的角色权限，将由 SYS 系统管理用户执行如下授权语句，为客户（C##R_Cust）、雇员（C##R_Empl）和经理（C##R_Mana）角色授予相应权限。其授权 SQL 语句如下：

```
Grant Insert, Update, Select On Customer to C##R_Cust;
Grant Select  On Customer to C##R_Empl;
Grant Select  On Employee to C##R_Empl;
Grant Select  On Department to C##R_Empl;
Grant Select  On Move to C##R_Empl;
Grant Select  On Customer to C##R_Mana;
Grant Select  On Employee to C##R_Mana;
Grant Insert  On Employee to C##R_Mana;
Grant Update  On Employee to C##R_Mana;
Grant Delete  On Employee to C##R_Mana;
Grant Select  On Department to C##R_Mana;
Grant Insert  On Department to C##R_Mana;
Grant Update  On Department to C##R_Mana;
Grant Delete  On Department to C##R_Mana;
Grant Select  On Move to C##R_Mana;
Grant Insert  On Move to C##R_Mana;
Grant Update  On Move to C##R_Mana;
Grant Delete  On Move to C##R_Mana;
Grant Select  On Demission to C##R_Mana;
Grant Insert  On Demission to C##R_Mana;
Grant Update  On Demission to C##R_Mana;
Grant Delete  On Demission to C##R_Mana;
```

将这些授权 SQL 语句输入 SQL Developer 工作表，设定这些 SQL 代码在 C##HOTEL 用户 Schema 的连接中运行。单击"运行脚本"按钮后，执行授权操作，其运行结果如图 2-62 所示。

当以上授权 SQL 都正确执行后，系统管理员完成对客户（C##R_Cust）、雇员（C##R_Empl）和经理（C##R_Mana）角色的权限授予。

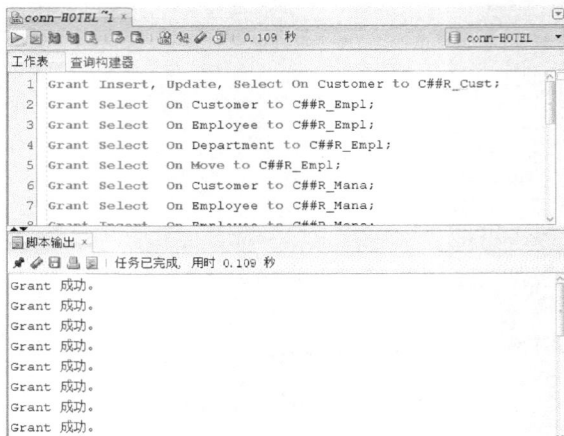

图 2-62　为角色赋予对象操作权限

4. 创建数据库用户

在数据库中，分别创建 C##U_Cust、C##U_Empl 和 C##U_Mana 用户。其创建用户的 SQL 语句如下：

```
Create User C##U_Cust                --创建 C##U_Cust 用户
Identified by 111111                 --用户口令 111111
Default Tablespace"USERS"            --默认表空间为 USERS
Temporary Tablespace"TEMP";          --默认临时表空间为 TEMP
Create User C##U_Empl                --创建 C##U_Empl 用户
Identified by 111111                 --用户口令 111111
Default Tablespace"USERS"            --默认表空间为 USERS
Temporary Tablespace"TEMP";          --默认临时表空间为 TEMP
Create User C##U_Mana                --创建 C##U_Mana 用户
Identified by 111111                 --用户口令 111111
Default Tablespace"USERS"            --默认表空间为 USERS
Temporary Tablespace"TEMP";          --默认临时表空间为 TEMP
```

将这些创建用户的 SQL 语句输入 SQL Developer 表空间。打开 SYS 用户的连接，以 SYS 用户执行这些 SQL 语句，其执行结果如图 2-63 所示。

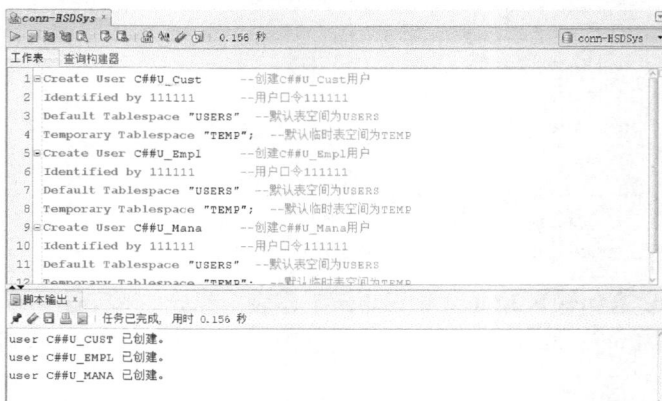

图 2-63　数据库用户创建

当这些创建用户的 SQL 语句都正确执行后，在数据库的用户列表中将增加 C##U_Cust、C##U_Empl 和 C##U_Mana 用户。

5. 为数据库用户赋予角色

在数据库中，在创建 C##U_Cust、C##U_Empl 和 C##U_Mana 用户后，还需要为它们赋予相应的角色。按照业务设计，分别为 C##U_Cust、C##U_Empl 和 C##U_Mana 用户分派客户（C##R_Cust）、雇员（C##R_Empl）和经理（C##R_Mana）角色，其用户角色分派的 SQL 语句如下：

```
Grant C##R_Cust to C##U_Cust;    --将客户角色 C##R_Cust 赋予用户 C##U_Cust
Grant C##R_Empl to C##U_Empl;    --将雇员角色 C##R_Empl 赋予用户 C##U_Empl
Grant C##R_Mana to C##U_Mana;    --将经理角色 C##R_Mana 赋予用户 C##U_Mana
```

将这些授权 SQL 语句输入 SQL Developer 表空间。打开 SYS 用户的连接，以 SYS 用户执行这些 SQL 语句，其执行结果如图 2-64 所示。

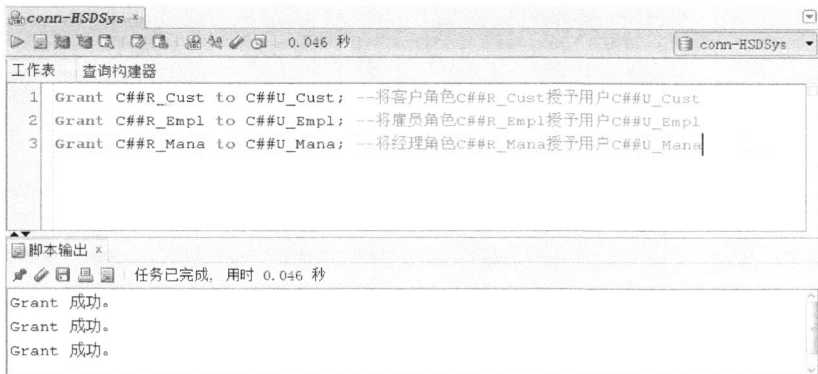

图 2-64　为用户授予角色

当这些授权用户角色的 SQL 语句都正确执行后，在数据库的这些用户将具有相应角色的权限。

6. 验证用户的操作权限

分别以用户 C##U_Cust、C##U_Empl 和 C##U_Mana 用户身份访问酒店管理数据库的有关表对象，验证表 2-2 所设计与实现的数据存取权限模型的有效性。

为了让用户 C##U_Cust、C##U_Empl 和 C##U_Mana 具有登录访问酒店管理数据库的权限，SYS 系统管理用户还需要给它们的角色赋予 CONNECT 权限，其授权 SQL 语句如下：

```
Grant  CONNECT to C##R_Cust;
Grant  CONNECT to C##R_Empl;
Grant  CONNECT to C##R_Mana;
```

将这些角色授权 SQL 代码输入 SQL Developer 工作表，设定这些 SQL 代码在 SYS 管理用户连接中运行。单击"运行脚本"按钮后，执行角色授权操作，其运行结果如图 2-65 所示。

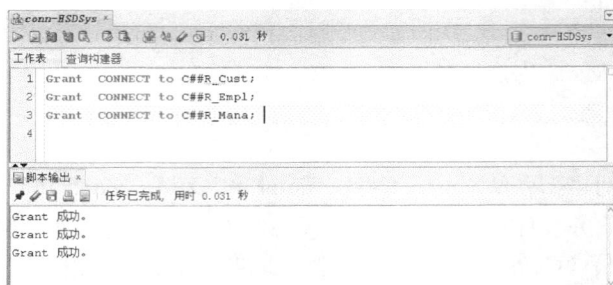

图 2-65　角色授权运行结果

当客户（C##R_Cust）、雇员（C##R_Empl）和经理（C##R_Mana）角色被授予 CONNECT
系统角色权限后，它们的用户就可以登录连接数据库了。

1）C##U_Cust 用户操作权限验证

在验证 C##U_Cust 用户可以对 Customer 表进行插入、修改、查询操作之前，需要先创建
Customer 表，其表结构如图 2-66 所示。

图 2-66　Customer 表结构

在创建 Customer 表结构之后，在 SQL Developer 工具中，建立以 C##U_Cust 用户登录酒
店数据库的连接。打开该连接后，在工作表中输入 SQL 程序，其代码如下：

```
Insert into C##HOTEL.Customer(CustName) values('赵青');  --在 Customer 表中插入
一个客户数据
Update C##HOTEL.Customer  set sex='男'  where CustName='赵青'; --更新该客户数据
Select  *  from  C##HOTEL.Customer where CustName='赵青';  --查询该客户数据
```

将上述 SQL 语句输入 SQL Developer 工作表中，并运行 SQL 程序，其运行结果如图 2-67
所示。

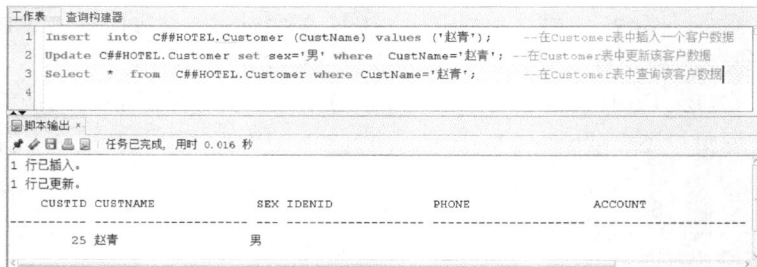

图 2-67　C##U_Cust 用户对 Customer 表数据库操作

从执行结果来看，C##U_Cust 用户具有对 Customer 表的插入、修改和查询操作权限。下
面，C##U_Cust 用户继续对 Customer 表进行删除操作，其 SQL 程序如下：

```
Delete  from C##HOTEL.Customer where CustName='赵青';
```

将上述 SQL 语句输入 SQL Developer 工作表中执行，其执行结果如图 2-68 所示。

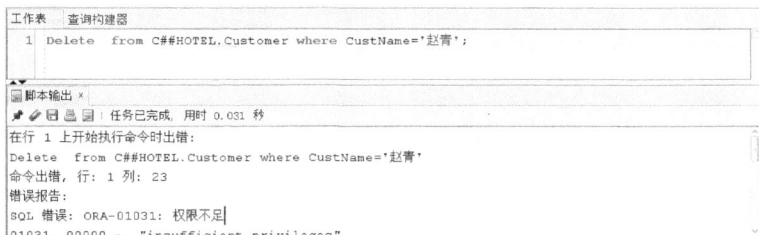

图 2-68　C##U_Cust 用户对 Customer 表数据删除操作

从执行结果来看，C##U_Cust 用户不具有对 Customer 表的删除操作权限。同样，可以验证 C##U_Cust 用户对其他数据库表也不具备访问操作权限。

2）C##U_Empl 用户操作权限验证

为了验证 C##U_Empl 用户操作权限，在 SQL Developer 工具中，建立以 C##U_Empl 用户登录酒店数据库的连接。打开该连接后，在工作表中输入如下 SQL 程序，其代码如下：

```
Select  count(*)  from  C##HOTEL.Customer;    --查询 Customer 表的记录数
Select  count(*)  from  C##HOTEL.Employee;    --查询 Employee 表的记录数
Select  count(*)  from  C##HOTEL.Department;  --查询 Department 表的记录数
Select  count(*)  from  C##HOTEL.Move;        --查询 Move 表的记录数
```

将上述 SQL 语句在 SQL Developer 工具的工作表中运行，其运行结果见图 2-69 所示。

图 2-69　C##U_Empl 用户的数据库查询操作

从执行结果来看，C##U_Empl 用户对 Customer 表、Employee 表、Department 表、Move 表的查询操作语句都成功执行，这表明 C##U_Empl 用户拥有对这些表的查询权限。下面，C##U_Empl 用户继续对 Customer 表进行删除操作，其 SQL 程序如下：

```
Delete  from  C##HOTEL.Customer;
```

将上述 SQL 语句输入 SQL Developer 工作表中运行，其执行结果如图 2-70 所示。

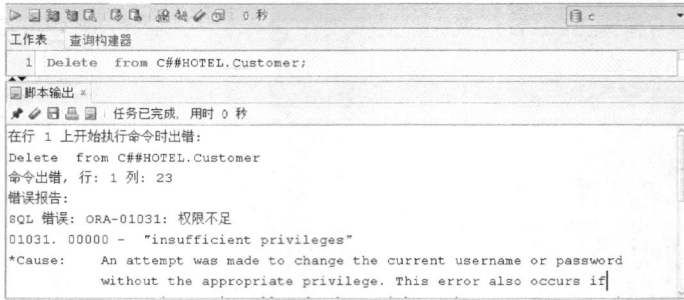

图 2-70   C##U_Empl 用户对 Customer 表数据删除操作

从执行结果来看，C##U_Empl 用户不具有对 Customer 表的删除操作权限。同样，可以验证 C##U_Empl 用户对其他数据库表也不具备访问操作权限。

3）C##U_Mana 用户操作权限验证

为了验证 C##U_Mana 用户操作权限，在 SQL Developer 工具中，建立以 C##U_Empl 用户登录酒店数据库的连接。打开该连接后，在工作表中输入 SQL 程序，其代码如下：

```
Insert into C##HOTEL.Department (DepID,DepName) values ('A007','保安部');
                                        --插入数据到 Department 表
Update C##HOTEL.Department set DepAddr='A 座 101' where DepID='A007';
                                        --修改 Department 表记录数据
Select * from C##HOTEL.Department where DepID='A007';
                                        --查询 Department 表记录数据
Delete  from C##HOTEL.Department where DepID='A007';
                                        --删除 Department 表记录数据
```

将上述 SQL 语句输入 SQL Developer 工具的工作表中运行，其运行结果如图 2-71 所示。

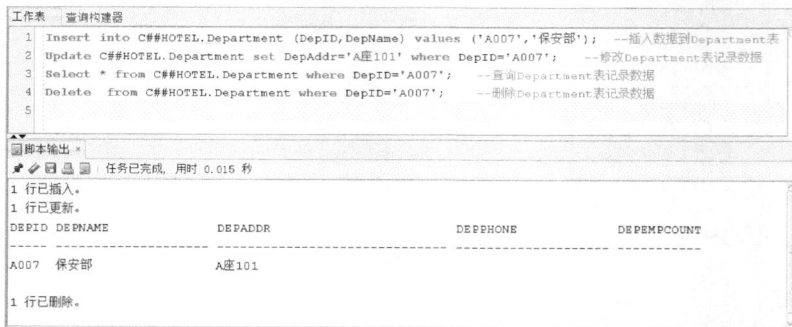

图 2-71   C##U_Mana 用户对 Department 表操作

从上面 SQL 程序执行结果来看，用户 C##U_Mana 对的 Department 表具有数据插入、修改、删除和查询权限。同样，可以验证 C##U_Mana 对其他表的操作权限。

2.5.5 问题解答

（1）在 Oracle 12c 数据库中，为什么用户名、角色名需要加 "C##" 前缀？

在 Oracle 12c 数据库系统中，如果创建的数据库实例为容器数据库类型，则在该数据库内所定义的用户名、角色名都需要加 "C##" 前缀。

（2）在数据库安全管理中，为什么通常是对角色授予数据库对象的操作权限，而非对用户？

在数据库数据存取安全模型中，用户通过角色统一赋予权限。一旦角色的权限发生变化，用户的权限也跟随变化。这样可以简化用户的权限管理。

（3）在 Oracle 数据库中，一般通过哪个用户进行系统管理？

在 Oracle 数据库中，一般使用 SYS 用户或 SYSTEM 用户进行系统管理。其中 SYS 用户具有最高系统管理权限，SYSTEM 用户也具有系统管理权限，但它的管理范围比 SYS 用户管理范围小些。对于一般用户数据库管理，使用 SYSTEM 用户操作就足够了。

2.5.6　实验练习

实　验　报　告

一、实验 5：图书借阅管理系统数据库安全管理

二、实验室名称：　　　　　　　　　　　实验时间：

三、实验目的与任务

通过 Oracle 数据库安全管理实验，了解数据库数据存取安全模型机制，掌握数据库用户管理、角色管理、权限管理的操作方法，从而培养数据库安全管理能力。

本实验任务是使用 SQL Developer、SQL Plus 工具实施数据库角色管理、权限管理和用户管理，以确保图书借阅管理数据库的安全访问。

四、实验原理

在 Oracle 数据库中，实现数据存取安全模型是确保数据库安全访问的基本手段。在数据安全存取模型中，需要设计数据库的角色、角色的数据库对象操作权限、数据库用户、数据库用户的角色赋予，以及数据库对象的操作权限集合。根据设计的数据安全存取模型，系统管理员使用 SQL Developer 或 SQL Plus 工具去创建角色，授予系统管理权限和对象操作权限。此外，还需要创建用户，并对用户赋予必要的角色。之后，用户就可以对数据库对象进行访问了。

五、实验内容

在 Oracle Database 12c 数据库系统软件环境中，实现图书借阅数据库 Lib 的安全管理。针对图书借阅管理，设计数据存取安全模型，对数据库角色、权限、用户进行设计与实现。具体实验内容如下：

（1）在数据库中，创建读者（C##R_Read）、馆员（C##R_Empl）和馆长（C##R_Mana）角色。

（2）在数据库中，为读者（C##R_Read）、馆员（C##R_Empl）和馆长（C##R_Mana）角色赋予数据库对象权限。

（3）在数据库中，分别创建 C##U_Read、C##U_Empl 和 C##U_Mana 用户。

（4）分别为 C##U_Read、C##U_Empl 和 C##U_Mana 用户分派读者（C##R_Read）、馆员（C##R_Empl）和馆长（C##R_Mana）角色。

（5）分别以 C##U_Read、C##U_Empl 和 C##U_Mana 用户身份访问图书借阅管理数据库，验证所实现数据存取权限模型的有效性。

六、实验设备及环境

本实验所涉及的硬件设备为计算机、服务器及以太网络环境。

操作系统：Windows 7

DBMS：Oracle Database 12c

七、实验步骤

采用 Oracle 数据库开发工具 SQL Plus 或 SQL Developer 进行数据库安全管理。其步骤如下：

（1）图书借阅管理数据库角色权限表设计。

（2）图书借阅管理用户角色创建。

（3）为用户角色赋予数据库对象操作权限。

（4）创建图书借阅数据库用户。

（5）为数据库用户赋予角色。

（6）验证用户的操作权限。

八、实验数据及结果分析

说明：本节为学生编写的报告内容，学生应按照上述步骤分别给出各项实验内容的具体操作过程说明，并包含操作分析、操作原理、操作方法等描述内容。在报告内容中，需要有基本的操作界面和操作结果数据分析。

九、总结及心得体会

说明：本节为学生编写的报告内容，学生应对本实验的关键技术内容进行归纳总结，并给出心得体会。

2.6　实验 6——数据库备份与恢复

2.6.1　相关知识

任何数据库系统在运行过程中，有可能出现硬件故障、软件故障、人员误操作、供电故障、意外灾害等原因导致的系统数据库被损坏的情况。为了保障数据库系统的数据安全，在数据库系统运行管理中，通常需要定期进行数据库备份处理，以便在出现数据库故障后，使用备份文件进行数据库恢复处理。

1. 数据库备份

数据库备份是指数据库在日常运行过程中，定期对数据库表结构、表数据、运行状态参数，以及系统操作日志等内容进行数据转储，以便一旦发生数据库遭遇损坏时，可以利用备份文件进行数据库恢复处理。在 Oracle 数据库系统中，数据库备份主要有如下 3 种方式。

1）逻辑备份

逻辑备份是一种将数据库的对象及其数据导出到转储数据文件的备份方式。按数据备份范围，逻辑备份可分为 3 类：

（1）用户模式备份，该备份模式导出目标用户所有对象及其数据。

（2）表模式备份，该备份模式导出指定表对象及其数据。

（3）全局模式备份，该备份模式导出数据库所有对象及其数据。

此外，按备份策略方式，逻辑备份还可分为两类：

（1）完全备份，将数据库内容全部导出备份。

（2）增量备份，将上次备份之后改变的数据进行备份。

2）脱机备份

脱机备份，也称冷备份，它是在关闭数据库实例后，对目标数据库所有文件（如数据文件、控制文件、日志文件等）进行复制另存。脱机备份可以实现一个数据库系统的完整备份。实现脱机备份的前提是必须先关闭数据库实例，这样会暂时中断业务系统的运行。

3）联机备份

联机备份，也称热备份，它是在数据库系统运行情况下，将已经处于归档状态的数据进行备份处理。联机备份可在不暂停业务系统运行的情况下，进行数据库备份处理。

2. 数据库恢复

数据库恢复是指当数据库出现故障时，使用该数据库的备份文件对数据库进行恢复处理，从而使数据库回到故障前的正常状态。Oracle 数据库的恢复处理主要有如下方式。

1）实例恢复

实例恢复用于因意外掉电或非正常关机所导致的数据库状态异常处理。在 Oracle 数据库系统中，当数据库实例进行重启时，系统自动进行实例恢复处理。实例恢复借助联机日志文件，对故障时刻未完成的操作进行事务回滚处理，并释放故障时刻所使用的资源，使数据库恢复到故障前的正常状态下运行。

2）介质恢复

介质恢复用于因数据库存储介质遭遇损坏所导致数据库数据丢失的恢复处理。介质恢复需要在新介质上重新安装 Oracle 数据库系统软件，并将数据库启动到 mount 模式；再将最近的完整备份文件复制到新数据库系统的数据库目录，然后再通过重做日志文件进行恢复处理。

3. 数据库备份/恢复管理工具

在 Oracle 数据库系统中，可以使用多种工具程序实现数据库备份与恢复处理。Oracle 12c 数据库系统主要有如下工具。

1）数据泵

数据泵是一种实现 Oracle 数据库逻辑备份与恢复的程序工具，主要由 expdp 导出程序和 impdp 导入程序组成。数据泵工具除具有传统逻辑备份与恢复工具 exp/imp 的功能外，还提供快速的数据导出和导入、生成重建对象 DDL 代码、数据库升级的数据迁移、不同环境的数据库复制等功能处理。在 SQL Developer 工具中，可以采用 GUI 方式调用数据泵的 expdp 导出程序和 impdp 导入程序，实现数据库逻辑备份与恢复处理。

2）RMAN

RMAN 是一种实现 Oracle 数据库物理备份与恢复工具。它可以用来备份数据库的数据文件、归档日志和控制文件，同时也可执行完全或不完全的数据库恢复。与传统数据库备份与恢复工具相比，RMAN 具有更灵活的备份与恢复处理功能，如提供可跟踪管理备份的数据库文件、使用多进程执行备份与恢复操作、可执行跨平台数据转换、具有高级数据压缩和加密功能、可检测数据文件中坏块等功能。在 SQL Developer 工具中，可以采用 GUI 方式生成数据库备份与恢复的 RMAN 脚本，同时也可查看备份文件数据、备份集等信息。RMAN 工具可以运行较丰富的数据库备份与恢复管理命令。

2.6.2　实验目的

通过 Oracle 数据库备份与恢复实验，了解数据库备份与恢复的实现原理，掌握数据库逻辑备份、物理备份，以及数据库恢复的实现方法，从而培养数据库备份与恢复管理能力。本实验具体目标如下：

（1）了解 Oracle 数据库备份与恢复实现原理。

（2）熟悉数据库备份与恢复工具的使用方法。

（3）掌握 Oracle 数据库逻辑备份及其恢复方法。

（4）掌握 Oracle 数据库物理备份及其恢复方法。

2.6.3　实验内容

本实验以酒店管理系统 HSD 数据库为例，分别采用 Oracle 提供的数据泵和 RMAN 工具实现数据库备份与恢复管理。具体实验内容如下：

（1）采用数据泵导出程序将 C##HOTEL 用户方案的数据库对象及其数据进行逻辑备份处理。

（2）采用数据泵导入程序对 C##HOTEL 用户方案的数据库对象及其数据进行恢复处理。

（3）采用 RMAN 工具实现 HSD 数据库的联机完整备份处理。

（4）采用 RMAN 工具实现 HSD 数据库的联机完整恢复处理。

2.6.4　实验指导

本实验涉及酒店管理系统 HSD 数据库及其 C##HOTEL 用户方案的数据备份与恢复处理。在进行 C##HOTEL 用户方案的数据库对象逻辑备份与恢复处理时，使用数据泵程序工具实现数据库逻辑备份及其恢复处理。在进行 HSD 数据库完整物理备份时，使用 RMAN 程序工具实现数据库联机备份及其恢复处理。

1．数据库逻辑备份

为了实现 Oracle 数据库逻辑备份，可运行数据泵的导出程序，实现数据库逻辑备份处理。在本实验中，将对酒店数据库 HSD 的 C##HOTEL 用户方案对象进行逻辑备份处理。其数据泵导出作业处理步骤如下：

（1）在 SQL Developer 中，建立 SYSTEM 系统管理用户登录数据库 HSD 的连接。在使用该连接登录 HSD 数据库后，单击"视图→DBA"菜单，进入该数据库的 DBA 管理界面，如图 2-72 所示。

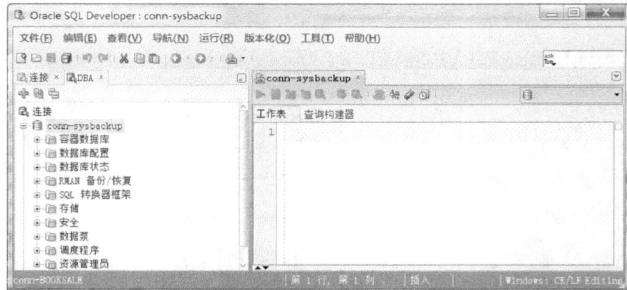

图 2-72　SYSTEM 用户连接 HSD 数据库的 DBA 管理界面

（2）在左侧的数据库 DBA 管理功能列表中，展开"数据泵"目录。然后，选取"导出作业"功能项，并单击该项右键菜单"数据泵导出向导"菜单。系统将弹出导出向导初始界面，如图 2-73 所示。

图 2-73 "导出向导"初始界面

（3）在"导出向导"初始界面中，选取导出内容以及类型。这里选取"数据和 DDL"及"方案"类型。单击"下一步"按钮后，进入"方案"选择界面，如图 2-74 所示。

图 2-74 导出向导的"方案"选择界面

（4）在"方案"选择界面，选取将要备份的 C##HOTEL 方案到右边列表内，然后再单击"下一步"按钮，系统进入"过滤器"界面，如见图 2-75 所示。

（5）在"过滤器"界面，采用默认设置。单击"下一步"按钮，系统进入"表数据"界面，如图 2-76 所示。

（6）在"表数据"界面，采用默认设置。单击"下一步"按钮，系统进入"选项"设置界面，如图 2-77 所示。

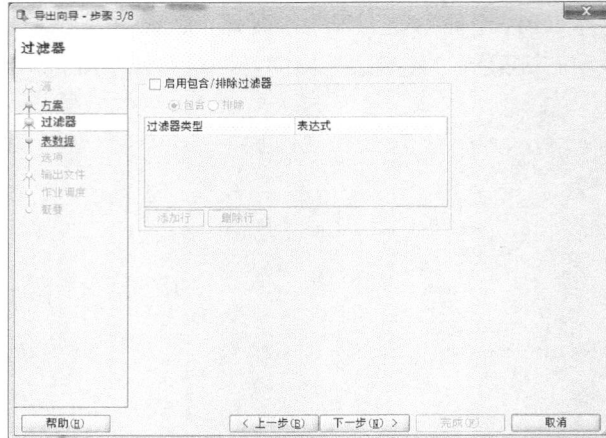

图 2-75　导出向导的"过滤器"选择界面

图 2-76　导出向导的表数据界面

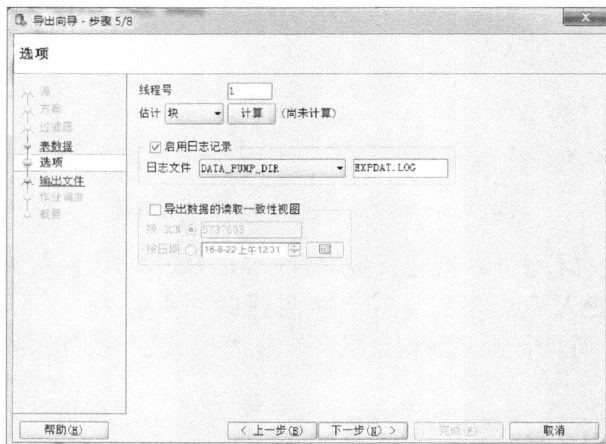

图 2-77　导出向导的选项设置界面

（7）在"选项"设置界面，采用默认设置。单击"下一步"按钮，系统进入"输出文件"
设置界面，如图 2-78 所示。

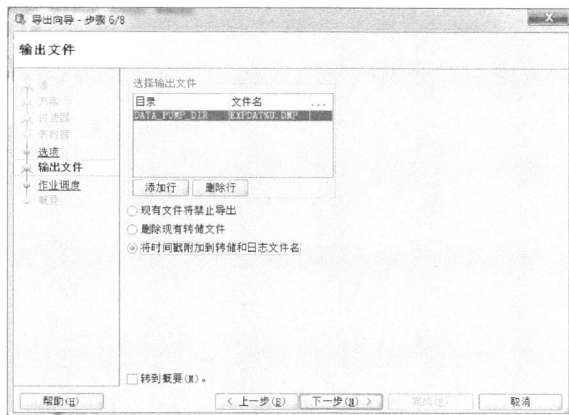

图 2-78　导出向导的"输出文件"设置界面

（8）在输出文件设置界面，选取"将时间戳附加到转储和日志文件名"选项。单击"下一步"按钮，系统进入作业调度设置界面，如图 2-79 所示。

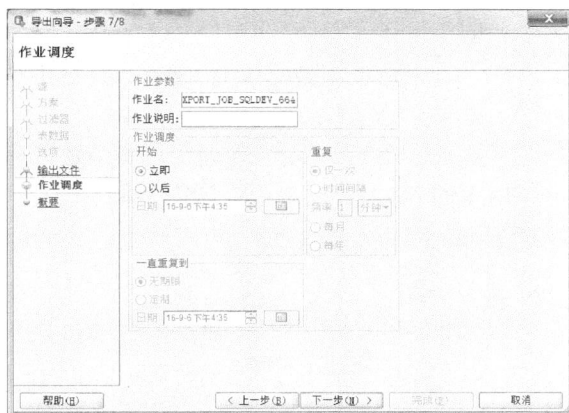

图 2-79　导出向导的"作业调度"设置界面

（9）在"作业调度"设置界面，采用默认设置。单击"下一步"按钮，系统进入数据泵导出的概要显示界面，见图 2-80 所示。

图 2-80　导出向导的备份概要显示界面

（10）在数据泵概要显示界面，单击"完成"按钮，系统开始执行数据库方案的导出作业。当作业执行结束后，在数据库备份文件的导出目录中将出现新的备份文件，如图 2-81 所示。

EXPDAT01-2016-09-06-16_44_53.DMP	2016/9/6 16:45	故障转储文件	328 KB
EXPDAT-2016-09-06-16_44_53.LOG	2016/9/6 16:45	文本文档	2 KB

图 2-81   导出的方案转储文件

到此为止，使用数据泵工具已经将数据库 HSD 的 C##HOTEL 用户方案导出为转储文件和日志文件。

2. 数据库逻辑恢复

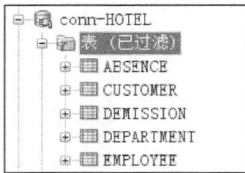

图 2-82   删除 Move 表后的 C##HOTEL 方案表对象

当数据库 HSD 的 C##HOTEL 用户方案在使用过程中，若出现数据被误操作删除或数据意外损坏，可以使用数据泵工具的导入作业进行逻辑恢复处理。为了验证数据泵导入处理的正确性，这里将数据库 HSD 的 C##HOTEL 用户方案中的 Move 表删除。当前 C##HOTEL 用户方案中的表对象组成如图 2-82 所示。

现可使用数据泵对 C##HOTEL 用户方案进行恢复处理，其处理过程步骤如下：

（1）在 SQL Developer 中，打开 SYSTEM 系统管理用户登录数据库 HSD 的连接。单击"视图→DBA"菜单，进入该数据库的 DBA 管理界面，如图 2-83 所示。

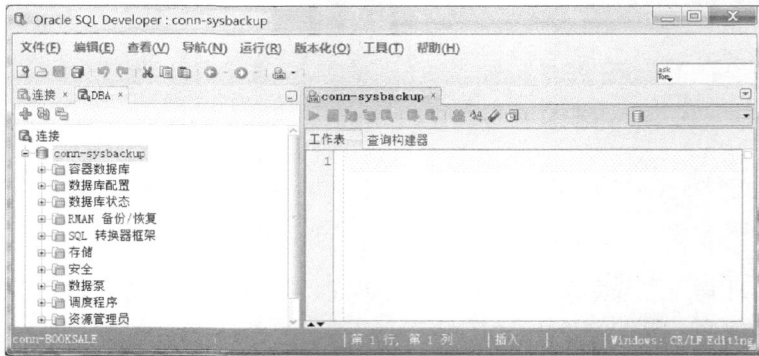

图 2-83   SYSTEM 用户连接 HSD 数据库的 DBA 管理界面

（2）在左侧的数据库 DBA 管理功能列表中，展开"数据泵"目录，进一步选取"导入作业"功能项，并单击该项右键菜单"数据泵导入向导"菜单。系统将弹出"导入向导"的"类型"界面，如图 2-84 所示。

（3）在"导入向导"的"类型"界面中，选取导入内容以及类型。这里选取"数据和 DDL"及"方案"类型。同时，还需要在输入文件目录中选择原备份文件进行恢复处理。最后，单击"下一步"按钮，进入方案选择界面，如图 2-85 所示。

（4）在方案选择界面，选取将要恢复的 C##HOTEL 方案，再单击"下一步"按钮，系统进入"重新映射"界面，如图 2-86 所示。

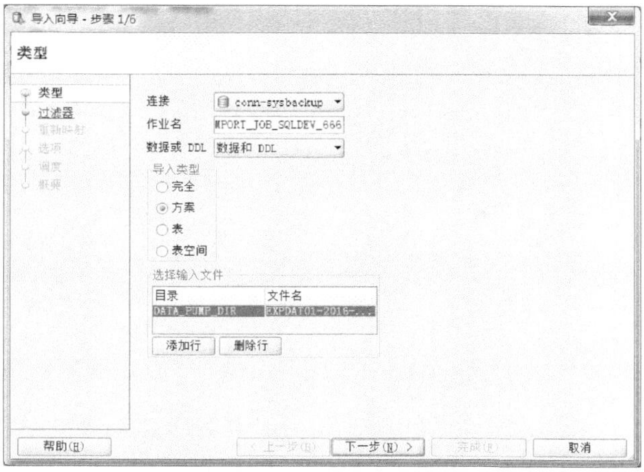

图 2-84　"导入向导"的"类型"界面

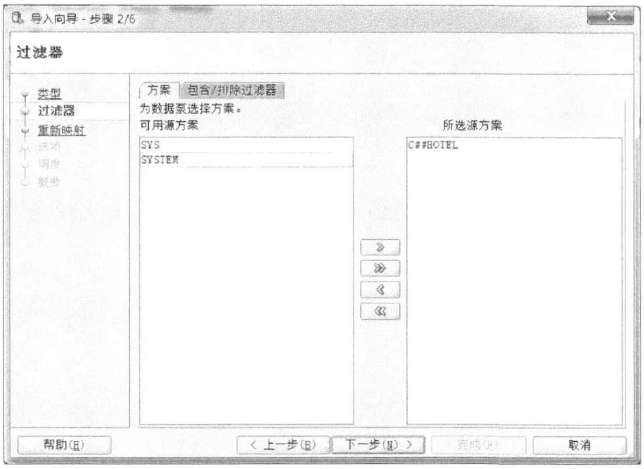

图 2-85　导入向导的方案选择界面

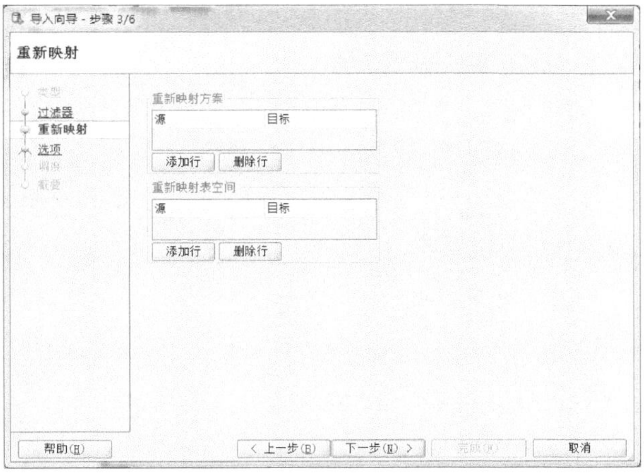

图 2-86　导入向导的"重新映射"界面

（5）在"重新映射"界面中，采用默认设置。单击"下一步"按钮，系统进入"选项"界面，如图 2-87 所示。

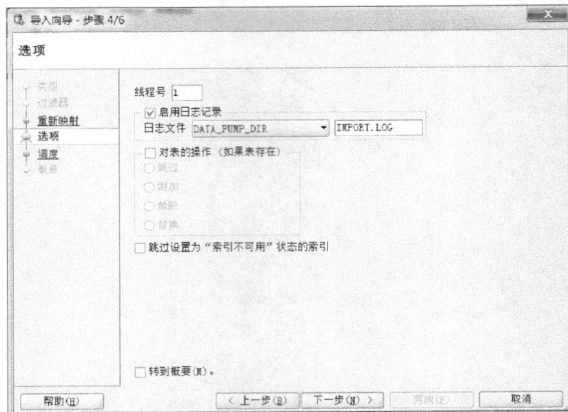

图 2-87　导入向导"选项"界面

（6）在导入向导"选项"界面，采用默认设置。单击"下一步"按钮，系统进入作业调度设置界面，如图 2-88 所示。

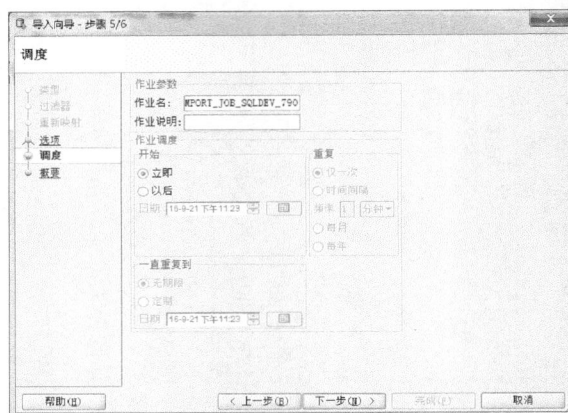

图 2-88　导入向导的调度设置界面

（7）在调度设置界面，采用默认设置。单击"下一步"按钮，系统进入导入向导概要界面，如图 2-89 所示。

图 2-89　导入向导概要界面

（8）在导入向导概要界面，单击"完成"按钮，系统进入数据库方案导入作业执行。当执行结束后，重新打开 C##HOTEL 方案的数据库表目录，如图 2-90 所示。

图 2-90　C##HOTEL 方案的数据库表目录

从表目录可以看到，原删除的 MOVE 表重新在 C##HOTEL 方案的表目录中出现，这表明该导入操作已成功完成数据库 C##HOTEL 方案的恢复处理。

3. 数据库物理完整备份

为了实现 HSD 数据库物理完整备份，可采用 Oracle 数据库联机完整备份方式。在 SQL Developer 中运行 RMAN 备份作业向导，生成备份操作的 RMAN 脚本文件，然后通过 RMAN 程序工具执行该脚本，实现数据库物理备份处理。在本实验中，将对酒店数据库 HSD 进行联机完整备份处理，其数据库物理备份处理步骤如下：

（1）在 SQL Developer 中，建立 SYSTEM 系统管理用户登录数据库 HSD 的连接。在使用该连接登录 HSD 数据库后，单击"视图→DBA"菜单，进入该数据库的 DBA 管理界面，如图 2-91 所示。

（2）在左侧的数据库 DBA 管理功能列表中，展开"RMAN 备份/恢复"目录。然后，选择"备份作业"项，并单击该项右键菜单"定制备份-创建定制的整个数据库备份"菜单。系统将弹出"创建整个数据库备份"向导初始界面，如图 2-92 所示。

（3）在数据库完整备份向导初始界面中，选取"联机"备份模式，设置 RMAN 备份脚本文件（sqldev.rman）的保存路径。此外，还需对"选项"页参数进行设置，如图 2-93 所示。

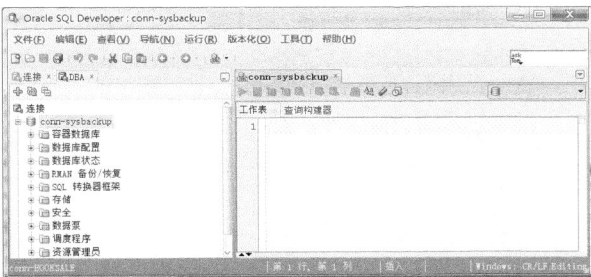

图 2-91　SYSTEM 用户连接 HSD 数据库的 DBA 管理界面

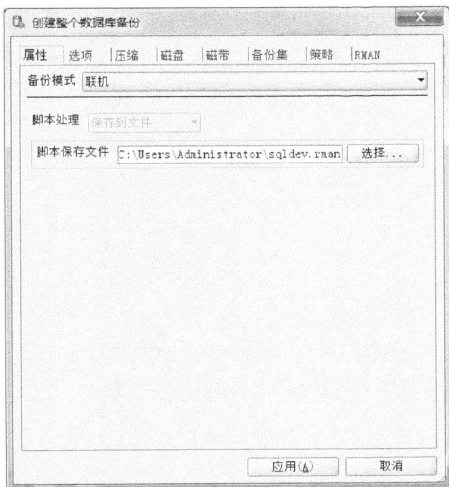

图 2-92　数据库完整备份向导初始界面

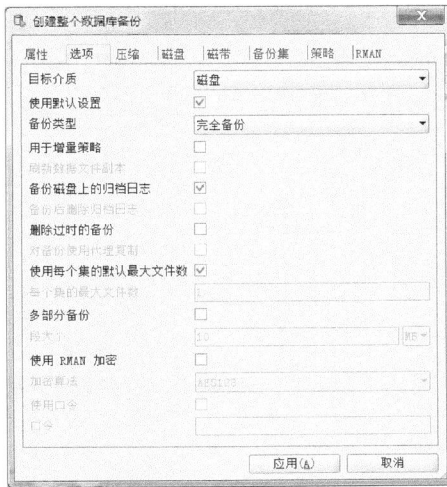

图 2-93　数据库整体备份选项设置界面

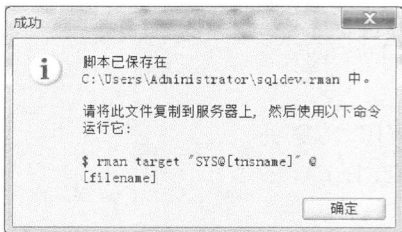

图 2-94　RMAN 脚本保存成功界面

（4）在"选项"设置界面中，选取"磁盘"目标介质、"完全备份"类型，其他参数可采用默认设置。单击"应用"按钮，系统将实现数据库完整备份的 RMAN 命令脚本保存到 sqldev.rman 文件中，其文件语句如下。同时系统也输出保存成功对话框，如图 2-94 所示。

```
BACKUP DEVICE TYPE DISK TAG '%TAG' DATABASE;
BACKUP DEVICE TYPE DISK TAG '%TAG' ARCHIVELOG
ALL NOT BACKED UP;
```

（5）按照图 2-94 界面提示，在操作系统中使用 RMAN 程序工具（rman.exe）运行 sqldev.rman 脚本文件。在运行 RMAN 程序工具前，还需要在操作系统中设置 ORACLE_HOME 和 ORACLE_SID 环境变量，以及在环境变量 PATH 中包含 ORACLE_HOME/BIN 目录。然后在 Windows 命令行窗口中运行 rman target sys/密码@HSD　@sqldev.rman。系统开始进行数据库备份操作，其运行界面如图 2-95 所示。

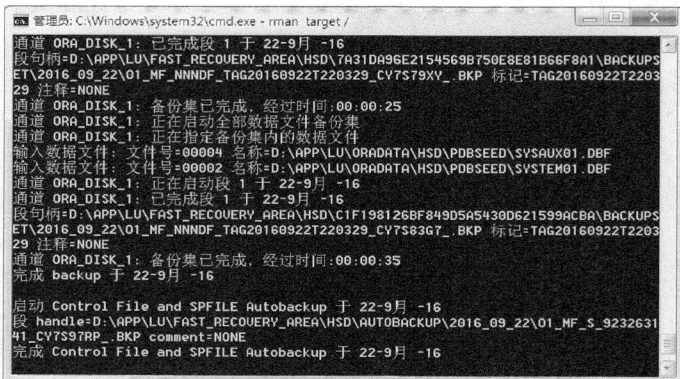

图 2-95　RMAN 数据库备份运行界面

（6）当 RMAN 数据库备份完成后，可在 SQL Developer 中刷新"备份作业"目录，可以在"备份作业"列表中看到新的作业信息，如图 2-96 所示。

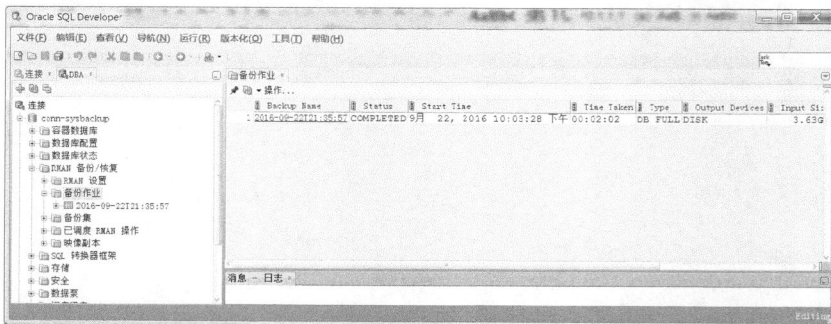

图 2-96　数据库备份作业列表

（7）在"备份作业"列表中，鼠标双击指定备份日期的作业项，即可打开该备份作业的详细信息界面，如图 2-97 所示。

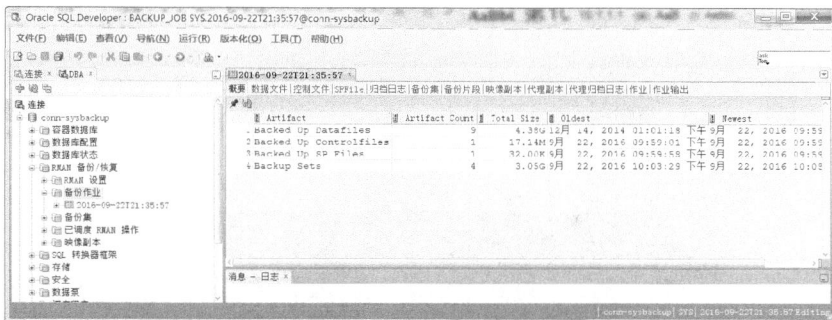

图 2-97　数据库备份作业详细信息

在备份作业详细信息列表中，管理员可以查看该数据库备份的概要信息、数据文件备份信息、控制文件备份信息、参数文件备份信息、归档日志备份信息等内容。

（8）当备份作业完成后，数据库备份文件生成。

4. 数据库物理完整恢复

当数据库 HSD 在使用过程中，若出现数据库文件或介质被意外损坏，可以使用 RMAN工具进行数据库恢复处理。其处理步骤如下：

（1）在 SQL Developer 的数据库 DBA 管理功能列表中，展开"RMAN 备份/恢复"目录。然后，选取"备份作业"功能项，并单击该项右键菜单"还原/恢复-恢复整个数据库"菜单。系统将弹出"恢复整个数据库"向导初始界面，如图 2-98 所示。

（2）在"恢复整个数据库"向导初始界面中，选取恢复到"当前时间"模式，设置 RMAN备份脚本文件（sqldev.rman）的保存路径。单击"应用"按钮，将设置转化为如下 RMAN 脚本，系统将提示成功保存到 sqldev.rman，如图 2-99 所示。

```
SHUTDOWN IMMEDIATE;
STARTUP MOUNT;
RUN {
RESTORE DATABASE;
RECOVER DATABASE;
}
ALTER DATABASE OPEN;
```

图 2-98　"恢复整个数据库"向导初始界面

图 2-99　RMAN 脚本保存成功界面

（3）当酒店 HSD 数据库遭遇损坏后（例如数据文件被误删），可在操作系统中使用 RMAN 程序工具（rman.exe）运行 sqldev.rman 脚本文件，实现数据库恢复处理。在 Windows 命令行窗口中，运行 rman target sys / 密码@数据库名 @sqldev.rman。该工具开始使用最近的数据库备份文件进行数据库恢复处理操作，其运行界面如图 2-100 所示。

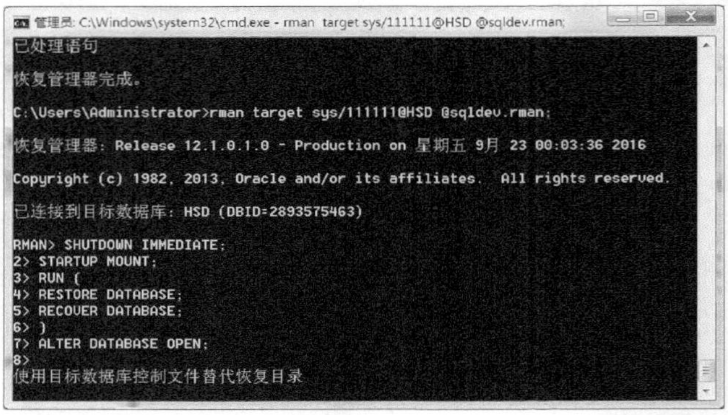

图 2-100　RMAN 数据库恢复处理运行界面

当 RMAN 程序成功执行后，HSD 数据库完成恢复处理，数据库将回到损坏前的正常状态。

2.6.5　问题解答

（1）在 Windows 的命令行窗口中，运行 rman.exe 程序时，输出"不是内部或外部命令"错误信息的原因是什么？

在 Windows 系统中，如果运行的程序不在当前目录中，则需要将该程序的路径加入系统环境变量 PATH 中，否则系统找不到将要执行的程序文件，就会输出该错误信息。若出现该错误，则需要将$ORACLE_HOME/BIN 加入 PATH 环境变量中。

（2）Oracle 数据库脱机备份与联机备份有什么区别？

在 Oracle 数据库中，当进行脱机备份时，需要将数据库实例关闭，然后进行数据库文件的复制备份。而进行联机备份时，不需要关停数据库实例，从而可以不中断业务处理。联机备份需要工作在 Archivelog 模式，以确保备份操作的正常执行。

（3）在 RMAN 程序工具中，Restore 命令和 Recover 命令的区别是什么？

在 RMAN 程序中，Restore 命令是将数据库还原到数据库备份时刻的状态，而 Recover 命令使数据库通过联机日志操作，使数据库恢复到故障前一时刻的正常状态。

2.6.6　实验练习

实　验　报　告

一、实验 6：图书借阅管理系统数据库备份与恢复
二、实验室名称：　　　　　　　　　　　　实验时间：
三、实验目的与任务

通过 Oracle 数据库备份与恢复实验，了解数据库备份与恢复的实现原理，掌握数据库逻辑备份、物理备份及数据库恢复的实现方法，从而培养具备数据库备份与恢复管理能力。

本实验任务是使用 Oracle 数据库软件的数据泵程序工具和 RMAN 程序工具，实现图书

借阅管理系统的数据库逻辑备份与恢复、数据库物理备份与恢复处理。

四、实验原理

在 Oracle 数据库中，实现数据库逻辑备份与恢复的基本方法就是通过数据泵导出工具，将需要备份的数据库对象及其数据从现有数据库中转储到其他存储介质中。当需要进行数据库对象的逻辑恢复时，再使用数据泵导入工具从转储介质中导入备份数据。实现数据库物理备份与恢复的基本方法则是使用 RMAN 数据库备份工具将当前数据库文件复制到备份存储介质中，当需要进行数据库恢复时，再使用 RMAN 工具将备份介质中的数据库备份文件恢复到目标数据库中，从而恢复数据库。

五、实验内容

本实验以图书管理系统 Lib 数据库为例，分别采用 Oracle 提供的数据泵和 RMAN 工具实现数据库备份与恢复管理。具体实验内容如下：

（1）采用数据泵导出程序将 C##LIB 用户方案的数据库对象及其数据进行逻辑备份处理。

（2）采用数据泵导入程序对 C##LÌB 用户方案的数据库对象及其数据进行恢复处理。

（3）采用 RMAN 工具实现 Lib 数据库的联机完整备份处理。

（4）采用 RMAN 工具实现 Lib 数据库的联机完整恢复处理。

六、实验设备及环境

本实验所涉及的硬件设备为计算机、服务器及以太网络环境。

操作系统：Windows 7

DBMS：Oracle Database 12c

七、实验步骤

采用 SQL Developer 工具的数据泵程序和 RMAN 程序实现数据库备份与恢复处理。其步骤如下：

（1）对图书借阅管理系统数据库的 C##LIB 用户方案的数据库对象进行逻辑备份。

（2）对图书借阅管理系统数据库的 C##LIB 用户方案的数据库对象进行逻辑恢复。

（3）对图书借阅管理系统数据库 Lib 的联机进行完整备份。

（4）对图书借阅管理系统数据库 Lib 的联机进行完整恢复。

八、实验数据及结果分析

说明：本节为学生编写的报告内容，学生应按照上述步骤分别给出各项实验内容的具体操作过程说明，并包含操作分析、操作原理、操作方法等描述内容。在报告内容中，需要有基本的操作界面和操作结果数据分析。

九、总结及心得体会

说明：本节为学生编写的报告内容，学生应对本实验的关键技术内容进行归纳总结，并给出心得体会。

第 3 章　Oracle 数据库设计实践

在数据库应用系统开发中，数据库设计是一项非常重要的工作。数据库设计通常包含应用系统的概念数据模型设计、逻辑数据模型设计和物理数据模型设计等内容。只有给出合理的、正确的数据库设计，才能满足应用系统的数据处理需求。本章将以 PowerDesigner 数据建模工具软件为环境，分别介绍数据库应用系统的概念数据模型设计、逻辑数据模型设计、物理数据模型设计及数据库设计模型在 Oracle 数据库中实现的技术方法，并在数据库设计实验示例中给出实践指导。

3.1　实验 1——概念数据模型设计

3.1.1　相关知识

概念数据模型（Conceptual Data Mode，CDM）是一种将现实世界数据内在关系映射到信息世界数据实体关系的顶层抽象，同时也是数据库设计人员与用户之间进行交流的数据模型形式。它能够使设计者的注意力从复杂的应用系统数据内在关系的细节中解脱出来，关注于应用系统最重要的信息数据结构及其处理模式。概念数据模型必须是用户与数据库设计人员都能理解的数据模型，并作为用户与数据库设计者之间的联系纽带。概念数据模型设计是数据库设计中非常关键的环节，它应保证用户数据需求被正确地抽象为应用系统的概念数据模型。

在概念数据模型设计阶段，通常采用实体关系图（E-R 图）方法来定义描述系统的概念数据模型，即采用 E-R 图的实体、关系、标识符、属性等模型符号描述系统的数据结构关系。

1. 实体

实体是现实世界中各个包含数据特征的事物概念抽象，如电子商务领域中的"客户""商品""订单"等。属性是指表示实体数据特征的数据项。标识符是指实体属性中具有唯一属性值、可区分不同实体实例的属性项。在概念数据模型中，"客户"实体可采用如图 3-1 所示符号表示。

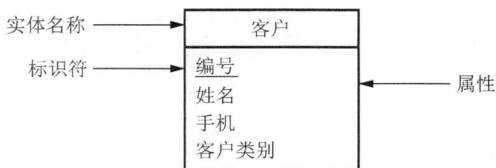

图 3-1　客户实体

在概念数据模型中，实体名称必须唯一，即不允许出现相同的实体名称。在一个实体中，属性名称也必须唯一，即不允许有相同属性名。每个实体都必须选取某个属性或若干属性作为标识符。为区分标识符与普通属性，在实体符号中，标识符属性名称有下划线，而普通属性则没有下划线。

2. 关系

在概念数据模型中，关系是指实体之间具有的某种含义的联系。例如，在电子商务领域中的"客户"与"订单"实体之间存在订购关系，其关系表示如图 3-2 所示。

图 3-2　"客户"与"订单"实体之间的订购关系

在 E-R 图中，采用不同连线符号表示实体之间不同的语义联系，具体如表 3-1 所示。

表 3-1　E-R 图的关系符号表示

关系符号	含　义
0,1	实体关系为可选，最小基数 0，最大基数 1
1,1	实体关系为强制，最小基数 1，最大基数 1
0,n	实体关系为可选，最小基数 0，最大基数 n
1,n	实体关系为强制，最小基数 1，最大基数 n

从实体实例的数量对应来看，实体之间的关系有一对一（1:1）、一对多（1:n）、多对多关系（m:n）3 种形式。从实体关系的约束性来看，实体之间的关系有可选、强制两种形式，它们的最小基数分别为 0 和 1。

实体之间除具有以上关系之外，还可能具有强弱实体依赖关系、继承关系、递归关系等。概念数据模型就是使用这些基本的模型元素符号，表达复杂系统的数据对象组成及其结构关系。例如，采用 E-R 模型图，初步建立的酒店会员管理概念数据模型，如图 3-3 所示。

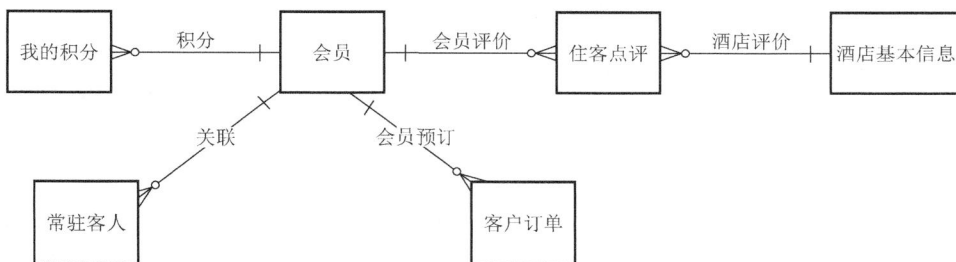

图 3-3　酒店会员管理概念数据模型

概念数据模型一般的设计步骤如下：

（1）分析系统的基本数据关系，并抽象定义系统数据实体及其属性标识。

（2）标识系统实体间关系，并确定实体的属性域及实体间约束。

（3）扩展系统概念数据模型，划分模型分图。

（4）解决模型实体冲突，消除模型间冗余数据。

（5）检查数据模型一致性，完善数据模型定义。

实现概念数据模型设计的工具有不少，如 PowerDesigner、ERWin、ER Studio 等。在 PowerDesigner 建模工具中，可以采用 Entity/Relationship、IDEF1X、Barker 等模型图版本符号表示概念数据模型定义。在默认情况下，PowerDesigner 建模工具采用 Entity/Relationship 模型图符号描述系统概念数据模型定义。

3.1.2　实验目的

通过数据库应用系统的概念数据模型设计实验训练，了解系统概念数据模型设计过程，熟悉 PowerDesigner 系统数据库建模工具软件使用，掌握数据库应用系统的概念数据模型设计方法，从而培养系统概念数据模型设计能力。本实验具体目标如下：

（1）了解系统概念数据模型的 E-R 图建模技术方法。

（2）掌握使用 PowerDesigner 工具进行系统概念数据模型的设计方法。

（3）掌握使用 PowerDesigner 工具进行系统概念数据模型的检测方法。

3.1.3　实验内容

1.　数据库应用系统概念数据模型设计

针对图书销售系统应用，分析该系统基本业务的数据需求，设计该系统的基本概念数据模型。

（1）分析图书销售系统基本业务数据需求，抽象出系统基本实体对象。

（2）使用 PowerDesigner 建模工具，标识实体集、实体属性、实体标识符。

（3）定义系统实体之间关系，建立系统实体关系图。

2.　完善数据库应用系统概念数据模型设计

在初始的图书销售系统概念数据模型基础上，进行数据模型扩展，并完善模型设计。

（1）数据模型扩展，定义多个模型分图。

（2）解决模型图中实体冲突、数据冗余、数据共享等问题。

（3）确保系统概念数据模型的规范性、一致性和完整性，进行数据模型检查处理。

3.1.4　实验指导

本节将以一个图书销售系统为例，给出该系统的概念数据模型设计过程说明。在数据库设计中，首先需要建立系统概念数据模型，通过该模型反映出系统数据需求的实体数据关系设计。在该数据模型中，定义系统的实体集、实体关系、实体属性、实体约束等模型要素。系统概念数据模型设计通过如下 4 个阶段完成。

1.　系统数据建模文件准备

在 Windows 系统中，启动 PowerDesigner 建模工具，准备新建应用系统的数据模型文件，其初始界面如图 3-4 所示。

在初始界面窗体中，单击"File → New Model"菜单，进入创建模型类别选取界面，如图 3-5 所示。

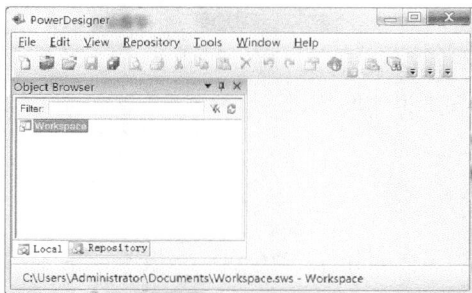

图 3-4　PowerDesigner 初始界面

在该界面中，选取创建"Conceptual Data"模型，并在"Model name"编辑栏输入需要创建模型的名称。在本例中，输入模型名称"图书销售系统"，单击"OK"按钮，即可进入概念数据模型初始界面，如图 3-6 所示。

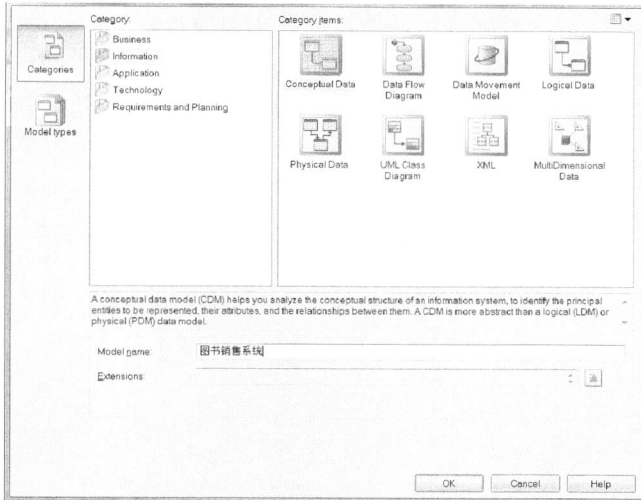

图 3-5　模型类别选取界面

图 3-6　概念数据模型初始界面

在图 3-6 所示的概念数据模型初始界面中，包含模型对象浏览器区、模型图构建区和工具盒图符区。在模型对象浏览器区中，列表数据模型的各个对象，如模型图、实体、关系、业务规则等。在模型图构建区中，可以使用模型图形符号构建概念数据模型图。在工具盒图符区中，提供了概念数据模型的各种图形元素符号。

在创建概念数据模型前，通常需要定义本模型的选项参数。这可通过单击主菜单栏的"Tools→Model Options"菜单，进入模型选项设置界面进行操作，如图 3-7 所示。

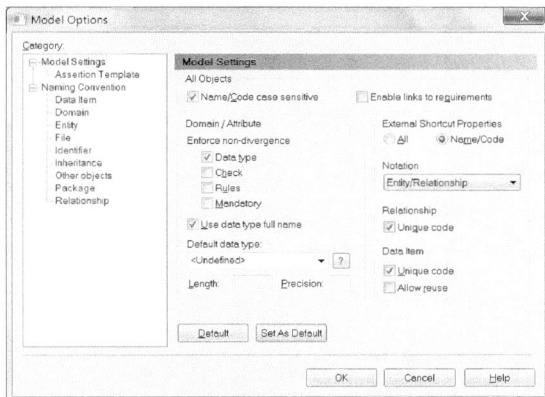

图 3-7　模型选项设置界面

在该界面中，可对本概念数据模型所使用的默认选项参数进行设置。当单击"OK"按钮后，即可保存本模型选项参数设置。

同样，通过单击主菜单栏的"Tools→Model Display Preference"菜单，进入模型的显示外观设置界面，如图 3-8 所示。

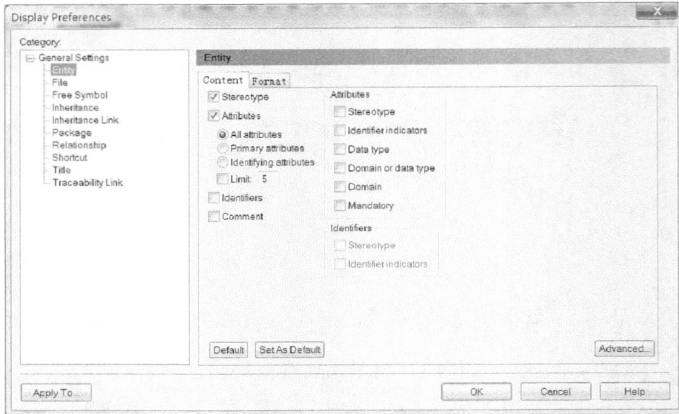

图 3-8 　 显示外观设置界面

在该界面中，可对本概念数据模型元素（如实体、关系、包等）的显示内容及显示样式外观进行设置。当单击"OK"按钮后，即可保存模型外观参数设置。

当模型的选项参数设置完成后，便可单击主菜单栏的"Tools→Save"菜单，进入模型文件"另存为"对话框，如图 3-9 所示。

图 3-9 　 模型文件"另存为"对话框

在该对话框文件名编辑栏中，输入模型文件名称，并单击"保存"按钮，即可在系统中保存该数据模型文件。在本例中，将应用系统的概念数据模型文件命名为"图书销售系统.cdm"。当系统数据模型文件准备工作结束后，便可开始本系统概念数据模型的具体设计。

2. 初始系统概念数据模型设计

初始系统概念数据模型设计分为如下步骤。

（1）抽象系统的基本实体集，并定义各实体及其属性标识。

首先，对图书销售系统进行功能需求分析，可以将该系统划分为图书商品管理、图书销售、会员管理等业务功能子系统。然后对各个功能业务子系统进行数据需求分析，抽象出各业务功能中所需处理的基本数据对象。例如，在图书商品管理业务功能的数据需求分析中，可以抽象出"图书""图书类别""出版社""作者"等数据实体。然后将它们在 PowerDesigner 概念数据模型图中进行创建，并定义其属性以及标识符。

在图 3-6 所示界面的模型对象浏览器区中，首先将默认的"Diagram_1"模型分图重命名为"图书商品管理"，其处理结果如图 3-10 所示。

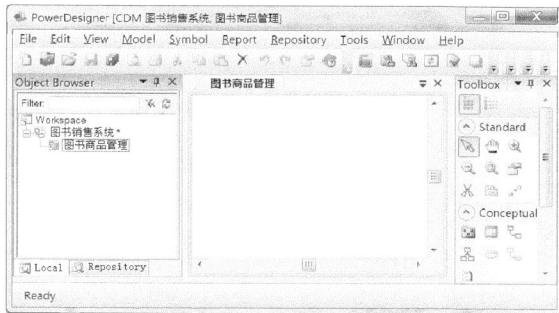

图 3-10　模型分图重命名

在该模型图中，开始进行"图书商品管理"子系统的实体关系图设计。从工具盒区中，选取▢（实体）符号，然后拖动鼠标，在"图书商品管理"模型图构建区中进行释放。一个新的实体将出现在该模型图中。此后，鼠标双击该实体符号，进入实体属性定义对话框界面。在该实体属性对话框中，可以对该实体的名称、属性、标识符进行定义，图 3-11 给出"图书"实体属性定义。

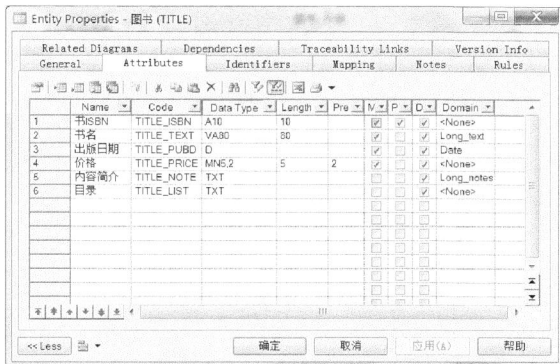

图 3-11　"图书"实体属性定义

类似地，可以将图书商品管理业务功能的基本实体集都定义出来，如图 3-12 所示。

（2）标识系统实体间关系，并确定实体的属性域及实体间约束。

在前面所抽取的图书、图书类别、出版社、作者实体基础上，分析它们之间的业务联系，确定出这些实体之间的关系。然后从工具盒图符区中，选取╱（实体关系）符号，并拖动鼠标，在"图书商品管理"模型图中连接需要建立关系的两个实体。当释放鼠标后，一个新的实体关系将出现在模型图中。鼠标双击该实体关系符号，进入该实体关系定义对话框界面。在实体关系对话框中，进行实体关系名称、实体关系基数、实体角色定义。图 3-13 给出"图书-图书类别"实体关系定义。

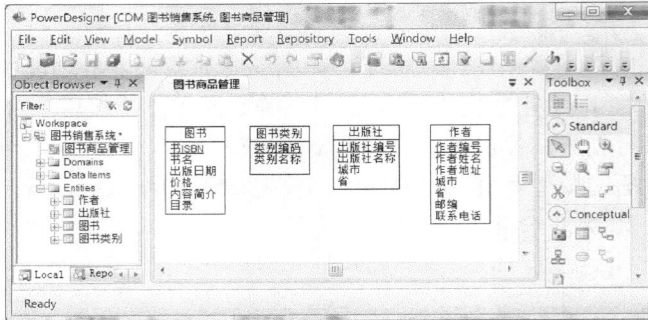

图 3-12　图书商品管理基本实体集

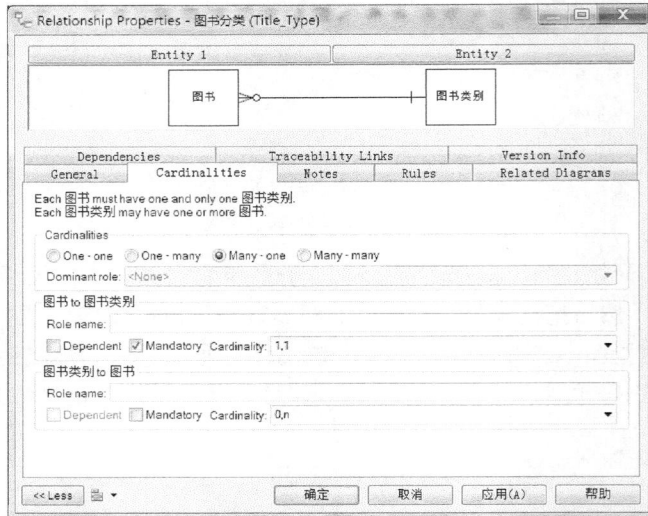

图 3-13　"图书-图书类别"实体关系定义

类似地，可以将"图书商品管理"的实体关系都定义出来，如图 3-14 所示。

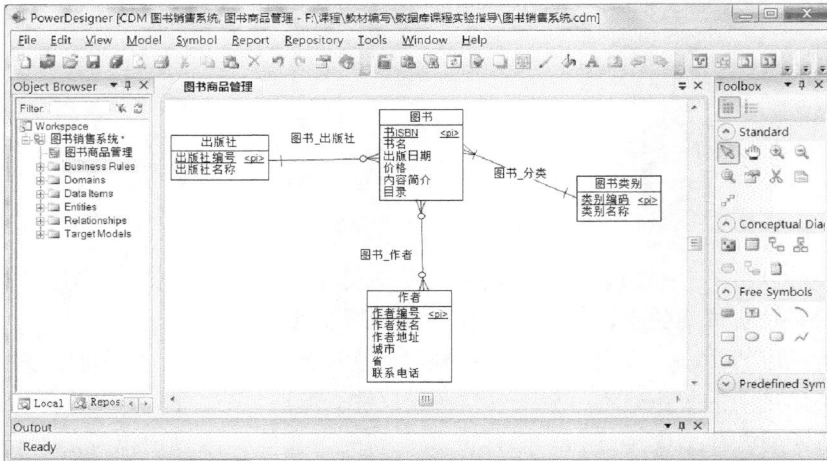

图 3-14　"图书商品管理"实体关系

3．扩展系统概念数据模型并完善模型设计

1）系统数据模型扩展

前面所创建的图书商品管理概念数据模型仅仅反映出部分子系统的数据对象关系，若要描述整个系统的数据对象关系，还需要对该数据模型进行扩展设计。在 PowerDesigner 建模工具中，可以创建多个概念数据模型分图，来组成系统整体的数据模型。本项目按照图书销售系统的业务功能子系统需求，分别创建"图书商品管理""会员信息管理""图书商品销售"子功能系统的概念数据模型分图，后二者如图 3-15、图 3-16 所示。

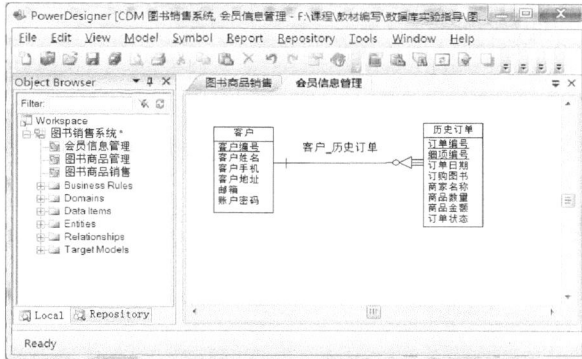

图 3-15　"会员信息管理"实体关系

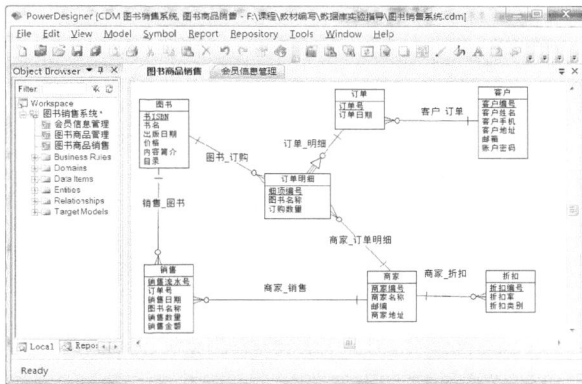

图 3-16　"图书商品销售"实体关系

2）解决模型实体冲突，消除模型间冗余数据

在概念数据模型创建中，为避免模型中出现实体冲突，需要对模型选项进行设置，不允许有同名实体、同名标识符出现。

在有多个分图的模型中，有时需要在多个分图中出现相同实体。例如，在"会员信息管理"模型分图和"图书商品销售"模型分图中，都需要有"客户"实体数据对象。如何解决实体冲突，并消除冗余数据呢？这需要将"客户"实体对象在其中一个模型分图中进行定义，而在其他分图中定义共享该实体的快捷符号，以此消除模型间冗余数据的出现。类似地，数据模型中的"图书"实体也需要做同样处理。

3）检查数据模型一致性，完善数据模型定义

在一个大型系统或复杂系统的概念数据模型设计中，由于涉及大量实体及其关系定义，并且还存在系统数据模型由多个分图模型组成的情况。要保证数据模型中实体对象、实体关

系的规范性、一致性和完整性，需要进行数据模型检查处理。在 PowerDesigner 建模工具中，可以执行"Tools→Check Model"菜单命令，自动完成数据模型检查。当模型检查中，发现错误信息后，需要设计人员进行模型分析，改进模型定义，直到消除数据模型所有错误。

4. 系统概念数据模型设计报告生成

在 PowerDesigner 建模工具中，还提供了将概念数据模型转换生成设计报告功能。利用该功能，可以帮助数据库设计者获取系统自动转换的设计报告内容。其基本操作过程如下：

（1）在 PowerDesigner 建模工具的主菜单栏中，单击"Report→Generate Report"菜单，系统弹出报告生成选项对话框，如图 3-17 所示。

（2）在报告生成对话框中，可以选择完整报告、列表报告、标准报告选项之一，同时还需要选择生成报告的文档格式，以及输入文档名称、文档路径、文档语言等参数。当单击"OK"按钮后，工具开始将数据模型进行文档转换。一旦文档生成后，系统将显示生成成功提示框，如图 3-18 所示。

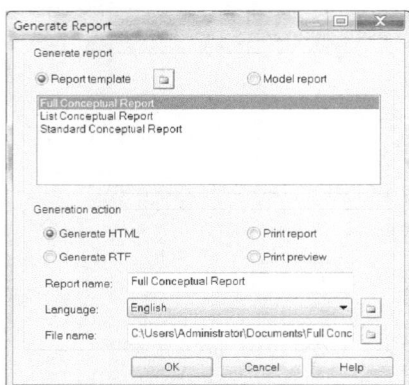

图 3-17　PowerDesigner 报告生成对话框　　图 3-18　模型转换文档结束提示界面

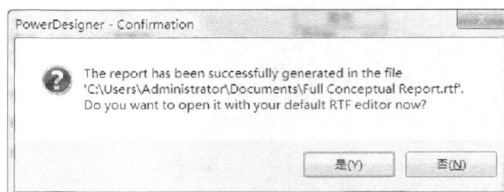

（3）在该界面中，可以单击"是"按钮直接打开文档查看，也可单击"否"按钮退出界面，以后在文件路径中打开查看。

（4）打开生成的设计文档，可以从中选取开发者所需要的设计报告内容。本例模型生成的设计报告内容如图 3-19 所示。

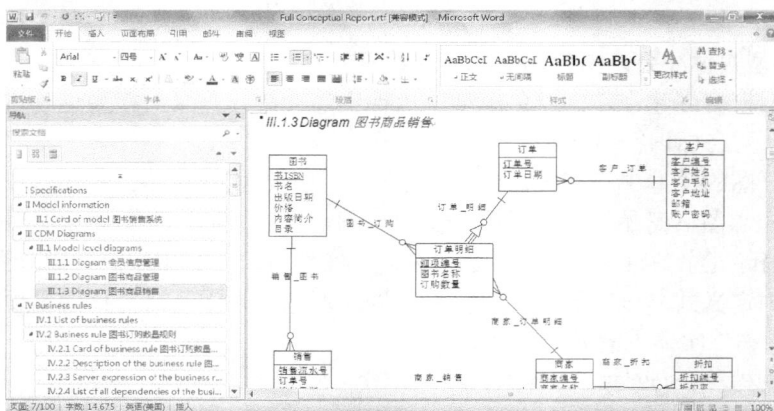

图 3-19　模型设计报告文档内容

3.1.5　问题解答

（1）在概念数据模型设计中，为什么需要定义各个实体的属性数据类型以及标识符？

在概念数据模型中，实体属性代表数据对象特征，需要使用数据类型来确定属性取值。标识符是实体中具有唯一取值的属性，使用该属性值来区分实体的不同实例。因此，每个实体都必须定义属性数据类型以及实体标识符。

（2）在一个具有多个分图模型的系统概念数据模型中，如何在多个分图中使用共享实体？

在一个分图模型中，定义一个实体后，若其他分图模型也需要使用该实体，则可将共享实体进行复制，然后在其他分图模型中进行快捷粘贴，同名的实体符号就出现在分图模型中了。

（3）在概念数据模型中，实体及其属性的编码（code）为什么需要采用英文字符串名称？

概念数据模型的实体最终会被转换为关系数据库的表。由于数据库的表名和列名是由实体及其属性的编码转换得到的，表名和列名都需要使用英文字符串，以便支持编程访问。因此，在定义实体时，实体及其属性的编码需要采用英文字符串。

3.1.6　实验练习

实　验　报　告

一、实验 1：图书借阅管理系统概念数据模型设计

二、实验室名称：　　　　　　　　　　　实验时间：

三、实验目的与任务

通过数据库应用系统的概念数据模型设计实验训练，了解数据库应用系统的概念数据模型设计过程，熟悉 PowerDesigner 数据建模工具使用，掌握数据库应用系统的概念数据库模型设计方法。

本实验任务是使用 PowerDesigner 建模工具，设计图书借阅管理系统的概念数据模型。

四、实验原理

在数据库应用系统的数据库设计中，通常采用实体关系图（E-R 图）方法来设计系统概念数据模型。该模型抽象出系统实体及其实体关系，通过 E-R 图反映出系统的数据对象关系。E-R 图主要包含实体、实体关系、实体属性、实体标识符等图形符号元素。本实验利用这些图形符号元素完成系统概念数据模型设计。

五、实验内容

在分析图书借阅管理系统的数据需求基础上，设计其概念数据模型。使用 PowerDesigner 建模工具，完成图书借阅管理系统概念数据模型设计。具体实验内容如下：

（1）分析图书借阅管理系统的基本业务功能及其数据需求，抽象出系统基本实体对象。

（2）在 PowerDesigner 建模工具中，使用 E-R 图符号标识该应用系统的实体集、实体属性、实体标识符。

（3）定义基本系统实体之间的关系，建立初步的系统实体关系图。

（4）对初步概念数据模型进行扩展，定义多个模型分图。

（5）解决模型图中实体冲突、数据冗余、数据共享等问题。

（6）确保模型的规范性、一致性和完整性，进行数据模型检查处理。

六、实验设备及环境

本实验所涉及的硬件设备为 PC 计算机、PC 服务器及以太网络环境。

操作系统：Windows 7

数据库建模设计工具：PowerDesigner 16.5

七、实验步骤

采用 SAP Sybase 公司提供的 PowerDesigner 建模工具进行图书借阅管理系统的概念数据模型设计，其步骤如下：

（1）系统概念数据模型文件准备。进行模型选项设置、模型外观偏好设置，并确定模型名称及文件名。

（2）对图书借阅管理系统进行数据需求分析，抽象实体集，定义实体及其属性标识，并在模型图中进行创建。

（3）分析实体集中各实体之间的业务联系，标识实体关系，并确定实体完整性约束、实体参照约束以及业务规则等模型要素。

（4）对基本数据模型进行扩展，解决模型实体冲突，消除模型间冗余数据。

（5）确保系统概念数据模型的规范性、一致性和完整性，进行数据模型检查处理。

（6）在完成系统概念数据模型设计后，利用工具完成概念数据模型到设计报告的自动生成。

八、实验数据及结果分析

说明：本节为学生编写的报告内容，学生应按照上述步骤分别给出各项实验内容的具体操作过程说明，并包含操作分析、操作原理、操作方法等描述内容。在报告内容中，需要有基本的操作界面和操作结果数据分析。

九、总结及心得体会

说明：本节为学生编写的报告内容，学生应对本实验的关键技术内容进行归纳总结，并给出心得体会。

3.2　实验 2——逻辑数据模型设计

3.2.1　相关知识

逻辑数据模型（Logic Data Mode，LDM）是概念数据模型在系统设计角度的延伸，它使整个系统的实体关系更加完善及规范，以便于在关系数据库中实现，同时又不依赖于具体的数据库 DBMS 产品。

在逻辑数据模型中，系统数据对象依然体现为"实体""关系"等形式。但该数据模型是从系统设计角度描述系统的数据对象组成及其结构关系，并考虑这些数据对象在关系数据库中的逻辑表示。

逻辑数据模型是介于概念数据模型与物理数据模型之间的数据模型。在数据库建模设计中，通常将依次创建概念数据模型、逻辑数据模型和物理数据模型，这有利于系统数据模型的设计规范与优化。当然，如果不考虑系统数据模型的设计优化，可以在系统概念数据模型基础上，直接设计系统物理数据模型。

　　逻辑数据模型设计所要完成的任务是将概念数据模型进一步转化为关系数据库处理的数据模型，并根据数据库设计的准则、数据的语义约束、规范化理论等要求，对数据模型进行适当的调整和优化，形成易于理解的、合理的全局逻辑结构，并设计出用户子模式。逻辑数据模型与概念数据模型的主要区别如下：

　　（1）逻辑数据模型将概念数据模型的多对多实体关系，转化为易于关系数据库实现的一对多实体关系。

　　（2）逻辑数据模型将概念数据模型中标识符依赖实体进一步细化，并区分主键标识符和外键标识符，以便于数据模型规范化处理。

　　PowerDesigner 数据建模工具软件同样适合创建系统逻辑数据模型，其创建有如下 3 种方式：

　　（1）直接新建应用系统的逻辑数据模型。

　　（2）在应用系统的概念数据模型基础上，通过正向工程转换生成逻辑数据模型。

　　（3）在现有系统的物理数据模型基础上，通过逆向工程转换生成逻辑数据模型。

　　在本节实验中，主要针对概念数据模型转换生成逻辑数据模型方法进行说明。新建逻辑数据模型与新建概念数据模型类似，这里不再介绍。

3.2.2　实验目的

　　通过数据库应用系统的逻辑数据模型设计实验训练，了解数据库逻辑数据模型设计过程，熟悉 PowerDesigner 数据建模工具软件的使用，掌握数据库应用系统的逻辑数据模型的设计方法，从而培养系统逻辑数据模型设计能力。本实验具体目标如下：

　　（1）了解系统逻辑数据模型的 E-R 图建模技术方法。

　　（2）掌握使用 PowerDesigner 工具进行系统逻辑数据模型的设计方法。

　　（3）掌握使用 PowerDesigner 工具进行系统逻辑数据模型的检测方法。

3.2.3　实验内容

　　针对图书销售系统，在现有系统概念数据模型基础上，设计该系统的逻辑数据模型。

　　（1）设置概念数据模型转换逻辑数据模型的选项参数，并执行转换操作。

　　（2）完善逻辑数据模型，使其满足实际应用需求。

　　（3）解决模型图中实体冲突、数据冗余、数据共享等问题。

　　（4）确保系统逻辑数据模型的规范性、一致性和完整性，进行数据模型检查处理。

3.2.4　实验指导

　　本节在前面创建的图书销售系统概念数据模型基础上，进一步对该系统逻辑数据模型进行设计。在 PowerDesigner 数据建模工具软件中，通过正向工程将概念数据模型转换生成逻辑数据模型，然后由设计者对逻辑数据模型进行完善设计。其系统逻辑数据模型设计分为如下 4 个阶段。

1. 系统 CDM 到 LDM 模型转换

　　在 PowerDesigner 建模工具中，首先打开图书销售系统的概念数据模型（CDM），然后在主菜单栏中单击"Tools→Generate Logical Data Model"菜单项，进入逻辑数据模型转换生成设置界面，如图 3-20 所示。

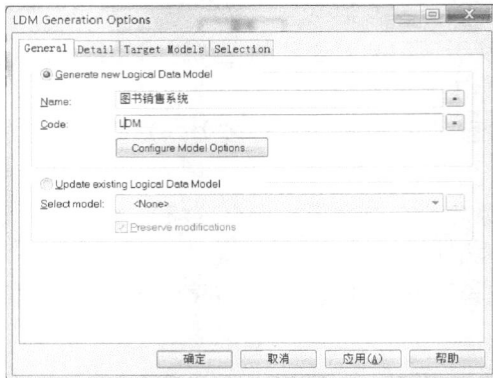

图 3-20 逻辑数据模型转换生成设置界面

在该设置界面中，命名逻辑数据模型名称和编码，以及在其他选项页中设置有关转换参数。当单击"确定"按钮后，工具将生成系统的逻辑数据模型，并进入逻辑数据模型界面，如图 3-21 所示。

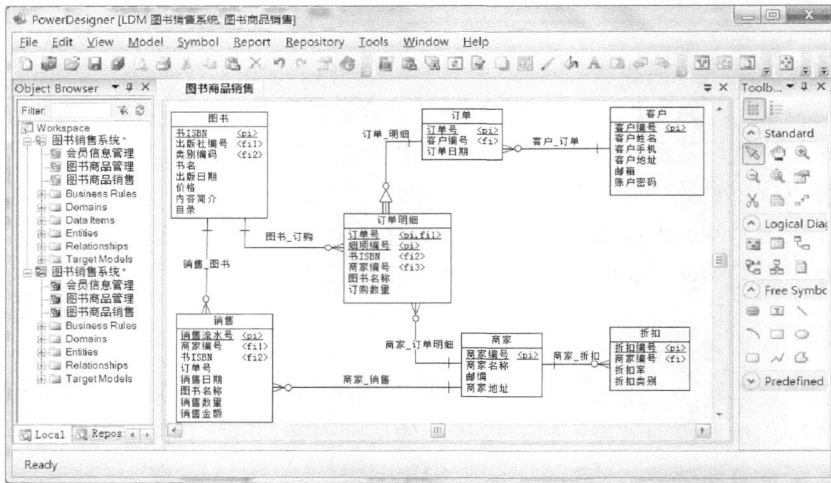

图 3-21 图书商品销售逻辑数据模型

在生成的系统逻辑数据模型中，有"会员信息管理""图书商品管理""图书商品销售"模型分图，它们由对应的概念数据模型图转换得到。在系统逻辑数据模型中，大部分实体关系与概念数据模型相同，但逻辑数据模型图与概念数据模型图也存在一些差别。主要区别为概念数据模型的实体多对多关系在逻辑数据模型中被转换为关联实体及一对多关系。例如，图 3-14 所示的"图书"实体与"作者"实体的多对多关系，在转换为逻辑数据模型后，将新增关联实体"图书_作者"，原实体与关联实体之间变为一对多关系，如图 3-22 所示。

系统逻辑数据模型与系统概念数据模型之间区别还体现概念数据模型面向用户描述系统的数据关系，而逻辑数据模型则面向设计者描述系统的数据关系。此外，系统概念数据模型的实体中仅标记标识符，而在逻辑数据模型图中，则进一步细分标记实体的主键标识符和外键标识符。

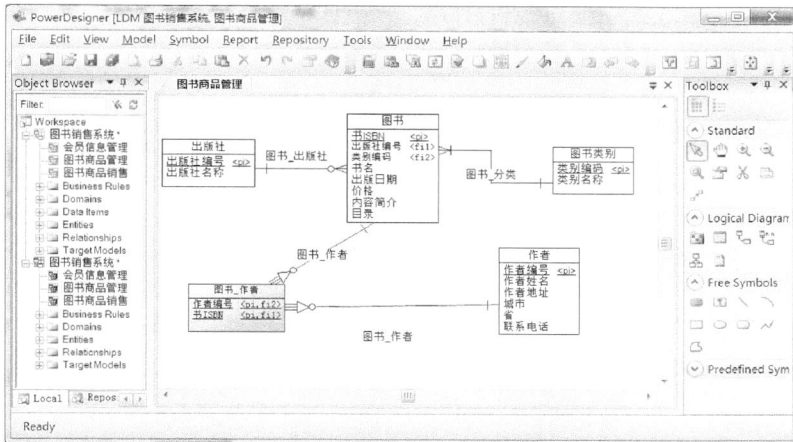

图 3-22 "图书商品管理"逻辑数据模型

2. 系统 LDM 数据模型优化设计

在数据库设计中,创建系统逻辑数据模型不仅仅是解决多对多实体关系,更主要是针对关系数据库进行数据模型优化设计。例如,在图 3-22 所示的关联实体"图书_作者"属性中,只包含"图书"实体和"作者"实体的标识符属性。该"图书_作者"关联实体所呈现的信息不能完全满足实际应用需要。假如需要从中获取作者在本书的排名信息,现有转换模型是无法支持的。因此,需要对该实体进行优化完善,增加作者排名属性。优化后的"图书商品管理"逻辑数据模型如图 3-23 所示。

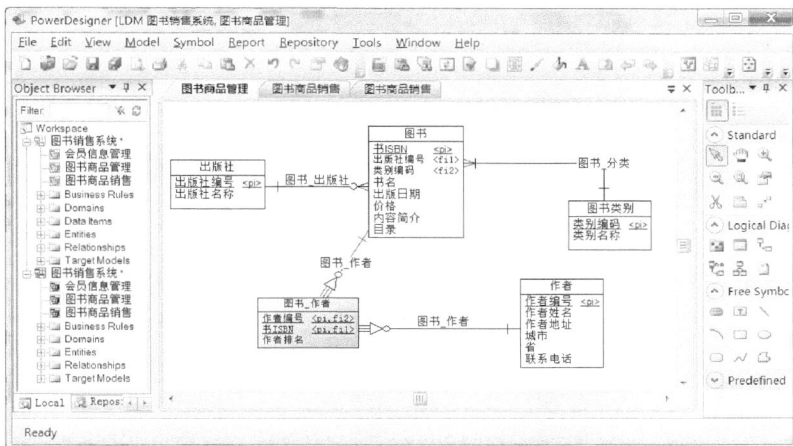

图 3-23 逻辑数据模型优化设计

3. 系统逻辑数据模型检查

在一个大型系统或复杂系统的逻辑数据模型创建中,涉及大量实体及其关系定义,并且还存在系统数据模型由多个分图模型组成的情况。要保证数据模型中实体对象、实体属性、实体关系的规范性、一致性和完整性,就需要进行数据模型检查处理。在 PowerDesigner 建模工具中,可以执行"Tools→Check Model"菜单命令自动完成。当在模型检查中,发现错误信息后,需要设计人员进行模型问题分析,完善改进模型设计,直到消除数据模型错误。

4. 系统逻辑数据模型设计报告生成

在 PowerDesigner 建模工具中，与概念数据模型一样，也可以将逻辑数据模型转换生成设计报告。利用该功能，可以帮助数据库设计者获取系统自动转换的设计报告内容。其基本操作过程如下：

（1）在 PowerDesigner 建模工具的主菜单栏中，单击"Report→Generate Report"菜单项，系统弹出报告生成选项对话框，如图 3-24 所示。

（2）在报告生成选项对话框中，可以选择完整报告、列表报告、标准报告选项之一，同时还需要选择生成报告的文档格式，以及输入文档名称、文档路径、文档语言等参数。在单击"OK"按钮后，工具开始将数据模型进行文档转换。一旦文档生成后，系统将显示提示框，如图 3-25 所示。

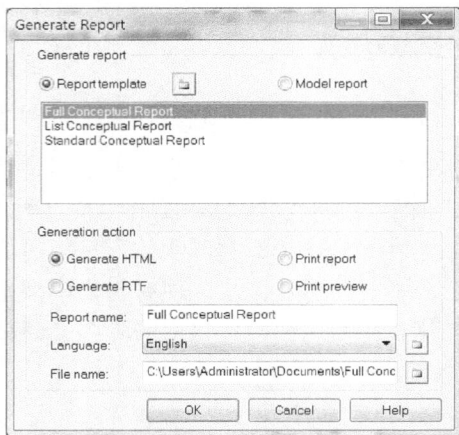

图 3-24   PowerDesigner 报告生成选项对话框   图 3-25   模型转换文档结束提示框

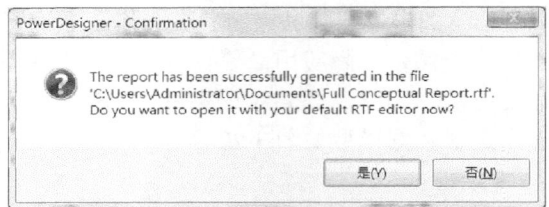

（3）在该界面中，可以单击"是"按钮直接打开文档查看，也可单击"否"按钮退出界面，以后在文件路径中打开查看。

（4）当打开生成的报告文档，可以从中选取开发者所需要的设计报告内容。本例模型生成的报告内容如图 3-26 所示。

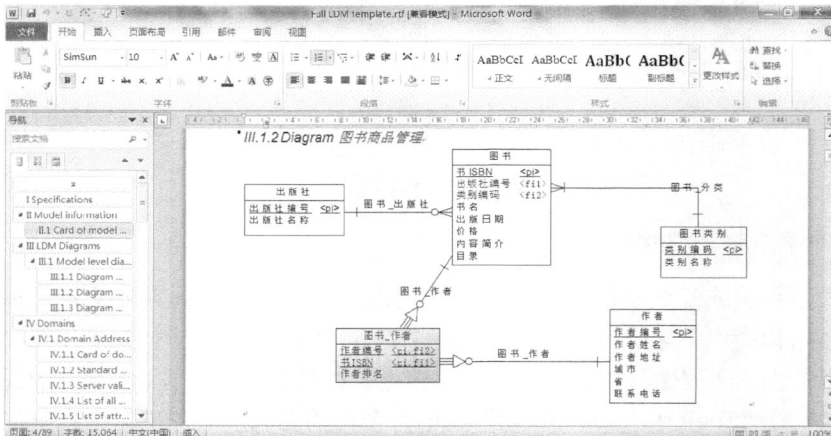

图 3-26   逻辑数据模型设计报告文档内容

3.2.5　问题解答

（1）逻辑数据模型与概念数据模型的主要区别是什么？

虽然逻辑数据模型与概念数据模型都采用 E-R 模型方法描述数据结构关系，但它们之间有明确的区别。逻辑数据模型是面向系统设计者的数据模型，加入一些计算机处理的实体内容；概念数据模型则是面向用户的数据模型，它仅仅反映业务系统的实体内容。

（2）可直接使用概念数据模型转换的逻辑数据模型吗？

一般情况下，在概念数据模型转换为逻辑数据模型后，还需要对逻辑数据模型进行完善处理。例如，对自动增加的关联实体进行优化，增加关联实体的属性内容。扩展一些原系统没有的采用计算机处理的实体内容等。

（3）如何解决逻辑数据模型分图之间的冲突问题？

在模型中，实体命名需要唯一，实体标识符也需要唯一。在模型分图中，不但不允许有相同名称的实体定义，也不允许本模型实体与其他分图模型的实体冲突定义。分图模型之间，若有共享实体，该实体仅在一处定义，其他地方只能使用快捷图符。

3.2.6　实验练习

实　验　报　告

一、实验 2：图书借阅管理系统逻辑数据模型设计

二、实验室名称：　　　　　　　　　　　实验时间：

三、实验目的与任务

通过数据库应用系统的逻辑数据模型设计实验训练，了解数据库应用系统的逻辑数据模型设计过程，熟悉 PowerDesigner 数据建模工具软件使用，掌握数据库应用系统的逻辑数据模型设计方法。

本实验任务是：使用 PowerDesigner 建模工具，设计图书借阅管理系统的逻辑数据模型。

四、实验原理

借助系统开发建模工具，在现有系统概念数据模型基础上，实现其逻辑数据模型的自动转换。然后对转换后的逻辑数据模型进行完善设计，使其满足应用系统的实际需求。

五、实验内容

在现有图书借阅管理系统的概念数据模型基础上，设计其数据库设计的逻辑数据模型。使用 PowerDesigner 建模工具，自动转换完成图书借阅管理系统逻辑数据模型设计。具体实验内容如下：

（1）设置概念数据模型转换逻辑数据模型的选项参数，并执行转换操作。

（2）完善逻辑数据模型，使其满足实际应用需求。

（3）解决模型图中实体冲突、数据冗余、数据共享等问题。

（4）确保系统逻辑数据模型的规范性、一致性和完整性，进行数据模型检查处理。

六、实验设备及环境

本实验所涉及的硬件设备为计算机、服务器及以太网络环境。

操作系统：Windows 7

数据库建模设计工具：PowerDesigner 16.5

七、实验步骤

采用 SAP Sybase 公司提供的 PowerDesigner 建模工具，进行图书借阅管理系统的逻辑数据模型设计。其步骤如下：

（1）打开图书借阅管理系统概念数据模型文件，执行概念数据模型到逻辑数据模型转换操作，并进行转换选项参数设置。

（2）针对工具自动转换生成的系统逻辑数据模型进行分析，完善实体、实体关系定义。

（3）确保系统逻辑数据模型的规范性、一致性和完整性，进行数据模型检查处理。对系统数据模型中存在的实体冲突进行解决，消除模型间冗余数据。

（4）完成系统逻辑数据模型设计后，利用工具完成逻辑数据模型到设计报告的自动生成。

八、实验数据及结果分析

说明：本节为学生编写的报告内容，学生应按照上述步骤分别给出各项实验内容的具体操作过程说明，并包含操作分析、操作原理、操作方法等描述内容。在报告内容中，需要有基本的操作界面和操作结果数据分析。

九、总结及心得体会

说明：本节为学生编写的报告内容，学生应对本实验的关键技术内容进行归纳总结，并给出心得体会。

3.3　实验 3——物理数据模型设计

3.3.1　相关知识

在实现系统数据库结构和对象前，必须针对系统所选定的 DBMS 进行物理数据模型设计。在系统物理数据模型设计中，需要考虑实体如何转换为数据表、实体关系如何转换为参照完整性约束，以及索引定义、视图定义、触发器定义、存储过程定义等设计内容。因此，物理数据模型（Physical Data Model，PDM）是从系统实现角度描述数据模型在特定 DBMS 中的物理实现方案。

在 PowerDesigner 数据建模工具软件中，采用表、参照、视图、存储过程等模型符号表示系统的物理数据模型设计。设计系统物理数据模型主要有以下方式：

（1）直接新建应用系统的物理数据模型。

（2）由系统概念数据模型直接转换生成物理数据模型。

（3）由系统逻辑数据模型直接转换生成物理数据模型。

（4）在现有系统数据库基础上，通过逆向工程转换生成物理数据模型。

在实际数据库设计中，主要采用第 2 或第 3 种方式创建系统的物理数据模型。这两种方式都涉及将 E-R 模型图转化为关系模型图。其处理的一般步骤如下：

（1）将每一个实体转换成一个关系表，实体属性转换为对应表的列，实体标识符转换为对应表的主键。

（2）将实体关系转换为关系表之间的主、外键关系，并定义表之间的参照约束。

（3）完善转换后的关系模型，并扩展定义视图、索引、存储过程，以及触发器等数据库对象。

在本节实验中，主要针对逻辑据模型生成 Oracle 物理数据模型方法进行说明。

3.3.2 实验目的

通过数据库应用系统的物理数据模型设计实验训练，了解数据库物理数据模型设计过程，熟悉 PowerDesigner 数据建模工具软件使用，掌握数据库应用系统的物理数据模型设计的方法，从而培养系统物理数据模型设计能力。本实验具体目标如下：

（1）了解数据库物理数据模型的关系表建模技术方法。

（2）掌握使用 PowerDesigner 工具进行系统物理数据模型的设计方法。

（3）掌握使用 PowerDesigner 工具进行系统物理数据模型的检测方法。

3.3.3 实验内容

针对图书销售系统，在现有逻辑数据模型基础上，设计该系统的物理数据模型。

（1）基于系统的逻辑数据模型转换生成对应的物理数据模型。

（2）完善物理数据模型设计，使其满足实际应用需求。

（3）解决模型图中实体冲突、数据冗余、数据共享等问题。

（4）确保系统物理数据模型的规范性、一致性和完整性，进行数据模型检查处理。

3.3.4 实验指导

本节在前面所创建的图书销售系统逻辑数据模型基础上，进一步对该系统物理数据模型进行设计。在 PowerDesigner 数据建模工具软件中，通过正向工程将逻辑数据模型转换生成物理数据模型，然后由设计者对物理数据模型进行扩展完善。其系统物理数据模型设计分为如下 4 个阶段。

1. 系统 LDM 到 PDM 模型转换

在 PowerDesigner 建模工具中，首先打开图书销售系统的逻辑数据模型（LDM），然后在主菜单栏中单击"Tools→Generate Physical Data Model"菜单项，进入物理数据模型转换生成设置界面，如图 3-27 所示。

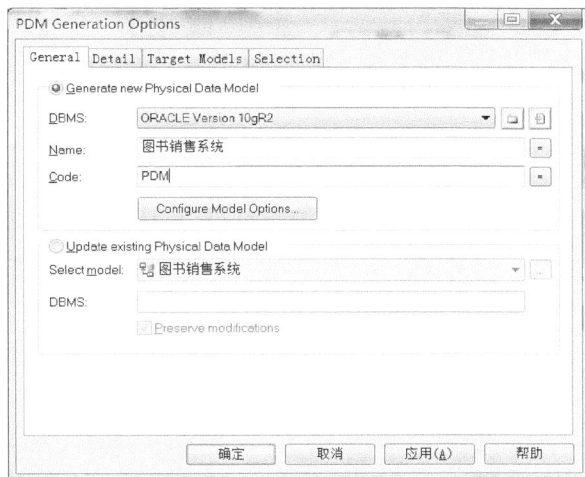

图 3-27 物理数据模型转换生成设置界面

在该设置界面中，首先选择物理数据模型所基于的 Oracle 数据库 DBMS，然后命名物理数据模型名称（Name）和编码（Code），并在其他选项页中设置有关转换参数。单击"确定"按钮，工具将生成系统的物理数据模型，并进入物理数据模型界面，如图 3-28 所示。

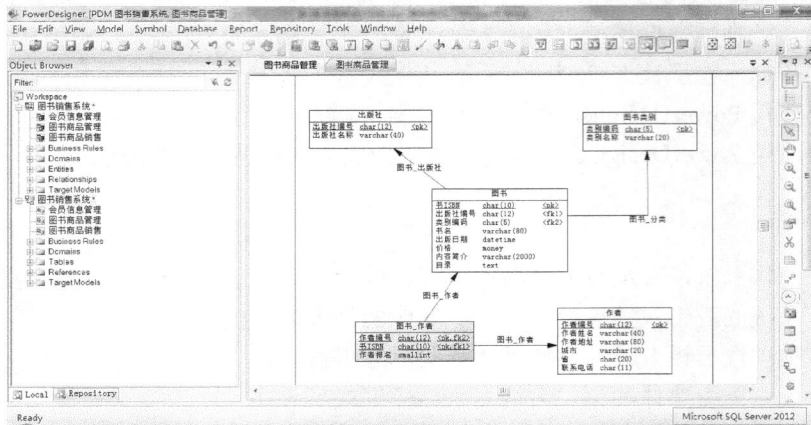

图 3-28　图书商品销售物理数据模型

在生成的系统物理数据模型中，有"会员信息管理""图书商品管理""图书商品销售"模型分图，它们分别由对应的逻辑数据模型图转换得到。

在转换得到的系统物理数据模型中，不但定义了数据库的关系表结构、字段数据类型，也定义了表之间的外键与主键的参照关系。

2. 系统 PDM 数据模型扩展设计

PowerDesigner 数据建模工具软件转换生成的物理数据模型，仅仅是应用系统的基本物理数据模型设计，若要对图书销售数据库设计视图、存储过程、触发器、索引等对象，还必须在该基本物理数据模型上进行扩展设计。

例如，为了方便进行"少儿图书"信息浏览，可以在物理数据模型中新建一个视图来实现信息处理。打开如图 3-28 所示的基本物理数据模型，从工具盒区中选取 ▭ （视图）符号，然后拖动鼠标在"图书商品管理"模型图构建区中释放，一个新的视图将出现在该模型图中。此后，双击该视图符号，进入视图属性定义对话框界面。在该视图属性对话框中，可以对该视图的名称、属性进行定义。"少儿图书"视图定义界面如图 3-29 所示。

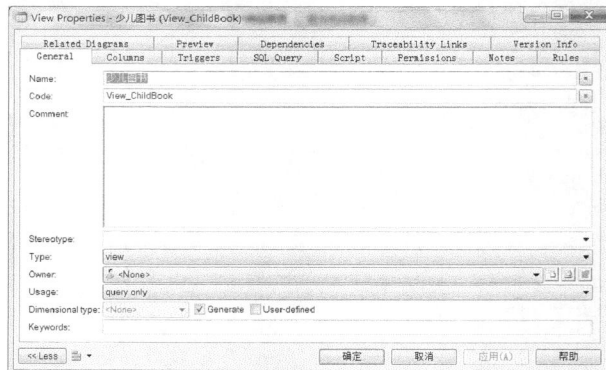

图 3-29　"少儿图书"视图定义界面

单击视图属性的"SQL Query"页，在该页编辑框中输入创建该视图的 SQL 查询语句，其操作界面如图 3-30 所示。

图 3-30　"少儿图书"视图 SQL 查询定义界面

当单击"确定"按钮后，在模型图中，将出现"少儿图书"视图符号，如图 3-31 所示。

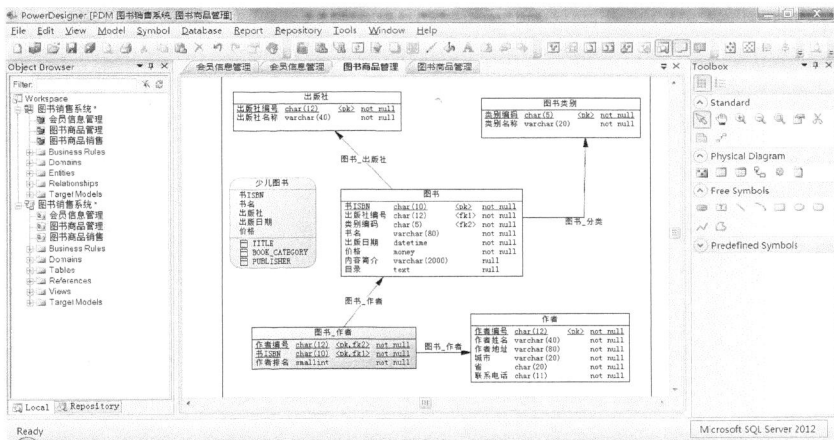

图 3-31　扩展后的图书商品管理模型分图

同样，基于基本物理数据模型，还可以扩展定义索引、存储过程和触发器等数据库对象设计。

3. 系统物理数据模型检查

在对基本物理数据模型进行扩展设计后，还需要检查数据库对象设计是否合理。在 PowerDesigner 建模工具中，可以执行"Tools→Check Model"菜单命令自动完成。在模型检查中，当发现错误信息后，需要设计人员进行模型问题分析，完善改进模型，直到消除数据模型错误。

4. 系统物理数据模型设计报告生成

在 PowerDesigner 建模工具中，与概念数据模型一样，也有将物理数据模型转换生成设计报告的功能。利用该功能，可以帮助数据库设计者获取系统自动转换的设计报告内容。其基本操作过程如下：

（1）在 PowerDesigner 建模工具的主菜单栏中，单击"Report→Generate Report"菜单，系统弹出报告生成选项对话框，如图 3-32 所示。

（2）在报告生成选项界面中，可以选择完整报告、列表报告、标准报告 3 个选项之一，同时还需要选择生成报告的文档格式，并输入文档名称、文档路径、文档语言等参数。在单击"OK"按钮后，工具开始将数据模型进行文档转换。文档生成后，系统将弹出提示框，如图 3-33 所示。

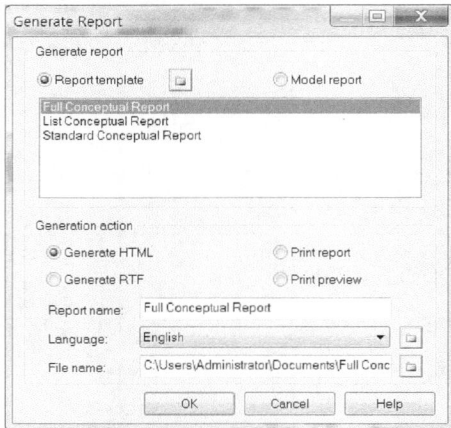

图 3-32　PowerDesigner 报告生成选项设置界面　　　　图 3-33　模型转换文档结束提示框

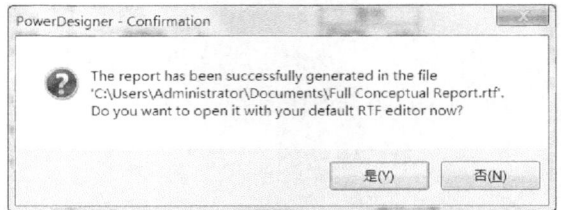

（3）在该界面中，可以单击"是"按钮直接打开文档查看，也可单击"否"按钮退出界面，以后在文件路径中打开查看。

（4）打开生成文档，可以从中选取开发者所需要的设计报告内容。本例模型生成报告内容如图 3-34 所示。

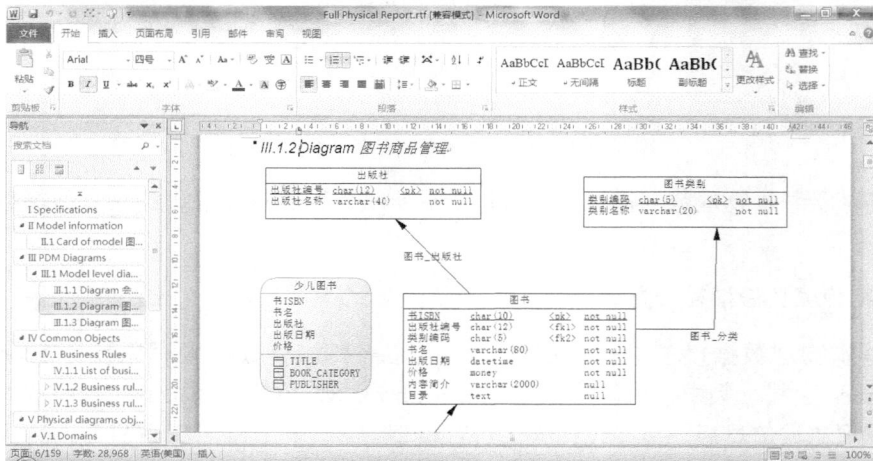

图 3-34　模型设计报告内容

3.3.5　问题解答

（1）系统 PDM 一般是由系统 CDM 转换生成？还是由系统 LDM 转换生成？

系统 CDM 和系统 LDM 均可转换生成系统 PDM。但建议采用系统 LDM 转换生成，因为系统 LDM 在系统 CDM 基础上进行了优化和扩展设计，这些设计内容需要反映到系统 PDM 中。除非系统 LDM 与系统 CDM 一样或不考虑系统设计优化，则可直接将 CDM 转换为 PDM。

（2）在进行系统 PDM 设计时，为什么需要考虑 DBMS？

系统 PDM 是在特定 DBMS 中实现数据库对象的模型抽象，模型中各个对象均与所选定的 DBMS 相关。因此，在设计系统 PDM 时，必须考虑该 DBMS 的实现约束。

（3）为何要对 PDM 进行检查？

PowerDesigner 建模工具提供了模型检查功能。在完成系统 PDM 设计后，需要运行该功能对模型进行检查，以发现模型元素冲突、非规范性等问题，帮助设计者完善模型设计。

3.3.6　实验练习

实　验　报　告

一、实验 3：图书借阅管理系统物理数据模型设计

二、实验室名称：　　　　　　　　　　实验时间：

三、实验目的与任务

通过数据库应用系统的物理数据模型设计实验训练，了解数据库应用系统的物理数据模型设计过程，熟悉 PowerDesigner 数据建模工具软件使用，掌握数据库应用系统的物理数据模型设计方法。

本实验任务是使用 PowerDesigner 建模工具，设计图书借阅管理系统的物理数据模型。

四、实验原理

借助系统建模工具，在现有系统逻辑数据模型基础上，实现其物理数据模型的自动转换。然后对转换后的物理数据模型进行完善设计，使其满足应用系统的实际需求。

五、实验内容

在现有图书借阅管理系统的逻辑数据模型基础上，设计系统物理数据模型。使用 PowerDesigner 建模工具，自动转换完成图书借阅管理系统物理数据模型设计。具体实验内容如下：

（1）基于系统的逻辑数据模型转换生成对应的物理数据模型。

（2）完善物理数据模型，使其满足实际应用需求。

（3）解决模型图中实体冲突、数据冗余、数据共享等问题。

（4）确保系统物理数据模型的规范性、一致性和完整性，进行数据模型检查处理。

六、实验设备及环境

本实验所涉及的硬件设备为计算机、服务器及以太网络环境。

操作系统：Windows 7

数据库建模设计工具：PowerDesigner 16.5

七、实验步骤

针对 Oracle Database 12c 的 DBMS，设计图书借阅管理系统的物理数据模型，其步骤如下：

（1）打开图书借阅管理系统逻辑数据模型文件，选定数据库 DBMS，设置转换选项参数，执行逻辑数据模型到物理数据转换操作。

（2）针对工具自动转换生成的系统物理数据模型进行分析，完善索引、视图、存储过程、触发器等数据库对象定义。

（3）确保系统物理数据模型的规范性、一致性和完整性，进行数据模型检查处理。对系统数据模型中存在的实体冲突进行解决，消除模型间冗余数据。

（4）在完成系统物理数据模型设计后，再利用工具完成物理数据模型到设计报告的自动生成。

八、实验数据及结果分析

说明：本节为学生编写的报告内容，学生应按照上述步骤分别给出各项实验内容的具体操作过程说明，并包含操作分析、操作原理、操作方法等描述内容。在报告内容中，需要有基本的操作界面和操作结果数据分析。

九、总结及心得体会

说明：本节为学生编写的报告内容，学生应对本实验的关键技术内容进行归纳总结，并给出心得体会。

3.4　实验 4——Oracle 数据库对象实现

3.4.1　相关知识

当系统物理数据模型创建完成后，便可将该模型转换为数据库对象实现。现有的系统建模工具普遍都提供将物理数据模型转换为数据库对象创建 SQL 程序的功能。在数据库系统中执行该 SQL 程序，便可完成数据库对象创建。

PowerDesigner 建模工具除提供物理数据模型转换生成数据库 SQL 程序功能外，还提供了通过 ODBC 数据源直接在数据库中创建对象的功能。该功能可以将设计模型与数据库实现对象建立联系，便于数据库对象的修改与维护。

在 PowerDesigner 数据建模工具软件中，将物理数据模型生成实现数据库对象的基本操作步骤如下：

（1）对系统物理数据模型进行正确性检查。

（2）将物理数据模型转换为数据库对象创建的 SQL 程序。

（3）在数据库系统中运行 SQL 程序，实现数据库对象创建。

当数据库对象实现后，通常还需要对它们进行测试操作，以验证所设计与实现的数据库对象是否满足应用需求。若数据库对象没有满足需求，则需要对系统数据模型进行完善，并重新实现数据库对象，直到满足应用需求为止。

PowerDesigner 建模工具提供了在数据库表中生成测试数据的功能，从而可帮助开发人员对创建的数据库表加载测试数据，辅助完成数据库测试。

3.4.2　实验目的

通过 Oracle 数据库对象实现实验训练，了解如何在 Oracle 中实现系统物理数据模型所定义的数据库结构。熟悉 PowerDesigner 数据建模工具软件使用，掌握系统物理数据模型转换为 SQL 程序的实现方法，同时也掌握执行 SQL 程序创建 Oracle 数据库对象方法。本实验具体目标如下：

（1）了解系统物理数据模型转换为 Oracle 数据库对象的实现技术方法。

（2）掌握使用 PowerDesigner 工具将物理数据模型转换 SQL 程序方法。

（3）掌握使用 SQL Developer 工具运行 SQL 程序实现数据库对象创建方法。

（4）掌握 PowerDesigner 工具生成数据库表测试数据方法。

3.4.3　实验内容

针对图书销售系统，在系统物理数据模型基础上，转换实现为 Oracle 数据库对象，并对实现的数据库表进行测试。

（1）实现系统物理数据模型到数据库对象创建的 SQL 程序转换。

（2）在 Oracle 数据库系统中运行数据库对象，创建 SQL 程序，生成图书销售系统数据库对象。

（3）利用 PowerDesigner 工具生成数据库表测试数据，验证所设计与实现的数据库对象的正确性。

3.4.4　实验指导

本节实验首先将图书销售系统物理数据模型转换为 Oracle 数据库对象创建的 SQL 程序；其后，在 Oracle 数据库中执行该 SQL 程序，实现数据库对象在用户 Schema 中创建；最后，对实现的数据库表进行数据测试。实验过程如下：

1. 数据库创建选项设置

当完成物理数据模型设计后，便可将该模型在选定的 Oracle 数据库 DBMS 中进行数据库对象创建。在 PowerDesigner 建模工具中，数据库创建通过选择 "Database→Generate Database..." 菜单操作完成。单击该菜单后，系统弹出数据库创建的设置对话框，如图 3-35 所示。

图 3-35　数据库创建设置对话框

　　在该对话框中，用户可选择物理数据模型创建数据库的实现方式：Script generation （SQL 脚本创建）或 Direct generation（直接创建）。Script generation 方式是一种将物理数据模型先转换为数据库结构创建的 SQL 程序，然后通过在数据库中执行该 SQL 程序，实现数据库对象创建的方式。Direct generation 方式是一种通过 ODBC 数据源连接数据库，将物理数据模型转换为数据库对象创建 SQL 程序，然后直接执行该 SQL 程序实现数据库对象创建的方式。

　　在数据库创建设置对话框中，还可以对数据库创建的对象组成元素、脚本格式、表目录等选项进行设置。

2. 物理数据模型 SQL 程序生成

　　当用户完成数据库创建设置选项后，单击"确定"按钮，PowerDesigner 工具便可将物理数据模型转化为数据库对象创建的 SQL 程序，如图 3-36 所示。

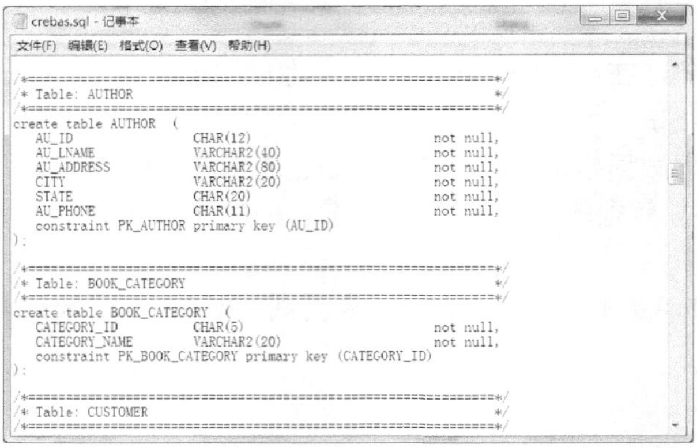

图 3-36　PDM 转换的数据库对象创建 SQL 程序

　　该 SQL 程序主要由数据库各个对象创建的 SQL 语句组成，也包含一些对原有数据库对象进行删除的 SQL 语句。

3. 数据库对象创建 SQL 程序执行

　　为了将图书销售数据库对象组织在 Oracle Database 12c 数据库的一个用户 Schema 下，需要 DBA 管理员新建一个数据库用户，本例将该用户命名为 C##BOOKSALE。在 Oracle SQL Developer 工具中，创建此用户的操作界面如图 3-37 所示。

图 3-37　C##BOOKSALE 数据库用户创建

在用户创建时，DBA 还需要赋予 C##BOOKSALE 用户一定的数据库系统权限，使该用户具有创建 Session、创建数据库对象、删除数据库对象、访问操作数据库对象、访问表空间等基本权限。通常给用户赋予 "CONNECT" "RESOURSE" 系统角色，即可拥有这些基本操作权限。

为了在 C##BOOKSALE 用户 Schema 下创建与访问图书销售数据库对象，还需要在 Oracle SQL Developer 工具中定义 C##BOOKSALE 用户登录数据库的连接，其操作界面如图 3-38 所示。

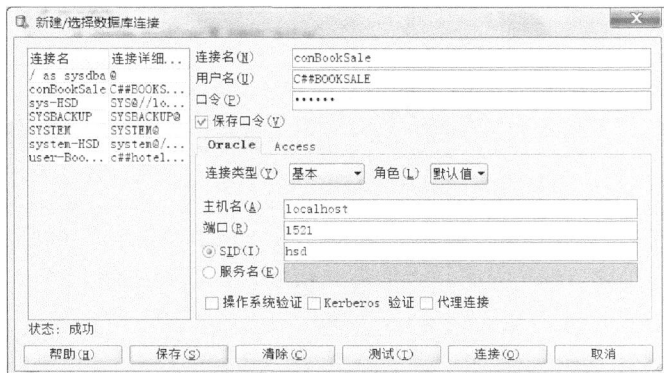

图 3-38　Oracle 数据库连接定义

在定义访问数据库连接界面中，需要命名数据库连接名，并输入连接数据库的用户名称、密码，以及数据库服务器主机名称、端口号、SID 号等参数。在保存连接前，可以对连接配置进行测试，以验证参数的正确性。

在 Oracle SQL Developer 工具中定义好数据库连接后，可以单击 "连接" 按钮，登录数据库，进入该数据库用户 Schema 目录，如图 3-39 所示。

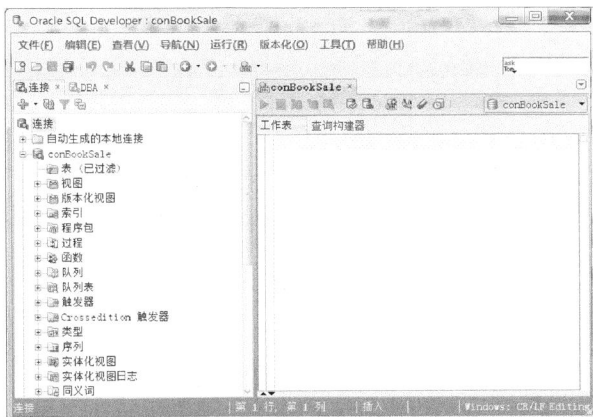

图 3-39　C##BOOKSALE 用户数据库操作界面

在 C##BOOKSALE 用户数据库操作界面中，单击 "文件→打开" 菜单，选取图 3-36 所示的数据库对象创建 SQL 程序文件，将其 SQL 程序调入工作表编辑窗口，如图 3-40 所示。

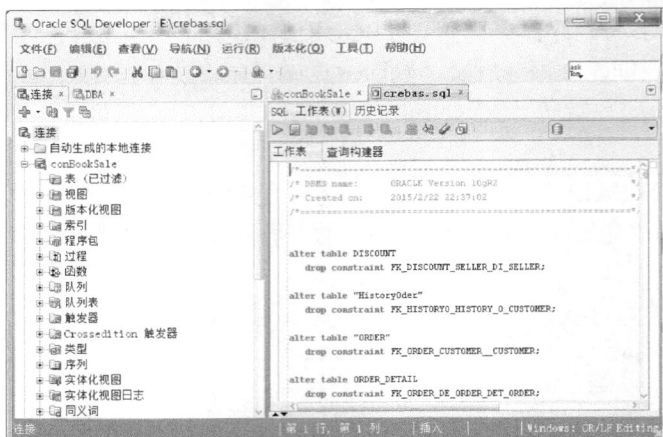

图 3-40　C##BOOKSALE 用户打开 SQL 程序

在该界面中，选定 C##BOOKSALE 用户的连接 conBookSale，单击"运行脚本"图标按钮，执行数据库对象创建 SQL 程序。当执行结束后，刷新数据库表，其执行结果如图 3-41 所示。

图 3-41　在 SQL Developer 中执行 SQL 程序

当 SQL 程序执行成功完成后，在 C##BOOKSALE 用户 Schema 的表目录中可以看到所创建的图书销售数据库表。

4. 数据库表测试

当图书销售系统数据库表创建完成后，还需要对这些数据库表进行测试，以确认这些数据库表是否满足系统应用要求。数据库表测试验证可以通过在数据库中加载测试数据，然后对数据库表进行数据访问来进行。PowerDesigner 建模工具提供了数据库表测试数据生成功能，其测试数据生成基本操作过程如下。

1）定义测试数据描述项

为了有针对性地产生测试数据值，首先需要定义特定测试数据的生成规则，即定义测试数据描述项。在 PowerDesigner 建模工具的主菜单栏中，单击"Model→Test Data Profiles"选项，系统弹出测试数据描述项定义对话框，如图 3-42 所示。

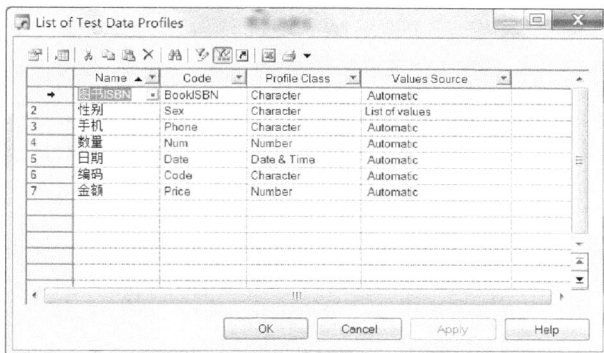

图 3-42　测试数据描述项定义

在测试数据描述项定义对话框中，可以增添、修改和删除测试数据的描述项，同时也可定义描述项产生测试数据值的属性格式。例如，定义"图书 ISBN"测试数据描述项的属性格式，需打开"图书 ISBN"属性对话框，如图 3-43 所示。

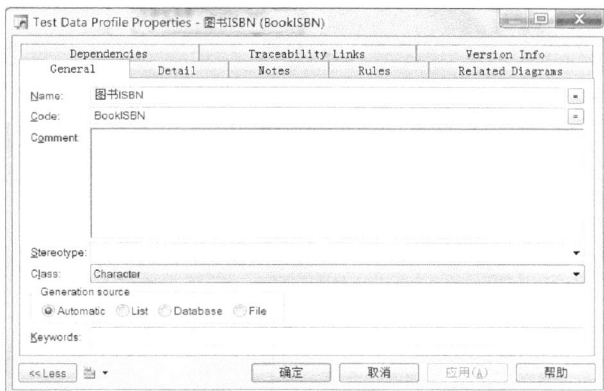

图 3-43　"图书 ISBN"属性对话框

在该界面中，单击"Detail"页，定义描述项生成测试数据值的规则属性，如图 3-44 所示。

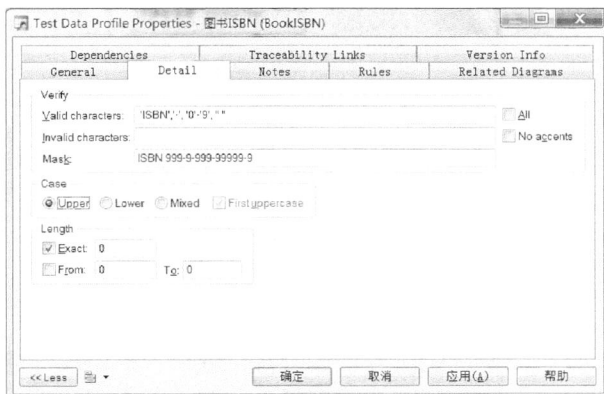

图 3-44　生成测试数据值的规则属性定义

在该界面中，设定"图书 ISBN"描述项生成测试数据值的有效字符范围、数据格式等特性。单击"确定"按钮后，"图书 ISBN"测试数据描述项被定义完成。

2）为数据库表的数据列指定测试数据描述项

为了给数据库表数据列生成有针对性的测试数据值，需要给数据库表中数据列指定已经定义的测试数据描述项，以便建模工具能为数据库生成所需要的测试数据。在 PowerDesigner 建模工具的主菜单栏中，单击"Model→Columns"菜单，系统弹出数据列属性定义对话框，如图 3-45 所示。

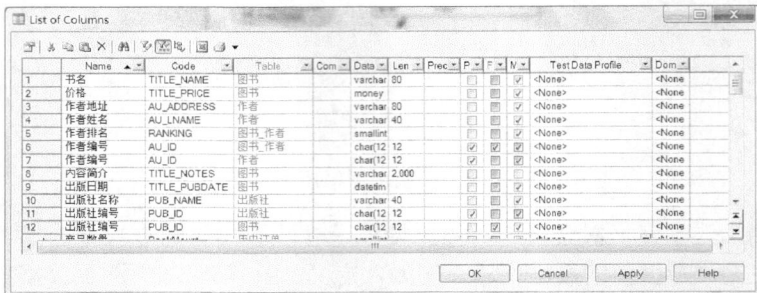

图 3-45　数据列属性定义对话框

在数据列属性定义对话框中，可以在 Test Data Profile 列的下拉列表中选择数据库表各列的测试数据描述项，即为数据库表数据列指定生成测试数据值规则。例如，为"图书"表中的"图书 ISBN"列指定测试数据描述项"图书 ISBN"；为"客户"表中的"客户手机"列指定测试数据描述项"手机"，为"客户编号"列指定测试数据描述项"编码"，如图 3-46 所示。

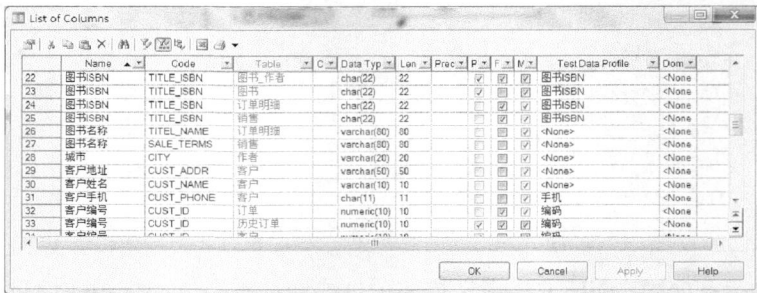

图 3-46　为数据列指定测试数据描述项

在该界面中，单击"确定"按钮后，所设定的数据列与测试数据描述项关联将被保存在系统中。

3）为数据库表生成测试数据

当设定好数据库表测试数据生成关系后，便可给数据库表生成测试数据。在 PowerDesigner 建模工具的主菜单栏中，单击"Database→Generate Test Data"菜单，系统弹出测试数据生成设置对话框，如图 3-47 所示。

在 General 选项页中，可以设置生成测试数据的基本选项，如指定生成测试数据 SQL 程序的文件目录、文件名称，或通过数据源连接将测试数据直接生成到数据库表中。此外，在该页选项中，还可以设置是否删除表中原有数据，是否检测物理数据模型，是否自动归档，以及测试数据默认等。在 Number of Rows 选项页中，可以设置各数据库表生成测试数据记录的个数，如图 3-48 所示。

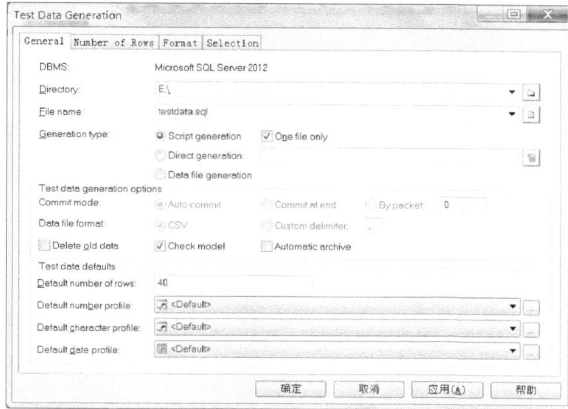

图 3-47　测试数据生成设置对话框

图 3-48　数据表测试数据记录数设定

在该界面中，单击"确定"按钮后，工具将生成测试数据 SQL 程序文件。该程序由一组
SQL 插入数据语句构成，如图 3-49 所示。

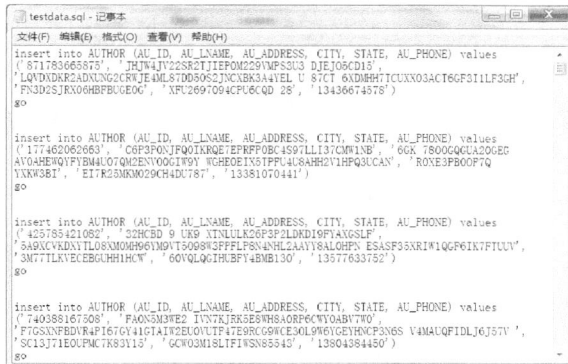

图 3-49　测试数据 SQL 程序

当数据库表的测试数据 SQL 程序生成后，当它在数据库中执行，从而在数据库表中产生
测试数据。例如，打开数据库的"AUTHOR"表，可以看到该表中存放的测试数据，如图 3-50
所示。

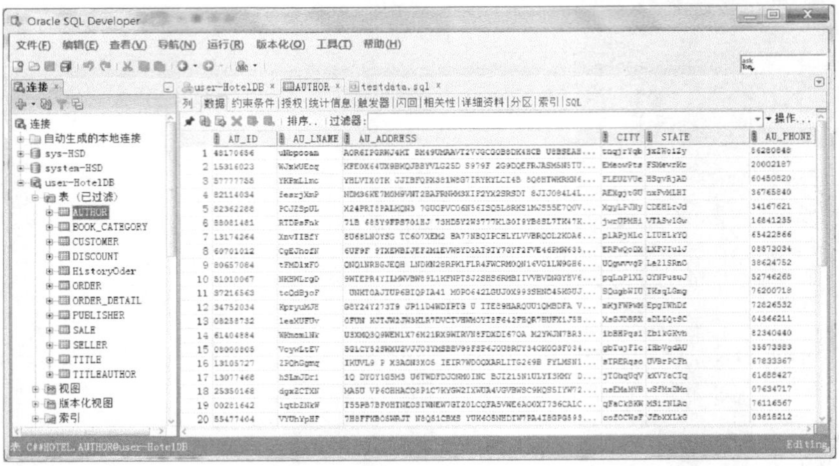

图 3-50　AUTHOR 表测试数据

当各个数据表输入测试数据后，用户可以对这些数据表中的数据进行增、删、查、改等操作，以验证实现的数据库是否满足应用需求。若数据库表存在一定的数据完整性问题或效率问题，则需要对数据库设计进行完善。数据库完善以后，就可以投入实际应用。

3.4.5　问题解答

（1）在物理数据模型转换的数据库对象创建 SQL 程序中，为什么前面的 SQL 语句均为删除语句？

物理数据模型转换的 SQL 程序功能是实现各个数据库对象创建。如果在数据库中已经存在同名的数据库对象，SQL 创建语句将执行失败。因此，在数据库对象创建的 SQL 程序中，首先判断这些数据库对象是否存在。若存在，则需要先删除这些对象。然后，再执行数据库对象创建 SQL 语句。

（2）为什么系统物理数据模型能转换为数据库对象创建的 SQL 程序？

由于物理数据模型是数据库对象的图形抽象，物理数据模型的各个元素分别与数据库各个对象一一对应。因此，可以将物理数据模型的元素转换为数据库对象的 SQL 语句，即物理数据模型可转换为数据库对象创建的 SQL 程序。

（3）为什么需要对创建的数据库表等对象进行数据访问测试？

系统开发实现的数据库表是否满足应用需求，需要通过数据访问测试来验证。只有在数据库表满足应用的数据存取需求，并解决数据一致性、数据完整性以及数据访问性能等问题后，该数据表的设计与实现才能满足应用需求。

3.4.6　实验练习

实　验　报　告

一、实验 4：图书借阅管理系统 Oracle 数据库对象实现

二、实验室名称：　　　　　　　　　　　　　实验时间：

三、实验目的与任务

通过数据库对象实现实验训练，了解如何在 DBMS 中将所设计的物理数据模型转换为数

据库对象实现。熟悉 PowerDesigner 数据建模工具软件的使用，掌握物理数据模型转换为 Oracle 数据库 SQL 程序的实现方法，同时也掌握执行 SQL 程序创建 Oracle 数据库对象方法。

本实验任务是将图书借阅管理系统的物理数据模型转换为 Oracle 数据库 SQL 程序，在 Oracle 数据库中执行该 SQL 程序实现数据库对象创建，同时对实现的数据库表进行测试验证。

四、实验原理

借助系统建模工具，在现有系统物理数据模型基础上，将物理数据模型自动转换数据库对象创建 SQL 程序。然后在 Oracle 数据库中执行该 SQL 程序，实现其数据库对象创建。

五、实验内容

将图书借阅管理系统的物理数据模型转换为 Oracle 数据库 SQL 程序，在 Oracle 数据库中执行该 SQL 程序，实现数据库对象创建，最后对实现的数据表进行测试验证。具体实验内容如下：

（1）将系统物理数据模型转换为 Oracle 数据库对象创建 SQL 程序。

（2）在 Oracle 数据库系统中运行数据库对象，创建 SQL 程序，实现数据库对象创建。

（3）对实现的数据库表生成测试数据，通过数据访问验证数据库表的正确性。

六、实验设备及环境

本实验所涉及的硬件设备为计算机、服务器及以太网络环境。

操作系统：Windows 7

数据库建模设计工具：PowerDesigner 16.5

DBMS：Oracle Database 12c

七、实验步骤

将图书借阅管理系统的物理数据模型转换为数据库对象创建的 SQL 程序，并在 Oracle 数据库中实现数据库对象，然后测试验证该数据库表。其步骤如下：

（1）在物理数据模型中设置数据库创建选项参数，并将物理数据模型转换为 Oracle 数据库对象创建 SQL 程序。

（2）在 Oracle 数据库中创建图书借阅管理 C##LIB 用户，并赋予必要的系统权限。

（3）以 C##LIB 用户登录连接 Oracle 数据库。在 C##LIB 用户 Schema 中，运行 Oracle 数据库对象创建 SQL 程序，生成各个数据库对象。

（4）利用 PowerDesigner 工具，对实现的数据库表生成测试数据。

（5）对数据库表进行数据访问操作，测试验证所设计与实现的数据库表的正确性。

八、实验数据及结果分析

说明：本节为学生编写的报告内容，学生应按照上述步骤分别给出各项实验内容的具体操作过程说明，并包含操作分析、操作原理、操作方法等描述内容。在报告内容中，需要有基本的操作界面和操作结果数据分析。

九、总结及心得体会

说明：本节为学生编写的报告内容，学生应对本实验的关键技术内容进行归纳总结，并给出心得体会。

第4章 Oracle 数据库访问编程实践

在开发数据库应用系统中，数据库访问编程也是一项非常重要的开发工作。数据库访问编程通常包含数据库连接、数据查询、数据插入、数据更新、数据删除等基本操作编程。只有实现这些基本的数据库访问操作编程，才能实现应用系统的数据处理功能。本章将以 Java 技术实现 Oracle 数据库访问编程为背景，分别介绍 JDBC 数据库访问编程、Servlet 数据库访问编程、JSP 数据库访问编程的技术实现方法，并在 Oracle 数据库访问编程示例中给出实践指导。

4.1 实验 1——JDBC 数据库访问编程

4.1.1 相关知识

Java 数据库连接（Java Database Connectivity，JDBC）是一种实现 Java 应用程序与数据库的接口标准。该标准定义了一组访问数据库的 Java 语言 API，这些 API 由若干 Java 类及接口组成，它们实现了访问数据库的基本程序操作。使用 JDBC 提供的 API 可以建立 Java 应用程序与数据库的连接，也可以实现 Java 应用程序对数据库进行 SQL 数据操纵访问以及结果集处理。

对不同厂商的数据库访问需要有不同的数据库驱动程序。目前主流的关系数据库厂商都为其数据库产品提供了驱动程序，它们均实现了对 JDBC 接口的支持。Java 应用程序通过 JDBC 接口、驱动程序访问数据库的软件结构如图 4-1 所示。

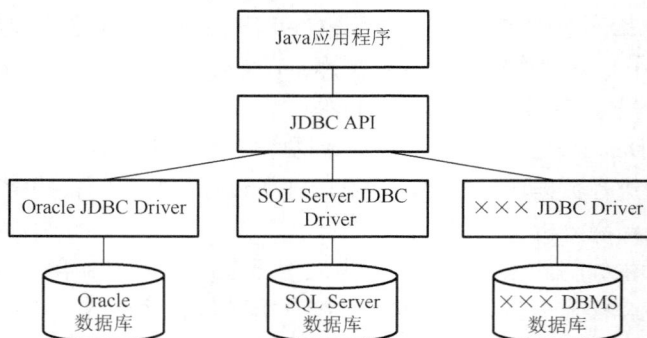

图 4-1 Java 应用程序通过 JDBC 接口和驱动程序访问数据库

从图 4-1 可以看到，JDBC API 在 Java 应用程序与数据库之间起到一个接口隔离作用，使 Java 应用不必针对具体 DBMS 驱动编写其数据库访问程序，只需要写一个基于 JDBC 接口标准的数据库应用程序，就可实现跨数据库平台的数据库应用访问。

JDBC 接口标准定义了数据库连接、SQL 语句执行、结果集遍历等功能操作 API。它们存放在 JRE 运行环境库的 rt.arj 包内中，主要包括 java.sql.Connection、java.sql.Statement、java.sql.ResultSet、java.sql.SQLException 等接口类。各个数据库产品厂商在自己的 JDBC 驱动程序中提供了对这些接口类的具体代码实现。

作为 Java 应用程序访问数据库的接口标准，JDBC API 主要实现了访问数据库的基本操作功能：

（1）连接数据库。

（2）提交数据插入 SQL 语句到 DBMS 执行。

（3）提交数据修改 SQL 语句到 DBMS 执行。

（4）提交数据删除 SQL 语句到 DBMS 执行。

（5）提交数据查询 SQL 语句到 DBMS 执行。

（6）调用数据库存储过程执行。

在 Java 应用程序开发中，JDBC 数据库访问编程是一种最基本的基于标准接口进行数据库访问的编程方法，其编程的基本步骤如下。

1. 数据库驱动类加载

在 Java 程序连接数据库前，需要将所使用的 DBMS 数据库驱动类在 JDBC 驱动管理器中进行注册，即将该数据库驱动类加载到 JVM 中。

例如，为实现 Oracle 数据库驱动类加载到 JDBC 驱动管理器，需要执行如下 Java 语句。

```
Class.forName("oracle.jdbc.driver.OracleDriver");
```

其中 Class.forName()为 Java 注册类语句，oracle.jdbc.driver.OracleDriver 为 Oracle 数据库的 JDBC 驱动类。

2. 构建数据库连接 URL

在 Java 程序建立数据库连接前，还需要确定连接目标数据库的 URL 地址，该地址的基本组成格式为：“JDBC 协议：IP 地址（或域名）：端口/数据库名称”。

例如，为了连接 Oracle 数据库 hsd，需要执行如下 Java 语句构建数据库连接 URL 字符串。

```
static String URL="jdbc:oracle:thin:@localhost:1521:hsd";
```

3. 获取数据库连接对象 Connection

当完成数据库驱动类加载及构建数据库连接 URL 字符串后，便可通过执行驱动管理器的连接获取方法，得到基于 JDBC 连接数据库的 Connection 对象。其 Java 语句如下：

```
Connection conn=DriverManager.getConnection(url,username,password);
```

为了获取数据库连接对象 Connection，需要执行 JDBC 接口 DriverManager 的 getConnection（url, username, password）方法。在该方法的参数中，url 为数据库连接地址，username 为数据库用户名，password 为该用户的密码。

4. 创建数据库 SQL 语句对象

当 Java 程序获得数据库连接对象后，就可向 DBMS 发送 SQL 语句，执行数据库访问操作。这需要先执行数据库连接对象 Connection 的 createStatement()方法，创建一个 Statement 对象来封装 SQL 执行语句。Statement 对象有 3 种类型：Statement、PreparedStatement 和 CallableStatement。其中 Statement 对象用于执行不带参数的简单 SQL 语句；PreparedStatement 对象用于执行带参数的预编译 SQL 语句；CallableStatement 对象用于执行数据库的存储过程调用。

例如，在前面建立的 Oracle 数据库连接 conn 对象中，调用 createStatement()方法创建一个基本 Statement 对象，其 Java 代码如下：

```
static String  URL="jdbc:oracle:thin:@localhost:1521:hsd";
Connection  conn=DriverManager.getConnection(url,username,password);
Statement  st=conn.createStatement();
```

5. 向 DBMS 发送 SQL 执行语句

当建立 Statement 对象后，就可以使用 Statement 对象的 3 个基本方法之一：Statement.executeQuery()、Statement.executeUpdate()、Statement.execute()，来向 DBMS 发送执行的 SQL 语句。

例如，执行一个 Select 语句，查询作者 Author 表中的所有数据，其 Java 代码如下：

```
String  sql="select  *  from  Author";
Boolean  value=st.executeQuery(sql);
```

6. 结果集对象遍历

当完成数据查询 SQL 语句执行后，便可针对返回结果集进行数据处理操作。在 JDBC 数据库访问编程中，通过调用 ResultSet 结果集对象的 getString(String columnLabel)、getInt(String columnLabel)、getDate(String columnLabel)等方法，实现对结果集当前行的指定列进行数据读取处理。若读取其他行数据，需要在 ResultSet 结果集对象中，使用光标移动的方法进行结果集的行定位。

7. 对象关闭

当 Java 应用程序完成数据库访问后，便可对编程访问所创建的各种对象（如 connection 对象、Statement 对象、ResultSet 对象等）进行关闭处理，以释放所占用的系统资源。在 JDBC API 接口类中均提供了关闭对象的 close()方法。Java 应用程序调用 close()方法即可完成相应对象的资源释放。

4.1.2　实验目的

通过 JDBC 数据库访问编程实验训练，了解数据库访问的 Java 编程基本技术，熟悉 Eclipse 编程开发平台使用，掌握 Java 程序基于 JDBC 接口实现数据库访问操作的编程技术方法，从而培养数据库访问的基本编程能力。本实验具体目标如下：

（1）了解基于 JDBC 接口实现数据库访问的编程技术。
（2）掌握基于 JDBC 接口实现数据库连接访问的编程方法。
（3）掌握基于 JDBC 接口实现数据库数据查询访问的编程方法。
（4）掌握基于 JDBC 接口实现数据库数据插入访问的编程方法。
（5）掌握基于 JDBC 接口实现数据库数据修改访问的编程方法。
（6）掌握基于 JDBC 接口实现数据库数据删除访问的编程方法。

4.1.3　实验内容

针对图书销售系统开发，在创建的图书销售数据库基础上，进行 JDBC 数据库访问编程实验。其实验练习内容如下：

（1）基于 JDBC 接口，实现数据库连接编程。

（2）基于 JDBC 接口，实现作者信息表 Author 的数据插入编程。

（3）基于 JDBC 接口，实现作者信息表 Author 的数据修改编程。

（4）基于 JDBC 接口，实现作者信息表 Author 的数据删除编程。

（5）基于 JDBC 接口，实现作者信息表 Author 的数据查询编程。

4.1.4　实验指导

本实验将以一个图书销售系统的数据库访问编程为例，给出 Java 程序基于 JDBC API 实现对数据库表增、删、插、改数据的编程操作方法指导。在开源的 Eclipse 开发平台中，开发一个 Java 应用程序，实现对图书销售数据库访问连接，并对作者信息表 Author 进行数据增添、删除、修改和查询等操作处理。该程序开发步骤如下。

1. 编程开发环境准备

在 Eclipse 平台中，新建一个 Java Web 项目，并将其命名为 BookSaleSystem。在该项目的 src 目录下，新建一个名称 com.booksale.jdbc 包，该包用于存放本实验所编写的 Java 程序。此外，将 Oracle Database 12c 数据库的 JDBC 驱动包文件 ojdbc7.jar 复制到项目的 WebRoot/WEB-INF/lib 目录中。BookSaleSystem 项目的目录结构如图 4-2 所示。

2. 基于 JDBC 连接 Oracle 数据库

在 Java 程序对图书销售数据库进行连接前，首先需要将访问的 Oracle 数据库驱动类在 JDBC 管理器中进行注册，并将数据库 url 连接串赋值给 url 字符串变量，然后调用 JDBC 接口的 DriverManager 驱动管理类方法获取该数据库连接对象。本例在程序中给定图书销售数据库的用户账号和密码，则实现该数据库连接的 Java 类程序（JDBC_Connection.java）代码如下：

图 4-2　BookSaleSystem 项目的目录结构

```
package com.booksale.jdbc;
import java.sql.Connection;              //JDBC 连接 API
import java.sql.DriverManager;           //JDBC 驱动装载 API
import java.sql.ResultSet;               //JDBC 结果集 API
import java.sql.SQLException;            //JDBC 出错处理 API
import java.sql.Statement;               //JDBC 语句处理 API
public class JDBC_Connection{
    static String drivername="oracle.jdbc.OracleDriver";
                                         //赋值 Oracle 数据库 JDBC 驱动类名称
    static String url="jdbc:oracle:thin:@localhost:1521:hsd";
                                         //赋值图书销售数据库 url 连接串
    static String username="C##BOOKSALE";  //赋值数据库用户名
    static String password="111111";       //赋值数据库用户密码
    static{
        try{
            Class.forName(drivername);    //注册数据库 JDBC 驱动类
```

```
            System.out.println("加载驱动成功!");
                                            //系统控制台输出加载驱动成功信息
        }catch(ClassNotFoundException e){
            System.out.println("加载驱动失败!");
                                        //若注册失败,系统输出加载驱动失败信息
            e.printStackTrace();
        }
    }
public static Connection getConnection(){
    Connection conn=null;
    try{
                                        //连接数据库
        conn=DriverManager.getConnection(url,username,password);
                                        //获取数据库连接对象
        System.out.println("连接数据库成功!");
                                        //系统输出连接成功信息
    }catch(SQLException e){
        System.out.println("连接数据库失败!");
                                        //若连接失败,系统输出连接失败信息
        e.printStackTrace();
    }
    return conn;
}
public static void main(String[] args){
    //调用 getConnection 方法建立数据连接
    JDBC_Connection.getConnection();
}
}
```

当该数据库连接类程序 JDBC_Connection.java 在 Eclipse 平台中正常执行后,控制台输出结果显示如图 4-3 所示。

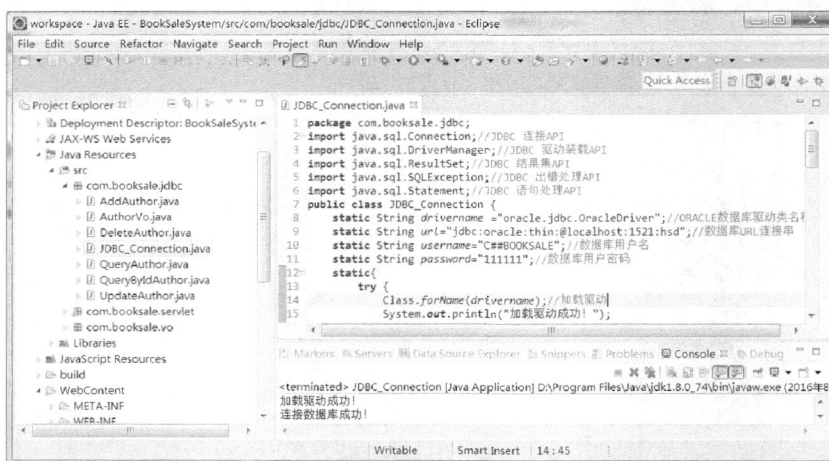

图 4-3　JDBC_Connection.java 执行结果

控制台的输出结果表明,数据库访问连接已经成功创建。在数据库连接程序代码中,通常还需要编写一个关闭连接的操作方法,以便在程序完成数据库访问后释放系统资源。其关闭数据库连接方法的 Java 代码如下。

```
public static void free(ResultSet rs,Connection conn,Statement stmt){
    try{
        if(rs!=null)
        rs.close();                              //关闭结果集
        }catch(SQLException e){
            System.out.println("关闭结果集失败!");
            e.printStackTrace();
        }finally{
            try{
                if(conn!=null)
                conn.close();                    //关闭连接
                }catch(SQLException e){
                    System.out.println("关闭连接失败!");
                    e.printStackTrace();
                }finally{
                    try{
                        if(stmt!=null)
                        stmt.close();            //关闭 Statement 对象
                    }catch(SQLException e){
                        System.out.println("关闭 Statement 对象失败!");
                        e.printStackTrace();
                    }
                }
            }
        }
}
```

3. 基于 JDBC 向数据库表添加数据

当建立数据库连接后，便可对数据库表进行数据添加、修改、删除、查询等访问操作。在 Java 程序中,通过 JDBC API 执行 SQL 数据操纵语句实现对数据库表访问操作。但这些 SQL 语句必须在程序中封装进 JDBC 的 Statement 对象、PreparedStatement 对象或 CallableStatement 对象中，并通过调用该对象的 Statement.executeQuery()、Statement.executeUpdate()、Statement.execute()方法来实现 SQL 语句执行。其中 Statement 对象用于基本 SQL 语句执行；PrepareedStatement 对象用于带参数的 SQL 语句执行；CallableStatement 对象用于执行数据库的存储过程调用。

在面向对象程序开发中，当访问数据库表时，需要将它转换为对应的实体对象进行操作，即每个数据库表需要建立一个对应的实体类。在实体类中，数据库表字段被定义为该实体类的属性，并且每个属性都定义一个 get×××()、set×××()方法。通过实体类对数据表的封装，可以将数据表的访问转换为面向对象类操作。例如，对作者表 Author 访问，可以通过 AuthorVo 实体类操作来完成数据读写。其 AuthorVo 实体类定义的 Java 代码如下：

```
package.com.booksale.jdbc;
//定义作者 Author 实体类
public class AuthorVo{
//定义作者 Author 实体类属性
    private String au_id;
    private String au_name;
    private String au_address;
    private String city;
    private String state;
```

```
    private String au_phone;
    //定义作者 Author 实体类方法
    public String getAu_id(){
        return au_id;
    }//获取作者编号
    public void setAu_id(String au_id){
        this.au_id=au_id;
    }//设置作者编号
    public String getAu_name(){
        return au_name;
    }//获取作者姓名
    public void setAu_name(String au_name){
        this.au_name=au_name;
    }//设置作者姓名
    public String getAu_address(){
        return au_address;
    }//获取作者地址
    public void setAu_address(String au_address){
        this.au_address=au_address;
    }//设置作者地址
    public String getCity(){
        return city;
    }//获取作者城市
    public void setCity(String city){
        this.city=city;
    }//设置作者城市
    public String getState(){
        return state;
    }//获取作者省
    public void setState(String state){
        this.state=state;
    }//设置作者省
    public String getAu_phone(){
        return au_phone;
    }//获取作者电话
    public void setAu_phone(String au_phone){
        this.au_phone=au_phone;
    }//设置作者电话
}
```

当完成数据库表实体类定义后，便可以通过调用 JDBC API 接口的对象方法实现数据表插入数据操作。例如，实现 Author 表数据插入的 AddAuthor.java 程序代码如下：

```
package com.booksale.jdbc;
//引入 JDBC 接口类
import java.sql.Connection;
import java.sql.PreparedStatement;
import java.sql.ResultSet;
//定义作者表数据添加类
public class addAuthor{
public void add(AuthorVo authorVo){
    Connection conn=null;
```

```
        PreparedStatement pstm=null;
        ResultSet rs=null;
        try {
        //调用 JDBC_Connection 类的 getConnection 方法连接数据库
        conn=JDBC_Connection.getConnection();
        //添加数据的 SQL 语句
        String sql="insert into author(au_id,au_name,au_address,city,state,
au_phone) values(?,?,?,?,?,?)";
        pstm=conn.prepareStatement(sql);
        pstm.setString(1,authorVo.getAu_id());//把添加的 au_id 值存入 pstm 对象中
        pstm.setString(2,authorVo.getAu_name());
                                        //把添加的 au_name 值存入 pstm 对象中
        pstm.setString(3,authorVo.getAu_address());
                                        //把添加的 au_address 值存入 pstm 对象中
        pstm.setString(4,authorVo.getCity());
                                        //把添加的 city 值存入 pstm 对象中
        pstm.setString(5,authorVo.getState());
                                        //把添加的 state 值存入 pstm 对象中
        pstm.setString(6,authorVo.getAu_phone());
                                        //把添加的 au_phone 值存入 pstm 对象中
        pstm.executeUpdate();          //提交 pstm 对象执行 SQL 插入语句
        System.out.println("添加成功!添加的内容如下:");
        System.out.println("au_id:"+authorVo.getAu_id()+"\au_name:"+authorVo.
getAu_name()
        +"\t au_address:"+authorVo.getAu_address()+"\t city:"+authorVo.getCity()
    +"\t State:"+authorVo.getState()+"\t au_phone:"+authorVo.getAu_phone());
        } catch (Exception e){
          System.out.println("添加失败!");
          e.printStackTrace();
          }finally{
              JDBC_Connection.free(rs,conn,pstm);
          }
    }
    public static void main(String[] args){
        AddAuthor addAuthor=new AddAuthor();
        AuthorVo authorVo=new AuthorVo();
        //初始化变量值
        String au_id="510101001";
        String au_name="王亚";
        String au_address="西园路 189 号";
        String city="西安市";
        String state="陕西省";
        String au_phone="1308xxxxx";
        //将数据值放入 AuthorVo 对象中
        authorVo.setAu_id(au_id);
        authorVo.setAu_name(au_name);
        authorVo.setAu_address(au_address);
        authorVo.setCity(city);
        authorVo.setState(state);
        authorVo.setAu_phone(au_phone);
        //调用 add()方法,把 AuthorVo 对象作为参数传递
        addAuthor.add(authorVo);
```

```
        }
    }
```

当数据表数据添加 AddAuthor.java 程序在 Eclipse 平台中正常执行后，控制台输出结果如图 4-4 所示。

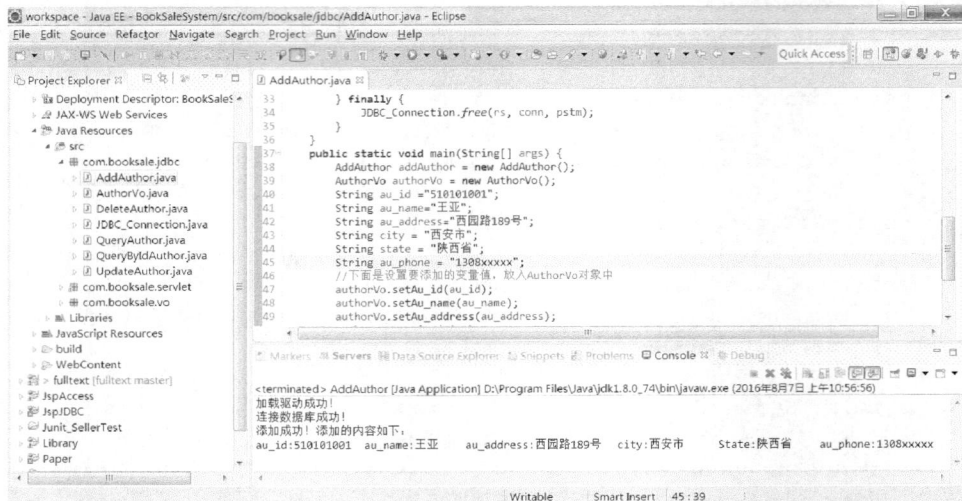

图 4-4　AddAuthor.java 执行结果

该控制台的输出结果表明，Author 数据表成功添加一条作者数据。若需要添加多条作者信息，需要修改插入数据，并重新执行该程序。

4. 使用 JDBC 查询数据库表数据

使用 JDBC 接口实现数据查询与在数据表中添加数据的编程方法一样，需要先建立 Statement 对象或 PrepareedStatement 对象，然后调用该对象的 executeQuery()方法来执行 SQL 查询语句。该方法返回一个 ResultSet 结果集对象，它封装了数据库查询结果集数据。使用 ResultSet 结果集对象的操作方法可以遍历读取各行数据。例如，在 Java 程序中使用 JDBC 接口实现数据库 Author 表的数据列表输出，其列表查询程序 QueryAuthor.java 类代码如下：

```java
package com.booksale.jdbc;
import java.sql.Connection;
import java.sql.ResultSet;
import java.sql.SQLException;
import java.sql.Statement;
import java.util.ArrayList;
import java.util.List;
public class QueryAuthor{
    public List<AuthorVo> showAuthor(){
        Connection conn=null;
        Statement stmt=null;
        ResultSet rs=null;
        List<AuthorVo> list=new ArrayList<AuthorVo>();
                                        //声明一个 List 集合，用于存放查询结果数据
        try{
            conn=JDBC_Connection.getConnection();//连接数据库
```

```
            stmt=conn.createStatement();       //建立 Statement 对象
            rs=stmt.executeQuery("select * from author");//执行 SQL 语句查询
            while(rs.next()){                   //若查询结果集存在，则进行循环遍历
                AuthorVo authorVo=new AuthorVo();
                authorVo.setAu_id(rs.getString("au_id"));
                authorVo.setAu_name(rs.getString("au_name"));
                authorVo.setAu_address(rs.getString("au_address"));
                authorVo.setCity(rs.getString("city"));
                authorVo.setState(rs.getString("state"));
                authorVo.setAu_phone(rs.getString("au_phone"));
                list.add(authorVo);             //把每次获得的对象数据放入 list 集合中
            }
        }catch(SQLException e){
            e.printStackTrace();
        }finally{
            JDBC_Connection.free(rs,conn,stmt);     //关闭连接
        }
        return list;
    }
    public static void main(String[] args) {
        QueryAuthor queryAuthor=new QueryAuthor();
        List<AuthorVo> list=queryAuthor.showAuthor();   //调用查询方法
                                //如果 list 集合不为空，则循环遍历打印出所有的信息
        if(list!=null){
            System.out.print("au_id          ");
            System.out.print("au_name    ");
            System.out.print("au_address      ");
            System.out.print("city            ");
            System.out.print("state           ");
            System.out.print("au_phone        ");
            System.out.println();
            for(int i=0;i<list.size();i++){
                System.out.print(list.get(i).getAu_id()+"\t");
                System.out.print(list.get(i).getAu_name()+"\t");
                System.out.print(list.get(i).getAu_address()+"\t");
                System.out.print(list.get(i).getCity()+"\t\t");
                System.out.print(list.get(i).getState()+"\t");
                System.out.print(list.get(i).getAu_phone());
                System.out.println();
            }
        }
    }
}
```

当数据表查询类 QueryAuthor.java 程序在 Eclipse 平台中正常执行后，控制台输出结果如图 4-5 所示。

图 4-5　QueryAuthor.java 执行结果

　　从图 4-5 所示的运行输出结果来看，该 Java 程序实现了 Author 表现有数据的列表输出。如果要求只输出满足查询条件的数据库表数据，则需要在 executeQuery()方法中执行带 where 子句的 SQL 查询语句。例如，在 Author 数据表中，查询满足条件 au_id="510101002"的作者数据。实现该条件查询的 QueryByIdAuthor.java 类代码如下：

```
package com.booksale.jdbc;
import java.sql.Connection;
import java.sql.PreparedStatement;
import java.sql.ResultSet;
import java.sql.SQLException;
public class QueryByIdAuthor{
    public AuthorVo queryAuthorById(String au_id){
      AuthorVo authorVo=null;
      Connection conn=null;
      PreparedStatement pstmt=null;
      ResultSet rs=null;
      try{
        conn=JDBC_Connection.getConnection();
        pstmt=conn.prepareStatement("select * from author where au_id=?");
        pstmt.setString(1,au_id);                 //设置条件 au_id
        rs=pstmt.executeQuery();
        while(rs.next()){//结果集存在，则遍历结果，放入 AuthorVo 对象中
            authorVo=new AuthorVo();
            authorVo.setAu_id(rs.getString("au_id"));
            authorVo.setAu_name(rs.getString("au_name"));
            authorVo.setAu_address(rs.getString("au_address"));
            authorVo.setCity(rs.getString("city"));
            authorVo.setState(rs.getString("state"));
            authorVo.setAu_phone(rs.getString("au_phone"));
            }
        }catch(SQLException e){
            e.printStackTrace();
        }finally{
            JDBC_Connection.free(rs,conn,pstmt);     //关闭连接
```

```
        }
        return authorVo;
    }
public static void main(String[] args){
    QueryByIdAuthor byId=new QueryByIdAuthor();
    String au_id="510101002    ";
    AuthorVo vo=byId.queryAuthorById(au_id);
    if(vo!=null){
        System.out.print("au_id        ");
        System.out.print("au_name      ");
        System.out.print("au_address      ");
        System.out.print("city     ");
        System.out.print("state         ");
        System.out.print("au_phone");
        System.out.println();
        System.out.print(vo.getAu_id()+"\t");
        System.out.print(vo.getAu_name()+"\t");
        System.out.print(vo.getAu_address()+"\t");
        System.out.print(vo.getCity()+"\t");
        System.out.print(vo.getState()+"\t");
        System.out.print(vo.getAu_phone());
        System.out.println();
    }else{
        System.out.println("au_id 为"+au_id+"的用户不存在!");
    }
  }
}
```

当数据表条件查询类 QueryByIdAuthor.java 程序在 Eclipse 平台中正常执行后，控制台输出结果如图 4-6 所示。

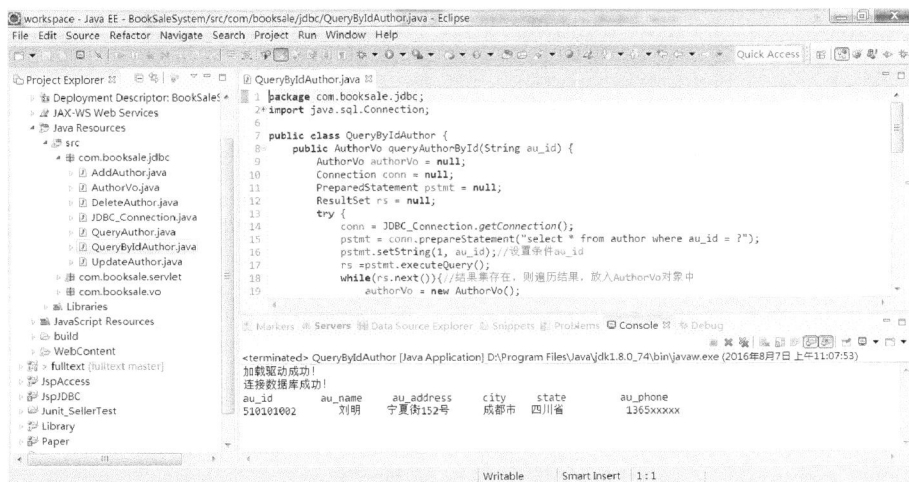

图 4-6　QueryByIdAuthor 类执行结果

5. 使用 JDBC 修改数据库表数据

使用 JDBC 接口实现数据库修改数据，其编程方法与在数据表中添加数据的编程方法一样，需要先建立 Statement 对象或 PreparedStatement 对象，然后调用该对象的 Statement.
executeUpdate()或 Statement.execute()方法来执行 Update 语句，实现数据库表的数据修改。例
如，把作者编号为"510101002"的姓名改为"李明"。在 Java 程序中基于 JDBC 接口实现
Author 表数据修改，其数据修改处理的 UpdateAuthor.java 程序代码如下：

```java
package com.booksale.jdbc;
import java.sql.Connection;
import java.sql.PreparedStatement;
import java.sql.SQLException;
public class UpdateAuthor{
    public void update(AuthorVo authorVo){
    Connection conn=null;
        PreparedStatement pstmt=null;
        //根据 au_id 修改的 SQL 语句
        String sql="update Author set au_name=? where au_id=?";
        try{
            conn=JDBC_Connection.getConnection();        //连接数据库
            pstmt=conn.prepareStatement(sql);
            pstmt.setString(1,authorVo.getAu_name());
            pstmt.setString(2,authorVo.getAu_id());
            pstmt.executeUpdate();                       //执行 SQL 数据修改
        }catch(SQLException e){
            e.printStackTrace();
        }finally{
            JDBC_Connection.free(null, conn, pstmt);     //关闭连接
        }
    }
    public static void main(String[] args){
        UpdateAuthor updateAuthor=new UpdateAuthor();
        String au_id="510101002";
        String au_name="李明";
        QueryByIdAuthor queryByIdAuthor=new QueryByIdAuthor();
        AuthorVo vo=new AuthorVo();
        vo=queryByIdAuthor.queryAuthorById(au_id);
        if(vo!=null){
            AuthorVo authorVo=new AuthorVo();
            //把修改的变量值放入 AuthorVo 对象中
            authorVo.setAu_id(au_id);
            authorVo.setAu_name(au_name);
            updateAuthor.update(authorVo);
            System.out.println("修改成功!修改了 au_id 值为"+au_id+"的数据");
        }else{
            System.out.println("修改失败!原因：au_id 为"+au_id+"的数据不存在!");
        }
    }
}
```

当数据修改类 UpdateAuthor.java 程序在 Eclipse 平台中正常执行后，控制台输出结果如
图 4-7 所示。

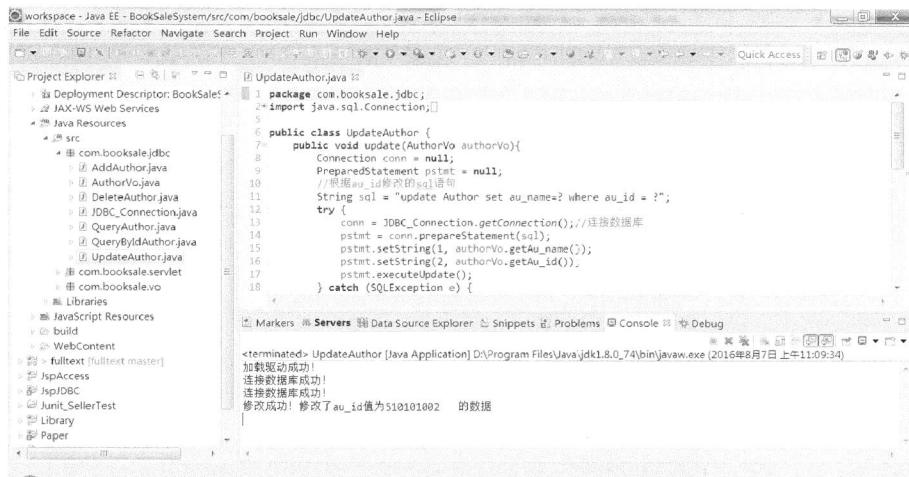

图 4-7　UpdateAuthor.java 执行结果

6. 使用 JDBC 删除数据库表数据

使用 JDBC 接口实现数据库表数据删除处理，其编程方法与在数据表中添加数据的编程方法一样，需要先建立 Statement 对象或 PreparedStatement 对象，然后调用该对象的 Statement.executeUpdate()或 Statement.execute()方法来执行 Delete 语句，实现数据库表的数据删除。例如，把编号为"510101002"的作者数据删除。在 Java 程序中使用 JDBC 接口删除 Author 表数据，其数据删除处理的 DeleteAuthor.java 程序代码如下：

```java
package com.booksale.jdbc;
import java.sql.Connection;
import java.sql.PreparedStatement;
import java.sql.SQLException;
public class DeleteAuthor{
    public void deleteAuthor(String au_id){
        Connection conn=null;
        PreparedStatement pstmt=null;
        try{
            conn=JDBC_Connection.getConnection();
            String sql="delete from Author where au_id =?";
            pstmt=conn.prepareStatement(sql);
            pstmt.setString(1,au_id);                //给 SQL 语句里的 au_id 赋值
            pstmt.executeUpdate();
            System.out.println("删除成功!删除了 au_id 值为"+au_id+"的数据");
        }catch(SQLException e){
            e.printStackTrace();
        }finally{
            JDBC_Connection.free(null,conn,pstmt);  //关闭连接
        }
    }
public static void main(String[] args){
    DeleteAuthor deleteAuthor=new DeleteAuthor();
    String au_id="510101002";
    AuthorVo authorVo=new AuthorVo();
    QueryByIdAuthor queryByIdAuthor=new QueryByIdAuthor();
```

```
        authorVo=queryByIdAuthor.queryAuthorById(au_id);
                        //调用根据 au_id 查询的方法查询出 au_id=510101002 的数据
        if(authorVo!=null){//如果查询出的数据不为空，则执行删除方法
            deleteAuthor.deleteAuthor(au_id);
        }else{
            System.out.println("删除失败!原因：au_id 为"+au_id+"的数据不存在!");
                        //数据为空则打印删除失败信息
        }
    }
}
```

当数据删除 DeleteAuthor.java 程序在 Eclipse 平台中正常执行后，控制台输出结果如图 4-8 所示。

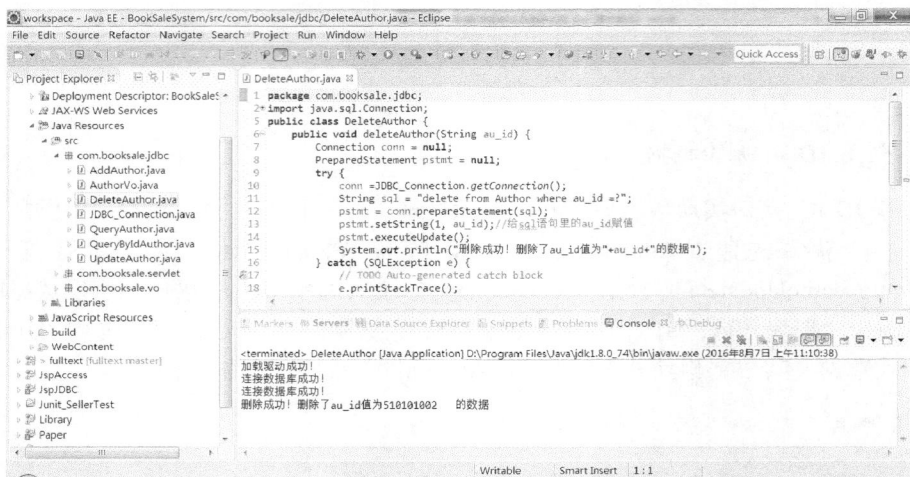

图 4-8　DeleteAuthor 类执行结果

4.1.5　问题解答

（1）在开发基于 JDBC 的 Java 应用程序时，为什么要引入 Java.sql 包？

在 Java 应用程序访问数据库时，通常需要调用 JDBC 接口 API 实现操作。这些 API 程序是由 Java.sql 包来提供的。因此，在 Java 应用程序代码中，需要引入 Java.sql 包，并使用如下 API：

```
import java.sql.Connection;          //JDBC 连接 API
import java.sql.DriverManager;       //JDBC 驱动装载 API
import java.sql.ResultSet;           //JDBC 结果集 API
import java.sql.SQLException;        //JDBC 出错处理 API
import java.sql.Statement;           //JDBC 语句处理 API
```

（2）为什么在数据库访问操作结束时，需要关闭 ResultSet 对象、Statement 对象和 Connection 对象？

在 Java 应用程序访问数据库时，需要创建 Connection 对象、Statement 对象和 ResultSet 对象，并通过这些对象的方法完成数据库访问操作。当数据库访问结束后，必须使用 Java 语句对这些对象进行关闭处理，以释放所占用的系统资源。

（3）为什么需要将 Oracle 数据库驱动类加载到 JVM？

在 Java 应用程序连接 Oracle 数据库时，必须先将 Oracle 数据库驱动类加载到 JVM 运行，这样应用程序才能通过数据库驱动程序操作访问 Oracle 数据库。实现加载驱动操作的 Java 语句如下：

```
Class.forName("oracle.jdbc.driver.OracleDriver");
```

4.1.6　实验练习

实　验　报　告

一、实验 1：图书借阅管理系统的 JDBC 数据库访问编程

二、实验室名称：　　　　　　　　　　　实验时间：

三、实验目的与任务

通过 JDBC 数据库访问编程实验训练，了解数据库编程访问的 Java 编程基本技术，熟悉 Eclipse 编程开发平台使用，掌握基于 JDBC 接口实现数据库基本访问操作的编程技术方法。

本实验任务是编写基于 JDBC 接口的 Java 程序，实现图书借阅管理系统图书信息表的数据操作访问。

四、实验原理

在 Java 数据库应用编程中，利用 JDBC 标准定义的数据库访问接口 API，实现数据库连接，数据库表数据插入、修改、删除，以及查询等数据库编程访问。

五、实验内容

在图书借阅管理系统数据库基础上，基于 JDBC 接口实现数据库访问编程。在 Eclipse 开发平台中，完成图书借阅管理系统的图书信息表（Book）数据操作访问编程。具体实验内容如下：

（1）基于 JDBC 接口，实现 Oracle 数据库 Lib 的连接编程。

（2）基于 JDBC 接口，实现图书信息表 Book 的数据插入编程。

（3）基于 JDBC 接口，实现图书信息表 Book 的数据修改编程。

（4）基于 JDBC 接口，实现图书信息表 Book 的数据删除编程。

（5）基于 JDBC 接口，实现图书信息表 Book 的数据查询编程。

六、实验设备及环境

本实验所涉及的硬件设备为计算机、服务器及以太网络环境。

操作系统：Windows 7

DBMS：Oracle Database 12c

Java 开发平台工具：Eclipse Luna

七、实验步骤

在开发平台 Eclipse 的 Java Web 项目中，基于 JDBC 标准接口实现图书借阅管理系统的数据库访问编程。其步骤如下：

（1）Eclipse 编程开发环境准备。新建一个动态 Web 项目，定义工作目录结构和包文件，并组织 Java 应用的库文件 Jar 包，定义环境配置。

（2）将 Oracle 数据库驱动加载到 JDBC 管理器中进行注册。调用 JDBC 接口的 DriverManager 驱动管理类方法获取数据库连接对象，并利用该连接对象实现 JDBC 连接 Oracle

数据库。

（3）使用 JDBC 标准接口，实现对图书信息表 Book 插入数据编程处理。

（4）使用 JDBC 标准接口，实现对图书信息表 Book 查询数据编程处理。

（5）使用 JDBC 标准接口，实现对图书信息表 Book 修改数据编程处理。

（6）使用 JDBC 标准接口，实现对图书信息表 Book 删除数据编程处理。

八、实验数据及结果分析

说明：本节为学生编写的报告内容，学生应按照上述步骤分别给出各项实验内容的具体操作过程说明，并包含操作分析、操作原理、操作方法等描述内容。在报告内容中，需要有基本的操作界面和操作结果数据分析。

九、总结及心得体会

说明：本节为学生编写的报告内容，学生应对本实验的关键技术内容进行归纳总结，并给出心得体会。

4.2　实验 2——Servlet 数据库访问编程

4.2.1　相关知识

在 Web 应用系统实现方案中，大多采用动态 Web Application 技术方式实现，即页面信息来自数据库动态生成。在 Java Web 数据库应用开发中，JDBC 作为数据库访问接口，它与数据持久层、业务逻辑层以及表示层结合，实现动态 Java Web 应用。目前 Java Web 数据库访问编程有多种技术实现，如在 Servlet 中使用 JDBC 访问数据库，在 JSP 中使用 JDBC 访问数据库，在 JSP 中使用 JavaBean 访问数据库以及使用 Hibernate 框架实现数据库访问等技术方案。本节介绍在 Servlet 中使用 JDBC 访问数据库的方法。

Servlet 是一种在 Web 服务器上运行的 Java 类程序，它通常用于接收浏览器客户端发出的 HTTP 请求，然后处理该请求，并将处理结果以 HTML 形式返回浏览器客户端进行显示响应。采用 Servlet 技术实现 HTTP 请求的处理方式具有如下优点：

（1）相比传统 CGI 服务器程序，具有高效的执行效率。

（2）Servlet 采用 Java 编写实现，只要服务器上有 Java 虚拟机即可运行，具有跨平台特性。

（3）Servlet API 提供较丰富处理功能，如解析 HTML 表单数据、读取和设置 HTTP 头、共享数据访问等。

Servlet 程序访问数据库的原理机制如图 4-9 所示。

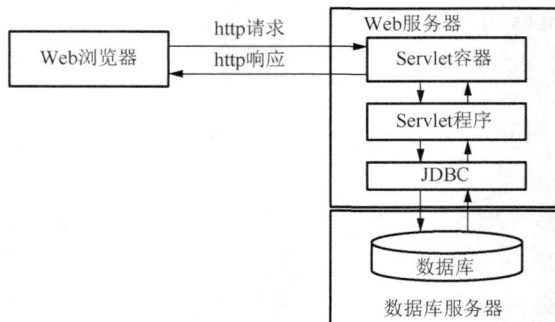

图 4-9　Servlet 程序访问数据库的原理机制

- Web 浏览器客户端向 Web 服务器发送 http 消息，请求获得数据库访问服务，其访问可以是网页形式访问，也可以是表单形式访问。
- Web 服务器收到请求后，由 Servlet 容器将该请求分发到对应的 Servlet 程序进行处理。若该请求需要访问数据库，则 Servlet 程序调用 JDBC 接口 API 访问数据库。Servlet 程序处理数据后，将结果返回 Servlet 容器。
- Servlet 容器再将处理结果数据以 HTML 的形式发送到客户端 Web 浏览器。Web 浏览器接收到响应的 HTML 数据后在终端进行显示。

为了使 Servlet 程序在 Web 服务器中能够被定位执行，需要在服务器的 Web.xml 配置文件中进行声明和路径映射定义。每个 Servlet 对象在 Web.xml 中的设置项目如下：

```
<servlet>
 <servlet-name>Servlet 对象名称</servlet-name>
 <servlet-class>Servlet 对象的完整类名</servlet-class>
</servlet>
<servlet-mapping>
 <servlet-name>Servlet 对象名称</servlet-name>
 <url-pattern>访问 Servlet 对象的 URL</url-pattern>
</servlet-mapping>
```

当创建 Servlet 程序和配置 Web.xml 文件后，便可对该 Servlet 对象程序进行调用。主要有如下 3 种方式调用：

（1）在浏览器 URL 地址中调用 Servlet 对象程序执行。

（2）使用页面表单 action 或超链接调用 Servlet 对象程序执行。

（3）使用 JSP 标签调用 Servlet 对象程序执行。

4.2.2　实验目的

通过 Servlet 数据库访问编程实验训练，了解 Java Web 的核心技术 Servlet 机制，掌握在 Servlet 编程代码中利用 JDBC 接口实现数据库操作访问的技术方法。本实验具体目标如下：

（1）了解 Java Web 数据库应用实现原理。

（2）了解 Java Web 的核心技术 Servlet 机制。

（3）掌握在 Servlet 编程代码中结合 JDBC 接口实现数据库操作访问的技术方法。

4.2.3　实验内容

针对图书销售系统开发，在创建的图书销售数据库基础上，进行 Servlet 数据库访问编程实验。其实验练习内容如下：

（1）利用 Servlet 技术方法，实现出版社信息表 Publisher 的数据插入编程。

（2）利用 Servlet 技术方法，实现出版社信息表 Publisher 的数据修改编程。

（3）利用 Servlet 技术方法，实现出版社信息表 Publisher 的数据删除编程。

（4）利用 Servlet 技术方法，实现出版社信息表 Publisher 的数据查询编程。

4.2.4　实验指导

本实验将以一个图书销售系统数据库 Lib 的数据访问为例，给出在 Servlet 程序中使用 JDBC API 实现对数据库表增、删、插、改数据的编程操作方法。编写出版社信息表 Publisher

的数据添加页面、数据查询页面、数据修改页面、数据删除页面以及对应的 Servlet 程序。其开发步骤如下。

1. 编程开发环境准备

在 Eclipse 平台中，在 BookSaleSystem 项目的 src 目录下新建一个名称为 com.booksale.servlet 包，该包用于存放访问操作出版社信息表 Publisher 的 Servlet 程序。此外，将 javax.servlet_3.0.0.v201112011016.jar 复制到项目的 WebRoot/WEB-INF/lib 目录中。访问操作出版社信息表的 html 页面文件放入项目的 WebRoot 目录中。BookSaleSystem 项目的目录结构如图 4-10 所示。

图 4-10　BookSaleSystem 项目的目录结构

2. 添加数据的 HTML 页面创建

为了实现通过 Web 页面方式输入出版社数据，需要创建一个 html 页面，并将其命名为 addPublisher.html。在该页面中，通过 HTML 表单获取用户的数据输入。当用户在页面中提交表单后，这些数据将被传送给页面 action 所指向的 AddServlet.java 程序进行处理，通过该 Servlet 程序将数据插入 Publisher 表中。addPublisher.html 页面代码如下：

```html
<!DOCTYPE HTML PUBLIC "-//W3C//DTD HTML 4.01 Transitional//EN">
<html>
  <head>
    <title>addPublisher.html</title>
    <meta http-equiv="content-type" content="text/html;charset=gb2312">
  </head>
  <body>
    <form action="AddServlet" method="post">
        <h1><label>请输入出版社信息:</label></h1>
        <label>出版社编号:</label><br>
        <input type="text" name="id"><br>
        <label>出版社名称:</label><br>
        <input type="text" name="name"><br>
        <label>出版社电话:</label><br>
        <input type="text" name="phone"><br>
        <label>出版社地址:</label><br>
        <input type="text" name="address"><br><br>
        <input type="submit" value="提交">
    </form>
  </body>
</html>
```

当该页面发布到 Web 服务器后，用户可以在客户端通过浏览器访问该页面，其显示效果如图 4-11 所示。

图 4-11　出版社信息添加页面

在出版社信息添加页面表单中，其 action 属性指向名称为"AddServlet"的 Servlet 对象程序，并且表单提交方式为 post 方法。当用户单击"提交"按钮时，将执行该 Servlet 程序。

3. 使用 Servlet 添加数据到数据库表

在处理出版社信息表数据插入的 AddServlet.java 类程序执行时，它从 request 对象提取表单输入数据，并调用 JDBC 接口 API 将表单输入的数据插入数据库表内。该 Servlet 程序代码如下：

```java
package com.booksale.servlet;
import java.io.IOException;
import java.io.PrintWriter;
import java.sql.Connection;
import java.sql.DriverManager;
import java.sql.PreparedStatement;
import javax.servlet.ServletException;
import javax.servlet.http.HttpServlet;
import javax.servlet.http.HttpServletRequest;
import javax.servlet.http.HttpServletResponse;
//处理出版社信息添加的 Servlet 程序
public class AddServlet extends HttpServlet{
//初始化方法
public void init() throws ServletException{
    }
//处理 HTTP Get 请求
public void doGet(HttpServletRequest request,HttpServletResponse response)
        throws ServletException,IOException {
    response.setContentType("text/html;charset=gb2312");//设置响应内容类型
    PrintWriter out=response.getWriter();              //创建响应输出流对象
    this.doPost(request, response);                    //使用 post 方法读取请求响应
    out.flush();                                       //输出流数据
    out.close();                                       //关闭输出
}
//处理 HTTP Post 请求
public void doPost(HttpServletRequest request,HttpServletResponse response)
        throws ServletException,IOException{
    response.setContentType("text/html;charset=gb2312");//设置响应内容类型
    request.setCharacterEncoding("gb2312");
    PrintWriter out=response.getWriter();              //创建响应输出流对象
```

```
        String id=request.getParameter("id");                    //获取出版社编号
        String name=request.getParameter("name");                //获取出版社名称
        String phone=request.getParameter("phone");        //获取出版社电话
        String address=request.getParameter("address");//获取出版社所在地址
        Connection conn=null;//声明一个 Connection 对象，用来连接数据库
        PreparedStatement pstmt=null;
                            //声明 PreparedStatement 对象，用来向数据库插入数据条数据
        try{
         Class.forName("oracle.jdbc.OracleDriver"); //注册数据库驱动类
         System.out.println("创建驱动成功!");
         //连接数据库
        conn=DriverManager.getConnection("jdbc:oracle:thin:@localhost:1521:hsd",
"C##BOOKSALE","111111");
         System.out.println("连接数据库成功!");            //控制台输出连接数据库成功
         String sql="insert into publisher(PUB_ID,PUB_NAME,PUB_PHONE,
PUB_ADDRESS) values(?,?,?,?)";
        pstmt=conn.prepareStatement(sql);
        //设置插入数据的顺序
        pstmt.setString(1,id);
        pstmt.setString(2,name);
        pstmt.setString(3,phone);
        pstmt.setString(4,address);
        int result=pstmt.executeUpdate();            //执行数据插入 SQL 语句
        //判断执行结果
        if(result==1)
            out.print("插入数据成功!");
        else
            out.print("插入数据失败!请重新插入!");
        }catch(Exception e){
            out.println("无法连接数据库!请检查数据库连接是否正确!");
        }
        out.flush();                                    //输出流数据
        out.close();                                    //关闭输出
}
// 销毁方法
public void destroy() {
    super.destroy();
    // Put your code here
    }
}
```

为了让 AddServlet.java 程序能够被定位执行，还需要在服务器的 Web.xml 文件中，对该 Servlet 对象进行配置。在 Web.xml 文件中的配置项目内容如下：

```
<servlet>
 <servlet-name>AddServlet</servlet-name>
 <servlet-class>com.booksale.servlet.AddServlet</servlet-class>
</servlet>
<servlet-mapping>
 <servlet-name>AddServlet</servlet-name>
 <url-pattern>/AddServlet</url-pattern>
</servlet-mapping>
```

当客户浏览器对该 Servlet 提出请求时，AddServlet.java 程序将被执行，并输出插入数据成功页面，如图 4-12 所示。

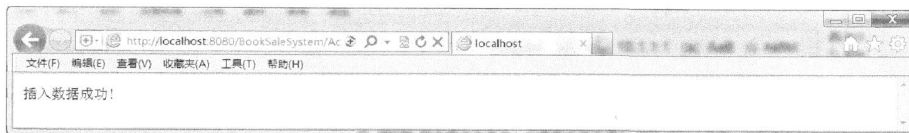

图 4-12　插入数据成功页面

4. 使用 Servlet 程序查询显示表中全部数据

当在数据库表中添加多条数据后，便可对数据库表进行查询显示操作。这里给出对出版社 Publisher 数据库表信息进行列表显示的 PublisherList.java 程序。该 Servlet 程序代码如下：

```java
package com.booksale.servlet;
import java.io.IOException;
import java.io.PrintWriter;
import java.sql.Connection;
import java.sql.DriverManager;
import java.sql.ResultSet;
import java.sql.Statement;
import javax.servlet.ServletException;
import javax.servlet.http.HttpServlet;
import javax.servlet.http.HttpServletRequest;
import javax.servlet.http.HttpServletResponse;
//列表显示出版社信息
public class PublisherList extends HttpServlet{
    public void doGet(HttpServletRequest request,HttpServletResponse response)
    throws ServletException,IOException{
    response.setContentType("text/html;charset=gb2312") ;
    request.setCharacterEncoding("gb2312");
    PrintWriter out=response.getWriter();
    Connection con=null;
    Statement stmt=null;
    ResultSet rs=null;
    try{
     Class.forName("oracle.jdbc.OracleDriver");            //注册数据库驱动类
    //连接数据库
    con=DriverManager.getConnection("jdbc:oracle:thin:@localhost:1521:hsd",
    "C##BOOKSALE","111111");
    stmt=con.createStatement();
    rs=stmt.executeQuery("SELECT * FROM publisher");     //查询数据
    //在页面中显示表中的所有信息
    out.println(
    "<html>"+"<head><title>出版社信息</title></head>"+"<body>");
    out.println("<h3>出版社信息</h3>");
    out.print("<table border=1>");
    out.print("<tr><th>出版社编号</th><th>出版社名称</th><th>出版社联系电话
</th><th>出版社地址</th></tr>");
    while(rs.next()){
    out.print("<tr><td>"+rs.getString(1)+"</td>"+"<td>"+rs.getString(2)+
"</td>"
```

```
        +"<td>"+rs.getString(3)+"</td>"+"<td>"+rs.getString(4)+"</td>
</tr>");
            }
        out.print("</table>");
        out.print("</body></html>");
        out.close();
         }catch(Exception e){}
        }
    }
```

同样，在 PublisherList.java 程序编写完成后，也需要在服务器的 Web.xml 文件中配置该 Servlet 程序，以便 Web 服务器能够定位执行 PublisherList.java 程序。以上 Servlet 程序在 Web.xml 文件中的配置项目内容如下：

```
<servlet>
 <servlet-name>PublisherList</servlet-name>
 <servlet-class>com.booksale.servlet.PublisherList</servlet-class>
</servlet>
<servlet-mapping>
 <servlet-name>PublisherList</servlet-name>
 <url-pattern>/PublisherList</url-pattern>
</servlet-mapping>
```

当 PublisherList.java 程序在服务器中正常执行后，客户端浏览器输出结果如图 4-13 所示。

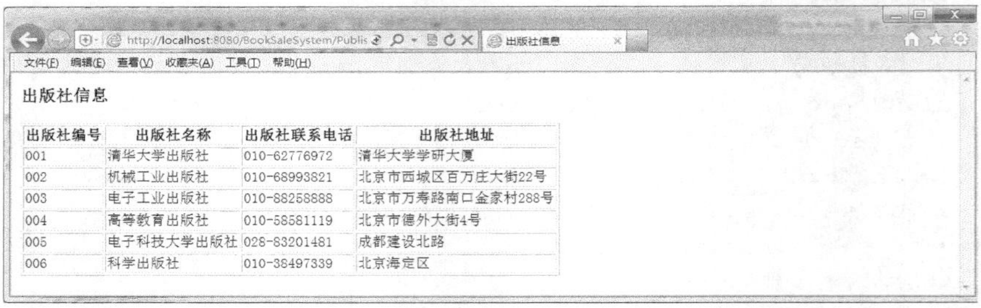

出版社编号	出版社名称	出版社联系电话	出版社地址
001	清华大学出版社	010-62776972	清华大学学研大厦
002	机械工业出版社	010-68993821	北京市西城区百万庄大街22号
003	电子工业出版社	010-88258888	北京市万寿路南口金家村288号
004	高等教育出版社	010-58581119	北京市德外大街4号
005	电子科技大学出版社	028-83201481	成都建设北路
006	科学出版社	010-38497339	北京海淀区

图 4-13　出版社信息表查询结果

5. 使用 Servlet 程序修改表中数据

为了实现对某个出版社信息的修改，首先要通过条件输入页面 queryToUpdate.html 采集需要修改信息的出版社编码数据。在该页面中，通过 HTML 表单获取用户输入的出版社编号数据。queryToUpdate.html 页面代码如下：

```
<!DOCTYPE HTML PUBLIC "-//W3C//DTD HTML 4.01 Transitional//EN">
<html>
<head>
<title>queryToUpdate.html</title>
<meta http-equiv="content-type" content="text/html; charset=UTF-8">
</head>
<body>
    <form action="QueryToUpdateServlet" method="post">
        <label>请输入要修改的出版社编号:</label><br>
        <br><input type="text" name="id"><br>
        <br><input type="submit" value="提交">
```

```
            </form>
        </body>
    </html>
```

当条件输入页面 queryToUpdate.html 在 Web 服务器发布后，用户可在客户端浏览器访问该页面，其页面执行结果如图 4-14 所示。

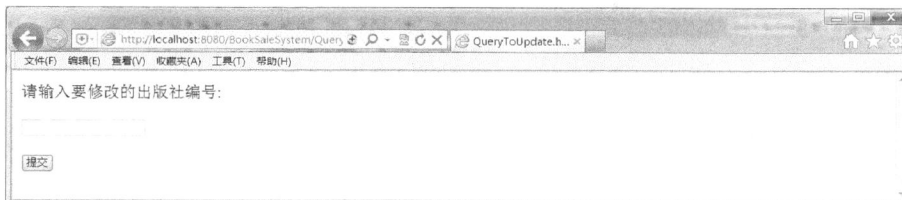

图 4-14　queryToUpdate.html 页面

在条件输入页面中，当用户输入出版社编号，并单击"提交"按钮后，则通过 post 方法调用 action 所指向的 QueryToUpdateServlet.java 程序执行。该 Servlet 程序将根据指定的出版社编号获取该出版社数据，并在页面中显示输出。QueryToUpdateServlet.java 程序代码如下：

```java
package com.booksale.servlet;
import java.io.IOException;
import java.io.PrintWriter;
import java.sql.Connection;
import java.sql.DriverManager;
import java.sql.PreparedStatement;
import java.sql.ResultSet;
import java.sql.SQLException;
import javax.servlet.ServletException;
import javax.servlet.http.HttpServlet;
import javax.servlet.http.HttpServletRequest;
import javax.servlet.http.HttpServletResponse;
public class QueryToUpdateServlet extends HttpServlet{
    public void doGet(HttpServletRequest request,HttpServletResponse response)
    throws ServletException,IOException{
        response.setContentType("text/html;charset=gb2312") ;
        request.setCharacterEncoding("gb2312");
        PrintWriter out=response.getWriter();
        String id=request.getParameter("id");   // 获取出版社编号
        Connection conn=null;        //声明一个 Connection 对象，用来连接数据库
        PreparedStatement pstmt=null;              //声明 PreparedStatement 对象
        ResultSet rs=null;                         //声明一个结果集
        try{
            Class.forName("oracle.jdbc.OracleDriver");    //注册数据库驱动类
            System.out.println("创建驱动成功!");
            //连接数据库
            conn=DriverManager.getConnection("jdbc:oracle:thin:@localhost:
1521:hsd",
    "C##BOOKSALE","111111");
            System.out.println("连接数据库成功!");
            //执行 SQL 条件查询
            String sql="select * from PUBLISHER  where PUB_ID=?";
```

```
    //查询的 SQL 语句
    pstmt=conn.prepareStatement(sql);
    pstmt.setString(1,id);
    rs=pstmt.executeQuery();
}catch(Exception e){}
//输出该出版社信息到页面
out.println("<html>"
        + "<head><title>显示单个出版社信息</title></head>"
        + "<body>");
out.println("<h1>显示单个出版社信息</h1><br><br>");
out.print("<form action='UpdatePublisherServlet' method='post'>");
try{
    while(rs.next()){//在页面中打印出查询信息
        out.println("出版社编号：");
        out.print("<br>");
        //在文本框中显示出版社编号，设置成只读
        out.println("<input type='text' name='id' readonly='true' value=");
        out.println(rs.getString(1).toString());
        out.print(">");
        out.print("<br>");
        //在文本框中显示出版社名称
        out.println("出版社名称 ");
        out.print("<br>");
        out.println("<input type='text' name='name' value=");
        out.println(rs.getString(2).toString());
        out.println(">");
        out.print("<br>");
        //在文本框中显示出版社电话
        out.println("出版社电话 ");
        out.print("<br>");
        out.println("<input type='text' name='phone' value=");
        out.println(rs.getString(3).toString());
        out.println(">");
        out.print("<br>");
        //在文本框中显示出版社地址
        out.println("出版社地址:");
        out.print("<br>");
        out.println("<input type='text' name='address' value=");
        out.println(rs.getString(4).toString());
        out.print(">");
        out.print("<br>");
        //在表单中显示提交按钮
        out.print("<input type='submit' value='Submit'>");
        out.print("</form>");
        out.print("</body>");
        out.print("</html>");
    }
}catch(SQLException e){
    e.printStackTrace();
}
out.flush();                    //缓冲区输出
out.close();                    //关闭流输出，并释放资源
```

```
    }
public void doPost(HttpServletRequest request,HttpServletResponse response)
    throws ServletException,IOException{
    response.setContentType("text/html;charset=gb2312");
    request.setCharacterEncoding("gb2312");
    PrintWriter out=response.getWriter();
    this.doGet(request,response);     //调用 doGet 方法
    out.flush();                      //缓冲区输出
    out.close();                      //关闭流输出，并释放资源
  }
}
```

同样，在 QueryToUpdateServlet.java 程序编写完成后，也需要在服务器的 Web.xml 文件中配置该 Servlet 程序，以便 Web 服务器能够定位执行 QueryToUpdateServlet.java 程序。以上 Servlet 程序在 Web.xml 文件中的配置项目内容如下：

```
<servlet>
 <servlet-name>QueryToUpdateServlet</servlet-name>
 <servlet-class>com.booksale.servlet.QueryToUpdateServlet</servlet-class>
</servlet>
<servlet-mapping>
 <servlet-name>QueryToUpdateServlet</servlet-name>
 <url-pattern>/QueryToUpdateServlet</url-pattern>
</servlet-mapping>
```

在图 4-14 页面中，若输入出版社编号为"001"，单击"提交"按钮后，Web 服务器执行 QueryToUpdateServlet 类的 doPost 方法程序，客户端浏览器输出结果页面如图 4-15 所示。

图 4-15　QueryToUpdate.java 执行结果

在图 4-15 页面中，若用户若修改出版社电话号码为"010-6277××××"，单击"提交"按钮后，Web 服务器将执行数据修改操作的 Servlet 程序 UpdatePublisherServlet.java，实现该出版社数据修改，并重新列表输出所有出版社信息。UpdatePublisherServlet.java 程序的代码如下：

```
package com.booksale.servlet;
import java.io.IOException;
import java.io.PrintWriter;
import java.sql.Connection;
import java.sql.DriverManager;
import java.sql.PreparedStatement;
import java.sql.ResultSet;
import java.sql.Statement;
import javax.servlet.ServletException;
```

```
import javax.servlet.http.HttpServlet;
import javax.servlet.http.HttpServletRequest;
import javax.servlet.http.HttpServletResponse;
public class UpdatePublisherServlet extends HttpServlet{
    public void doGet(HttpServletRequest request, HttpServletResponse response)
            throws ServletException,IOException{
        response.setContentType("text/html");
        PrintWriter out=response.getWriter();
        this.doPost(request,response);
        out.flush();
        out.close();
    }
    public void doPost(HttpServletRequest request, HttpServletResponse response)
            throws ServletException, IOException{
        response.setContentType("text/html;charset=gb2312") ;
        request.setCharacterEncoding("gb2312");
        PrintWriter out=response.getWriter();
        Connection conn=null;              //声明一个 Connection 对象，用来连接数据库
        PreparedStatement pstmt=null;
//声明 PreparedStatement 对象，用来向数据库插入数据
        ResultSet rs=null;                               //声明一个结果集
        Statement stmt=null;
        String id=request.getParameter("id");
        String name=request.getParameter("name");
        String phone=request.getParameter("phone");
        String address=request.getParameter("address");
        try{
          Class.forName("oracle.jdbc.OracleDriver");     //注册数据库驱动类
          System.out.println("创建驱动成功!");
          //连接数据库
          conn=DriverManager.getConnection("jdbc:oracle:thin:@localhost:
1521:hsd",
    "C##BOOKSALE","111111");
          System.out.println("连接数据库成功!");
          //修改的 SQL 语句
          String sql="update publisher set pub_id=?,pub_name=?,
                        pub_phone=?,pub_address=? where pub_id=?";
          pstmt=conn.prepareStatement(sql);
          //下面是设置修改的数据值
          pstmt.setString(1,id);
          pstmt.setString(2,name);
          pstmt.setString(3,phone);
          pstmt.setString(4,address);
          pstmt.setString(5,id);
          pstmt.executeUpdate();                          //执行修改
          System.out.println("修改成功!");
          /*
           * 添加成功以后，显示出全部信息
           */
          stmt=conn.createStatement();
          rs=stmt.executeQuery("SELECT * FROM publisher");  //查询数据
```

```
                    //在页面中显示表中的所有信息
                    out.println(
                        "<html>" +
                            "<head><title>出版社信息</title></head>" +
                            "<body>");
                    out.println("<h1>出版社信息:</h1><br><br>");
                    //循环遍历输出查询结果
                    while(rs.next()){
                        out.print("出版社编号:");
                        out.print(rs.getString(1)+"\t");
                        out.print("出版社地址:");
                        out.print(rs.getString(2)+"\t");
                        out.print("出版社电话:");
                        out.print(rs.getString(3)+"\t");
                        out.print("出版社地址:");
                        out.print(rs.getString(4)+"\t");
                        out.println("<br>");
                    }
                    out.print("</body></html>");
                    out.close();
                }catch(Exception e){}
                out.flush();
                out.close();
            }
        }
```

同样，在 UpdatePublisherServlet.java 程序编写完成后，也需要在服务器的 Web.xml 文件中配置该 Servlet 程序，以便 Web 服务器能够定位执行 UpdatePublisherServlet.java 程序。以上 Servlet 程序在 Web.xml 文件中的配置项目内容如下：

```
<servlet>
 <servlet-name>UpdatePublisherServlet</servlet-name>
 <servlet-class>com.booksale.servlet.UpdatePublisherServlet</servlet-class>
</servlet>
<servlet-mapping>
 <servlet-name>UpdatePublisherServlet</servlet-name>
 <url-pattern>/UpdatePublisherServlet</url-pattern>
</servlet-mapping>
```

当 UpdatePublisherServlet.java 类程序被执行后，浏览器输出页面结果如图 4-16 所示。

图 4-16　UpdatePublisherServlet.java 执行结果

6. 使用 Servlet 删除表中数据

为了删除某个出版社信息，需要指定删除该出版社的编码信息。这里将指定删除的 Web 页面命名为 queryToDelete.html。在该页面中，通过 HTML 表单获取用户输入的出版社数据。当用户提交表单后，该数据将被传送给服务器端 Servlet 程序进行删除处理，并将删除后的出版社列表数据在页面中显示输出。queryToDelete.html 页面代码如下：

```html
<!DOCTYPE HTML PUBLIC "-//W3C//DTD HTML 4.01 Transitional//EN">
<html>
<head>
<title>queryToDelete.html</title>
<meta http-equiv="content-type" content="text/html; charset=gb2312">
</head>
<body>
    <form action="DeleteByIdServlet" method="post">
        <label>请输入要删除的出版社编号:</label><br>
        <br><input type="text" name="id"><br>
        <br><input type="submit" value="删除">
    </form>
</body>
</html>
```

当 queryToDelete.html 页面在客户端浏览器执行后，输出结果如图 4-17 所示。

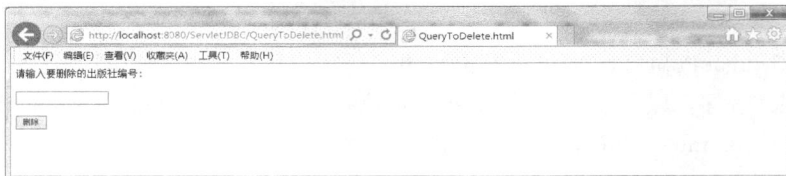

图 4-17　删除指定出版社编号页面

在上面页面中，当用户输入出版编号，并单击"提交"按钮后，则调用 Web 服务器中 DeleteByIdServlet.java 程序来执行删除指定出版社的处理。当该 Servlet 程序执行完成后，列表显示出版社信息。DeleteByIdServlet.java 程序代码如下：

```java
package com.booksale.servlet;
import java.io.IOException;
import java.io.PrintWriter;
import java.sql.Connection;
import java.sql.DriverManager;
import java.sql.PreparedStatement;
import java.sql.ResultSet;
import java.sql.Statement;
import javax.servlet.ServletException;
import javax.servlet.http.HttpServlet;
import javax.servlet.http.HttpServletRequest;
import javax.servlet.http.HttpServletResponse;
public class DeleteByIdServlet extends HttpServlet{
    public void doGet(HttpServletRequest request, HttpServletResponse response)
            throws ServletException,IOException{
```

```
            response.setContentType("text/html");
            PrintWriter out=response.getWriter();
            this.doPost(request,response);
            out.flush();
            out.close();
        }
    public void doPost(HttpServletRequest request, HttpServletResponse response)
            throws ServletException,IOException{
            response.setContentType("text/html;charset=gb2312");
            request.setCharacterEncoding("gb2312");
            PrintWriter out=response.getWriter();
            String id=request.getParameter("id");
            //连接数据库
            Connection conn=null;
            ResultSet rs=null;
            Statement stmt=null;
            PreparedStatement pstmt=null;
            try{
                Class.forName("oracle.jdbc.OracleDriver");          //注册数据库驱动类
                System.out.println("创建驱动成功!");
                //连接数据库
                conn=DriverManager.getConnection("jdbc:oracle:thin:@localhost:
1521:hsd",
    "C##BOOKSALE","111111");
                System.out.println("连接数据库成功!");
                String sql="delete from PUBLISHER where PUB_ID=?";
                //删除数据的 SQL 语句
                pstmt=conn.prepareStatement(sql);
                pstmt.setString(1,id);
                pstmt.executeUpdate();                              //执行删除 SQL 语句
                System.out.println("删除成功!");
                //显示结果信息
                out.println("<html><head><title>"
                    + "删除出版社表数据</title></head>" + "<body>");
                out.println("<h1>删除出版社表数据成功!</h1>");
                out.print("</body></html>");
                /*
                 * 删除数据成功以后，显示出全部信息
                 */
                stmt=conn.createStatement() ;
                rs=stmt.executeQuery("SELECT * FROM publisher");  //查询数据
                //在页面中显示表中的所有信息
                out.println(
                        "<html>" +
                        "<head><title>出版社信息</title></head>" +
                        "<body>");
                out.println("<h1>出版社信息:</h1><br><br>");
                //循环遍历输出查询结果
                    while(rs.next()){
                        out.print("出版社编号:");
                        out.print(rs.getString(1)+"\t");
                        out.print("出版社地址:");
                        out.print(rs.getString(2)+"\t");
                        out.print("出版社电话:");
```

```
                out.print(rs.getString(3)+"\t");
                out.print("出版社地址:");
                out.print(rs.getString(4)+"\t");
                out.println("<br>");
            }
        }catch(Exception e){}
        out.flush();
        out.close();
    }
}
```

同样，在 DeleteByIdServlet.java 程序编写完成后，也需要在服务器的 Web.xml 文件中配置该 Servlet 程序，以便 Web 服务器能够定位执行 DeleteByIdServlet.java 程序程序。以上 Servlet 程序在 Web.xml 文件中的配置内容如下：

```
<servlet>
 <servlet-name>DeleteByIdServlet</servlet-name>
 <servlet-class>com.booksale.servlet.DeleteByIdServlet</servlet-class>
</servlet>
<servlet-mapping>
 <servlet-name>DeleteByIdServlet</servlet-name>
 <url-pattern>/DeleteByIdServlet</url-pattern>
</servlet-mapping>
```

在删除指定出版社数据前，可先查看原有出版社信息。例如，通过执行 PublisherList.java 程序查询获得出版社原有信息，其结果数据如图 4-18 所示。

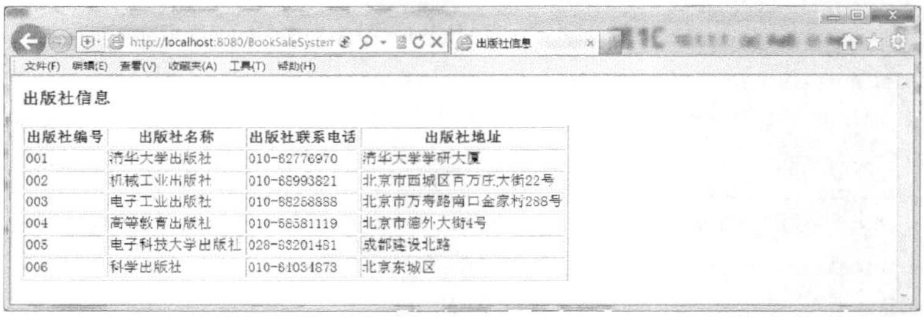

图 4-18　出版社原有信息页面

在如图 4-17 所示指定出版社编号的删除页面中，若输入出版社编号为"006"，单击"提交"按钮后，Web 服务器执行 DeleteByIdServlet 类的 doPost 方法程序进行数据删除处理，其执行结果如图 4-19 所示。

图 4-19　删除指定出版社的执行结果页面

4.2.5　问题解答

（1）在 Eclipse 项目中，为什么在 Java 程序中有时会出现中文乱码？

这是因为 Java 程序所使用的字符集与平台字符集不一致或该字符集不支持中文，可以通过重新设置字符集的方式来解决中文乱码问题。在 Eclipse 环境中，通常需要选择 UTF-8 或 GBK 字符集，以支持编码中的汉字。

（2）为什么在执行 Servlet 程序前，需要先在项目的 Web.xml 中进行配置？

因为 Servlet 程序在 Web 服务器中执行，需要通过该项目的 Web.xml 配置信息进行路径映射和类程序申明，其他程序或页面才能调用该 Servlet 程序运行。

（3）Servlet 的 doGet()和 doSet()方法如何调用执行？

在 Servlet 类程序中，均提供了 doGet()方法和 doSet()方法。如果请求通过 get 方式提交，则调用 doGet()方法程序执行；如果请求通过 post 方式提交，则调用 doSet()方法程序执行。

4.2.6　实验练习

实　验　报　告

一、实验 2：图书借阅管理系统的 Servlet 数据库访问编程

二、实验室名称：　　　　　　　　　　实验时间：

三、实验目的与任务

通过 Servlet 数据库访问编程实验训练，了解 Java Web 的核心技术 Servlet 机制，掌握在 Servlet 中利用 JDBC 接口实现数据库编程访问的技术方法。

本实验任务是在 Servlet 程序中利用 JDBC 接口实现对图书借阅管理系统的数据库操作访问编程。

四、实验原理

通过 HTML 页面表单获取用户输入数据，并以 http 请求方式将输入数据传递给 Web 服务器中对应的 Servlet 程序进行处理。在 Servlet 程序中，借助 JDBC 接口实现对特定数据库表进行操作访问处理，并将结果数据以 HTML 页面响应方式返回到客户浏览器进行显示输出。

五、实验内容

在图书借阅管理系统数据库基础上，基于 Servlet 技术方法实现数据库访问编程。在 Eclipse 开发平台中，完成图书借阅管理系统图书信息表 Book 数据操作访问编程。具体实验内容如下：

（1）利用 Servlet 技术方法，实现图书信息表 Book 的数据插入编程。

（2）利用 Servlet 技术方法，实现图书信息表 Book 的数据修改编程。

（3）利用 Servlet 技术方法，实现图书信息表 Book 的数据删除编程。

（4）利用 Servlet 技术方法，实现图书信息表 Book 的数据查询编程。

六、实验设备及环境

本实验所涉及的硬件设备为计算机、服务器及以太网络环境。

操作系统：Windows 7

DBMS：Oracle Database 12c

Java 开发平台工具：Eclipse Luna

七、实验步骤

在开发平台 Eclipse 的 Java Web 项目中，基于 Servlet 技术方法实现图书借阅管理系统的数据库访问编程，其步骤如下：

（1）Eclipse 编程开发环境准备。新建一个动态 Web 项目，定义工作目录结构和包文件，并导入 Java 应用所需的库文件 jar 包，定义环境配置。

（2）创建 AddBook.html 页面，实现新建图书信息的输入表单，并编程 Servlet 程序 AddBookServlet.java，实现将表单输入数据插入 Book 表。

（3）编程 Servlet 程序 BookList.java，实现 Book 数据表的全部数据列表查看。

（4）创建 QueryToUpdate.html 页面，实现指定图书编码的修改条件输入表单；编程 Servlet 程序 QueryToUpdateServlet.java，实现条件查询的图书信息输出结果页面；编程 Servlet 程序 UpdateBookServlet.java，实现图书信息修改操作。

（5）创建 QueryToDelete.html 页面，实现指定图书编码的删除条件输入表单；编程 Servlet 程序 DeleteByIdServlet.java，实现删除指定编码的图书信息，并列表显示删除处理后的图书数据页面。

八、实验数据及结果分析

说明：本节为学生编写的报告内容，学生应按照上述步骤分别给出各项实验内容的具体操作过程说明，并包含操作分析、操作原理、操作方法等描述内容。在报告内容中，需要有基本的操作界面和操作结果数据分析。

九、总结及心得体会

说明：本节为学生编写的报告内容，学生应对本实验的关键技术内容进行归纳总结，并给出心得体会。

4.3 实验 3——JSP 数据库访问编程

4.3.1 相关知识

JSP（Java Server Pages，Java 服务器页面）是一个由 Sun Microsystems 公司倡导、许多公司一起参与建立的动态网页技术标准。它是在传统的网页 HTML 文件中插入 JSP 标签及其 Java 程序段（通常以<%开头，以%>结束），从而形成 JSP 文件（*.jsp）。

JSP 本质上也是一种 Java Servlet，主要用于实现 Java Web 应用程序的用户界面。JSP 与 Servlet 一样，都是在服务器中执行，并将处理结果以 HTML 文本的形式返回给客户端浏览器进行显示。

JSP 使用 Java 编程语言编写脚本代码（scriptlets）和类似 XML 的标签（tags）来封装动态网页中的处理逻辑，并可通过 tags 和 scriptlets 访问存在于服务端的资源和应用逻辑。JSP 还可将应用逻辑与网页表示分离，支持可重用的组件访问，使基于 Web 的应用程序开发变得迅速和容易。

JSP 页面主要由两部分内容组成。一部分是用 HTML 标签或 JSP 标签组织的页面表示内容，另一部分则是在"<%"与"%>"标记符号之间的 Java 代码内容。JSP 页面代码运行经历 3 个阶段：

（1）翻译阶段，JSP 页面第 1 次被请求，Web 服务器将该 JSP 页面代码转换为一个对应的 Java 源代码文件（即***.java）。

（2）编译阶段，Web 服务器调用 Java 编译器将页面的 Java 源代码文件编译生成页面的字节码文件（即***.class）。

（3）执行阶段，Web 服务器将页面的字节码文件调入 JVM 运行，然后将处理结果返回到发出请求的浏览器显示。

在基于 Java Web 的数据库应用程序中，既可以使用 JSP 作为表示层与用户交互，也可以使用 JSP 代码访问数据库以及业务处理。为了在 Java Web 应用中实现分层开发，通常使用 JSP 实现表示层处理，使用 Servlet 实现业务逻辑处理，使用 JavaBean 实现数据访问处理。

4.3.2　实验目的

通过 JSP 数据库访问编程实验训练，了解 Java Web 的核心技术 JSP 机制，掌握 JSP 数据库编程访问的技术方法。本实验具体目标如下：

（1）了解 JSP 技术实现原理。

（2）掌握在 JSP 页面编写方法。

（3）掌握在 JSP 中结合 JDBC 访问数据库的方法。

4.3.3　实验内容

针对图书销售系统开发，在创建的图书销售数据库基础上，进行 JSP 数据库访问编程实验。其具体实验内容如下：

（1）利用 JSP 技术方法，实现出版社信息表 Publisher 的数据插入编程。

（2）利用 JSP 技术方法，实现出版社信息表 Publisher 的数据修改编程。

（3）利用 JSP 技术方法，实现出版社信息表 Publisher 的数据删除编程。

（4）利用 JSP 技术方法，实现出版社信息表 Publisher 的数据查询编程。

4.3.4　实验指导

本实验继续以图书销售系统的数据库访问为例，给出在 JSP 页面中访问操作数据库表的编程方法，即在 JSP 页面中结合 JDBC API 编程实现对数据库表增、删、插、改数据访问。在本实验中，将编写出版社信息表 Publisher 的数据添加页面、数据查询页面、数据修改页面和数据删除页面。其开发步骤如下。

1. 编程开发环境准备

在 Eclipse 平台中，在 BookSaleSystem 项目的 src 目录下，新建一个名为 com.booksale.vo 的包，该包用于存放本实验所编写实体类程序。本实验编写的 JSP 页面文件放入项目的 WebRoot 目录中。BookSaleSystem 项目的目录结构如图 4-20 所示。

2. 添加数据的 JSP 页面创建

图 4-20　BookSaleSystem 项目的目录结构

为了实现通过页面方式添加出版社数据，需要创建一个 Web 页面，并将其命名为

addPublisher.jsp。在该页面中，通过 HTML 表单获取用户的数据输入。当用户提交表单后，这些数据通过 request 对象传送给 JSP 页面的 Java 代码脚本进行处理，并调用 JDBC API 执行 Insert 语句，将数据插入 Publisher 表中。addPublisher.jsp 页面代码如下：

```
<%@ page language="java" pageEncoding="gb2312"%>
<%@ page import="java.sql.*"%>
<!DOCTYPE HTML PUBLIC "-//W3C//DTD HTML 4.01 Transitional//EN">
<html>
  <head><title>addPublisher.jsp</title></head>
  <body>
    <form action="" method="post">
        <h1><label>请输入出版社信息:</label></h1>
        <label>出版社编号:</label><br>
        <input type="text" name="id"><br>
        <label>出版社名称:</label><br>
        <input type="text" name="name"><br>
        <label>出版社电话:</label><br>
        <input type="text" name="phone"><br>
        <label>出版社地址:</label><br>
        <input type="text" name="address"><br><br>
        <input type="submit" value="提交">
    </form>
  </body>
</html>
<%
    request.setCharacterEncoding("gb2312");
    Connection conn=null;          //声明一个 Connection 对象，用来连接数据库
    PreparedStatement pstmt=null;
                              //声明 PreparedStatement 对象，用来向数据库插入数据
    try{
    //连接到数据库
    Class.forName("oracle.jdbc.OracleDriver");
    System.out.println("创建驱动成功!");
    //连接数据库
    conn=DriverManager.getConnection("jdbc:oracle:thin:@localhost:1521:hsd",
    "C##BOOKSALE","111111");
    System.out.println("连接数据库成功!");
    //插入数据的 SQL 语句
    String sql="insert into publisher(pub_id,pub_name,pub_phone,pub_address)
values(?,?,?,?)";
    pstmt=conn.prepareStatement (sql);
    String id=request.getParameter("id");              //获取出版社编号
    String name=request.getParameter("name");          //获取出版社名称
    String phone=request.getParameter("phone");        //获取出版社电话
    String address=request.getParameter("address");    //获取出版社所在地址
    //设置插入数据的顺序
    pstmt.setString(1,id);
    pstmt.setString(2,name);
    pstmt.setString(3,phone);
    pstmt.setString(4,address);
    int result=pstmt.executeUpdate();                  //执行插入的 SQL 语句
    //判断执行结果
```

```
    if(result==1) out.print("插入数据成功!");
      else
        out.print("插入数据失败!请重新插入!");
    }catch(Exception e){
        System.out.println("处理异常:"+e);
    }
%>
```

将该页面发布到 Web 服务器后，在客户端通过浏览器访问，其显示效果如图 4-21 所示。

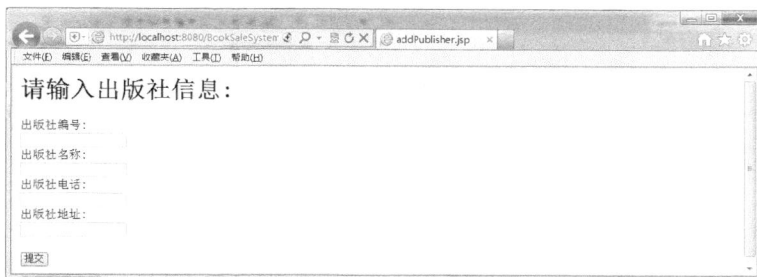

图 4-21　出版社信息添加页面

在上面出版社信息添加 JSP 页面表单中，用户可输入出版社信息内容。当用户单击"提交"按钮后，将触发表单的 post 方法程序执行，即执行该 JSP 页面中的 Java 脚本代码。该 Java 代码段调用 JDBC 接口 API 建立数据库连接，从 request 对象获取用户提交的输入数据，并通过 JDBC 执行 Insert 语句，实现对 Publisher 表数据插入。如果插入数据成功，在页面输出"插入数据成功!"消息；否则，在页面输出"插入数据失败!请重新插入!"消息。

3. 使用 JSP 页面显示表中全部数据

当在数据库表中添加多条数据后，便可对数据库表进行列表显示或查询等操作。这里编写 JSP 页面，实现列表显示出版社信息表 Publisher 数据，该 JSP 页面命名为 showAll.jsp。其代码如下：

```
<%@ page language="java" import="java.util.*" pageEncoding="gb2312"%>
<%@ taglib uri="http://java.sun.com/jsp/jstl/core" prefix="c"%>
<%@ page import="com.booksale.vo.*"%>
<%@ page import="java.sql.*"%>
<!DOCTYPE HTML PUBLIC "-//W3C//DTD HTML 4.01 Transitional//EN">
<html>
  <head>
    <title>showAll.jsp</title>
  </head>
  <%
    List<PublisherVo> list=new ArrayList<PublisherVo>();
    try{
    Class.forName("oracle.jdbc.OracleDriver");        //注册数据库驱动
    //连接数据库
    Connection conn=DriverManager.getConnection("jdbc:oracle:thin: @localhost:
1521:hsd",
    "C##BOOKSALE","111111");
    Statement stmt=conn.createStatement() ;
```

```
    ResultSet rs=stmt.executeQuery("SELECT * FROM Publisher");   //查询数据
    while(rs.next()){
      PublisherVo PublisherVo=new PublisherVo();
                            //声明 PublisherVo 对象，把数据放入该对象中
      PublisherVo.setPub_id(rs.getString("PUB_ID"));
      PublisherVo.setName(rs.getString("PUB_NAME"));
      PublisherVo.setPhone(rs.getString("PUB_PHONE"));
      PublisherVo.setAddress(rs.getString("PUB_ADDRESS"));
      list.add(PublisherVo);                    //把 PublsherVo 对象添加到 list 集合中
    }
    request.setAttribute("list",list);  //把 list 集合放入 request 对象中
    }catch(Exception e){
    System.out.println("处理异常:" + e);
    }
%>
  <body>
    <table border="1" align="center" width="70%">
    <tr>
        <td>出版社编号</td>
        <td>出版社名称</td>
        <td>出版社电话</td>
        <td>出版社地址</td>
    </tr>
    <c:forEach items="${list}" var="list">
    <tr>
        <td>${list.id}</td>
        <td>${list.name}</td>
        <td>${list.phone}</td>
        <td>${list.address}</td>
    </tr>
    </c:forEach>
    </table>
  </body>
</html>
```

在上面 showAll.jsp 程序中，利用 JDBC 接口 API 连接数据库，并执行 SQL 查询操作，获取 Publisher 中所有出版社数据。从查询结果集中提取出版社数据，将数据放入 PublisherVo 对象中。然后将它们加入 list 集合中，并将该 list 集合放入 request 对象，以便 JSP 页面输出显示。为了实现出版社数据放入 PublisherVo 对象，首先需要定义 Publisher 表的实体类 PublisherVo.java，其代码如下所示：

```
package com.booksale.vo;
public class PublisherVo{
    private String id;            //出版社编号
    private String name;          //出版社名称
    private String phone;         //出版社电话
    private String address;       //出版社地址
    public String getId(){
        return id;
    }
    public void setId(String id){
```

```
        this.id=id;
    }
    public String getName(){
        return name;
    }
    public void setName(String name){
        this.name=name;
    }
    public String getPhone(){
        return phone;
    }
    public void setPhone(String phone){
        this.phone=phone;
    }
    public String getAddress(){
        return address;
    }
    public void setAddress(String address){
        this.address=address;
    }
}
```

当出版社数据表 Publisher 的实体类 PublisherVo.java 和列表显示页面 showAll.jsp 编写完成后，便可将它们发布到 Web 服务器。客户浏览器可以访问 showAll.jsp 页面，其执行结果界面如图 4-22 所示。

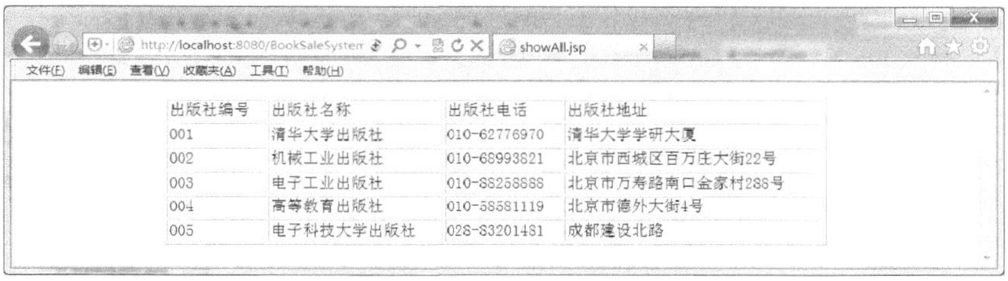

图 4-22　showAll.jsp 页面执行结果

4. 使用 JSP 修改表中数据

为了实现对某个出版社信息修改操作，首先需要有一个页面来采集将被修改的出版社信息的编号数据。这里将该页面创建为 JSP 页面，并命名为 updateItem.jsp，其页面代码如下：

```
<%@ page language="java" import="java.util.*" pageEncoding="gb2312"%>
<!DOCTYPE HTML PUBLIC "-//W3C//DTD HTML 4.01 Transitional//EN">
<html>
  <head><title>updateItem.jsp</title></head>
  <body>
    <form action="queryToUpdate.jsp" method="post">
        <label>请输入出版社编号:</label><br><br>
        <input type="text" name="id"><br><br>
        <input type="submit" value="查找">
    </form>
  </body>
</html>
```

当 updateItem.jsp 页面执行后，其输出界面如图 4-23 所示。

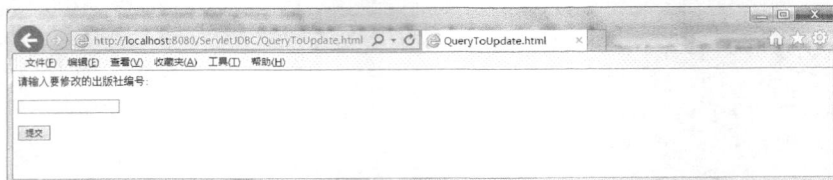

图 4-23   updateItem.jsp 页面

当用户在 updateItem.jsp 页面中输入出版社编号，并提交表单后，将调用 action 所指向的 queryToUpdate.jsp 页面进行出版社数据查询处理。queryToUpdate.jsp 页面代码如下：

```jsp
<%@ page language="java" import="java.util.*" pageEncoding="gb2312"%>
<%@ page import="com.booksale.vo.*"%>
<%@ page import="java.sql.*"%>
<!DOCTYPE HTML PUBLIC "-//W3C//DTD HTML 4.01 Transitional//EN">
<html>
  <head><title>queryToUpdate.jsp</title></head>
  <body>
    <%
    response.setCharacterEncoding("gb2312");    //设置 response 的编码方式
    request.setCharacterEncoding("gb2312");      //设置 request 的编码方式
    Connection conn=null;                //声明一个 Connection 对象，用来连接数据库
    PreparedStatement pstmt=null;                //声明 PreparedStatement 对象
    ResultSet rs=null;                      //声明一个结果集
    try{
     String id=request.getParameter("id");  //获取出版社编号
     Class.forName("oracle.jdbc.OracleDriver"); //注册数据库驱动
     System.out.println("创建驱动成功!");
     //连接数据库
     conn=DriverManager.getConnection("jdbc:oracle:thin:@localhost:
1521:hsd",
    "C##BOOKSALE","111111");
       System.out.println("连接数据库成功!");
       String sql="select * from publisher where pub_id=?";//查询的 SQL 语句
       pstmt=conn.prepareStatement(sql);
       pstmt.setString(1,id);
       rs=pstmt.executeQuery();
       while(rs.next()){
         PublisherVo PublisherVo=new PublisherVo();
                             //声明 PublisherVo 对象，把数据放入该对象中
         PublisherVo.setPub_id(rs.getString("PUB_ID"));
         PublisherVo.setName(rs.getString("PUB_NAME"));
         PublisherVo.setPhone(rs.getString("PUB_PHONE"));
         PublisherVo.setAddress(rs.getString("PUB_ADDRESS"));
         request.setAttribute("PublisherVo",PublisherVo);
         System.out.println(PublisherVo.getId());
       }
      }catch(Exception e){
     }
    %>
```

```
    <form action="updatePublisher.jsp" method="post">
    <h1><label>请输入出版社信息:</label></h1>
    <label>出版社编号:</label><br>
    <input type="text" name="id"  value="${ PublisherVo.id}"><br>
    <label>出版社名称:</label><br>
    <input type="text" name="name" value="${ PublisherVo.name}"><br>
    <label>出版社电话:</label><br>
    <input type="text" name="phone"  value="${ PublisherVo.phone}"><br>
    <label>地址:</label><br>
    <input type="text" name="address"  value="${ PublisherVo.address}"> <br>
<br>
    <input type="submit" value="修改">
   </form>
   </body>
  </html>
```

当 queryToUpdate.jsp 页面执行时，从 request 对象获取传送的出版社编号数据。以该编号为条件对出版社表进行查询，读取该出版社信息，并在 queryToUpdate.jsp 页面中显示输出。例如，用户输入出版社编号为 "004"，当条件查询页面 queryToUpdate.jsp 在服务器执行后，其输出结果如图 4-24 所示。

图 4-24　queryToUpdate 页面

在 queryToUpdate.jsp 页面输出显示出版社数据后，用户若修改出版社数据，如将电话号码修改为 "010-58581119"，单击 "修改" 按钮，将调用 updatePublisher.jsp 页面执行数据库修改处理。updatePublisher.jsp 页面代码如下。

```
<%@ page language="java" import="java.util.*" pageEncoding="gb2312"%>
<%@ page import="java.sql.*"%>
<!DOCTYPE HTML PUBLIC "-//W3C//DTD HTML 4.01 Transitional//EN">
<html>
 <head><title>updatePublisher.jsp</title></head>
 <%
 response.setCharacterEncoding("gb2312");
 request.setCharacterEncoding("gb2312");
 Connection conn=null;//声明一个 Connection 对象，用来连接数据库
 PreparedStatement pstmt=null;
                        //声明 PreparedStatement 对象，用来向数据库插入数据
 String id=request.getParameter("id");
 String name=request.getParameter("name");
 String phone=request.getParameter("phone");
 String address=request.getParameter("address");
```

```
  try{
  Class.forName("oracle.jdbc.OracleDriver");          //注册数据库驱动
  System.out.println("创建驱动成功!");
  //连接数据库
  conn=DriverManager.getConnection("jdbc:oracle:thin:@localhost:1521:hsd",
       "C##BOOKSALE","111111");
  System.out.println("连接数据库成功!");
  //修改的 SQL 语句
  String sql="update publisher set pub_id=?,pub_name=?, pub_phone=?, pub_
address=? where pub_id=?";
  pstmt=conn. prepareStatement(sql);
   //下面是设置修改的数据值
  pstmt.setString(1,id);
  pstmt.setString(2,name);
  pstmt.setString(3,phone);
  pstmt.setString(4,address);
  pstmt.setString(5,id);
  pstmt.executeUpdate();                              //执行修改
  out.println("<h1>修改成功!</h1>");
  }catch(Exception e){
   }
%>
<body>
   <jsp:include flush='true'page='updateItem.jsp'></jsp:include>
</body>
</html>
```

当 updatePublisher.jsp 页面程序正确完成数据库修改操作后，系统输出页面信息如图 4-25
所示。

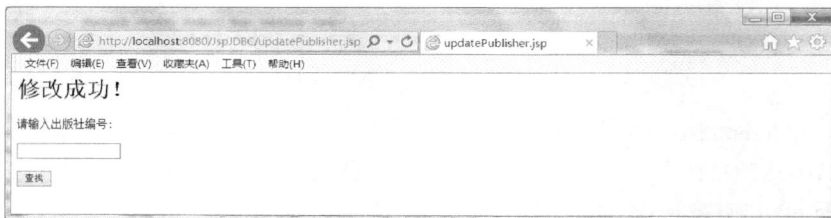

图 4-25　updatePublisher.jsp 页面执行结果

5. 使用 JSP 删除表中数据

同样，为了删除某个出版社信息，首先需要有一个页面来采集将被删除的出版社信息的
编号数据。这里将该页面命名为 deletePublisher.jsp。在该页面中，通过 HTML 表单获取用户
输入的出版社编号数据。当用户提交表单后，将执行页面的 Java 代码程序实现数据删除处理。
deletePublisher.jsp 页面代码如下：

```
<%@ page language="java" import="java.util.*" pageEncoding="gb2312"%>
<%@  page import="java.sql.*" %>
<!DOCTYPE HTML PUBLIC "-//W3C//DTD HTML 4.01 Transitional//EN">
<html>
  <head>
   <title>deletePublisher.jsp </title></head>
```

```
<body>
  <form action="" method="post">
    <label>请输入要删除的出版社编号:</label><br><br>
    <input type="text" name="id"><br><br>
    <input type="submit" value="删除">
  </form>
</body>
<%
        //连接数据库
    Connection conn=null;
    ResultSet rs=null;
    PreparedStatement pstmt=null;
    try{
        String id=request.getParameter("id");
        //注册数据库驱动
        Class.forName("oracle.jdbc.OracleDriver");
        System.out.println("创建驱动成功!");
        //建立数据库连接
        conn=DriverManager.getConnection("jdbc:oracle:thin:@localhost:
1521:hsd",
    "C##BOOKSALE","111111");
        System.out.println("连接数据库成功!");
        String sql="delete from publisher where pub_id=?";
        //删除数据的 SQL 语句
        pstmt=conn.prepareStatement(sql);
        pstmt.setString(1,id);
        int result=pstmt.executeUpdate();          //执行删除 SQL 语句
        //判断执行结果
        if(result==1)
          out.print("删除数据成功!");
        else out.print("没有指定有效的出版社编号!");
    catch(Exception e){
        }
    %>
</html>
```

当页面 deletePublisher.jsp 发布在 Web 服务器后,可通过客户端浏览器访问,其输出结果如图 4-26 所示。

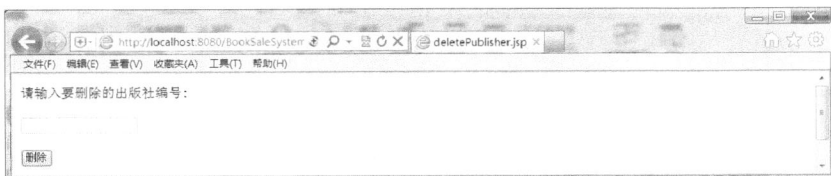

图 4-26　deletePublisher.jsp 页面初始界面

当用户在该页面中输入出版社编号,单击"删除"按钮后,执行页面中的 Java 代码,程序实现删除指定出版社信息处理。若删除操作成功完成,则在页面中显示成功信息,其界面如图 4-27 所示。

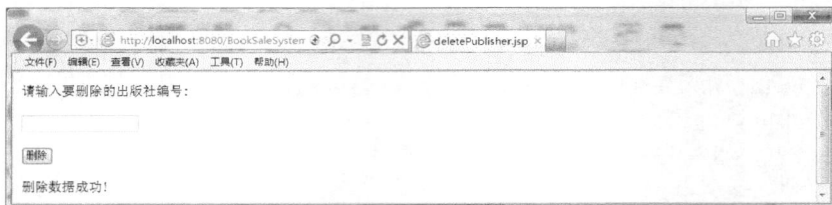

图 4-27　deletePublisher.jsp 页面删除操作成功界面

4.3.5　问题解答

（1）JSP 页面是在客户浏览器中运行？还是在 Web 服务器中运行？

JSP 页面是一种动态信息页面，它必须在 Web 服务器中运行，并将脚本处理的结果数据生成 HTML 内容，然后将它返回到浏览器中进行显示输出。

（2）JSP 与 Servlet 有什么区别？

JSP 是一种嵌入 Java 代码的动态页面，它只能处理浏览器请求。Servlet 是一种符合特定规范的纯 Java 程序，它不但可以处理浏览器请求，也可以处理客户端应用程序的请求。JSP 利用页面标签较容易地实现内容表示，适合表示层交互处理；Servlet 处理表示层交互较困难，但它适合业务功能处理。

（3）JSP 调用 Servlet 程序有哪些方式？

在 JSP 页面中，调用 Servlet 程序执行主要有以下几种方式：

（1）通过 Form 的 Action 属性，调用 Servlet 程序执行，例如：

```
<form method="post" action="servlet 程序">
```

（2）通过<jsp: include>标签，调用 Servlet 程序执行，例如：

```
<jsp:include page="servlet 程序">
```

（3）通过<jsp: forward>标签，调用 Servlet 程序执行，例如：

```
<jsp:forward page="servlet 程序">
```

4.3.6　实验练习

实　验　报　告

一、实验 3：图书借阅管理系统的 JSP 数据库访问编程

二、实验室名称：　　　　　　　　　　　实验时间：

三、实验目的与任务

通过 JSP 数据库访问编程实验训练，了解 Java Web 的核心技术 JSP 机制，掌握在 JSP 数据库编程访问的技术方法。

本实验任务是在 JSP 页面代码程序中利用 JDBC 接口实现对图书借阅管理系统的数据库操作访问编程。

四、实验原理

在数据库应用程序中，JSP 通过网页表单获取用户输入数据，通过 JDBC 接口对特定数据库表进行操作访问处理，将结果数据动态生成 HTML 页面，并响应返回到客户浏览器进行显示输出。

五、实验内容

在图书借阅管理系统数据库基础上，基于 JSP 技术方法进行数据库访问编程实验。在 Eclipse 开发平台中，完成图书借阅管理系统的图书信息表 Book 数据操作访问编程。具体实验内容如下：

（1）利用 JSP 技术方法，实现图书信息表 Book 的数据插入编程。

（2）利用 JSP 技术方法，实现图书信息表 Book 的数据修改编程。

（3）利用 JSP 技术方法，实现图书信息表 Book 的数据删除编程。

（4）利用 JSP 技术方法，实现图书信息表 Book 的数据查询编程。

六、实验设备及环境

本实验所涉及的硬件设备为计算机、服务器及以太网络环境。

操作系统：Windows 7

DBMS：Oracle Database 12c

Java 开发平台工具：Eclipse Luna

七、实验步骤

在开发平台 Eclipse 的 Java Web 项目中，基于 JSP 技术方法实现图书借阅管理系统的数据库访问编程，其步骤如下：

（1）Eclipse 编程开发环境准备。新建一个动态 Web 项目，定义工作目录结构和包文件，并导入 Java 应用所需的库文件 jar 包，定义环境配置。

（2）创建 addBook.jsp 页面，实现新建图书信息的输入表单，并编程实现将表单输入数据插入到 Book 表。

（3）创建 showAll.jsp 页面，实现 Book 数据表的全部数据列表查看。

（4）创建 updateItem.jsp 页面，实现修改图书的编码输入采集。创建 queryToUpdate.jsp 页面，实现条件查询的图书信息输出。创建 updateBook.jsp，实现指定编码的图书信息修改操作。

（5）创建 deleteItem.jsp 页面，实现删除图书的编码输入采集。创建 deleteBook.jsp 页面，实现指定图书编码的图书信息删除处理。

八、实验数据及结果分析

说明：本节为学生编写的报告内容，学生应按照上述步骤分别给出各项实验内容的具体操作过程说明，并包含操作分析、操作原理、操作方法等描述内容。在报告内容中，需要有基本的操作界面和操作结果数据分析。

九、总结及心得体会

说明：本节为学生编写的报告内容，学生应对本实验的关键技术内容进行归纳总结，并给出心得体会。

附　　录

本附录将对数据库应用开发所涉及的数据库建模工具 PowerDesigner 16.5 安装过程进行说明，同时对 Oracle 数据库的 PL/SQL 编程语言和 Java Web 数据库应用开发环境进行简介。

附录 A　PowerDesigner 16.5 建模工具安装

PowerDesigner 是目前广泛使用的数据库建模设计工具软件。该软件是 SAP Sybase 公司的系统建模工具产品，它不但可以进行数据库设计建模，也可支持整个系统生命周期的建模开发。在数据建模方面，PowerDesigner 可以支持系统概念数据模型、逻辑数据模型、物理数据模型设计，还可以支持数据仓库系统模型设计。目前最新版本为 PowerDesigner 16.5。以下将对该版本软件的安装过程进行说明。

A.1　安装环境要求

PowerDesigner 16.5 系统建模工具支持 Windows 平台运行，其系统环境最低配置要求如下：
- Microsoft Windows XP、Vista 或 windows 7；或者 Microsoft Windows Server 2003/2008
- 1.5 GHz 处理器主频
- 2 GB RAM
- SVGA 或高分辨率图像显卡和彩色显示器（800×600）
- CD-ROM 驱动器
- 1GB 最小磁盘安装空间

PowerDesigner 16.5 系统建模工具在 Windows 操作系统环境下安装，还需要操作系统平台本身具有一些环境组件，如 Microsoft .NET Framework 4.0、Windows Installer 3.1 和 Windows Imaging Component 等。

A.2　软件安装步骤

在进行 PowerDesigner 系统建模工具安装时，用户必须从 Windows 操作系统获得该安装目录的读写访问权限。按照如下步骤进行软件安装：

（1）在操作系统环境中，运行 PowerDesigner 安装启动文件。进入软件安装包的根目录后，鼠标双击 setup.exe 文件启动安装程序。系统弹出安装向导界面，如图 A-1 所示。

（2）单击"Next"按钮，进入 license 选择页面。在该页中，有"Trial version""Local standalone license" "Served standalone license" "Served floating license" 4 种安装版本。选择默认的 "Trial version" 版本安装，继续单击 "Next" 按钮进入 license 许可协议页面。选择本地区，并同意该许可协议，如图 A-2 所示。

（3）单击 "Next" 按钮进入安装目录选择页面。在该页中，可以选择安装目录所在的驱动器和路径，如图 A-3 所示。

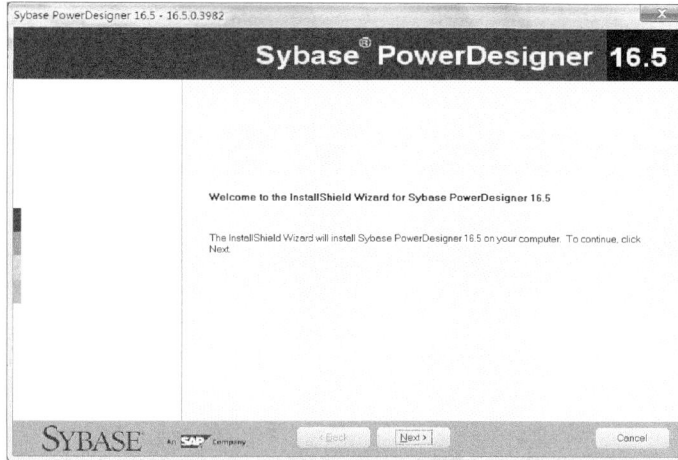

图 A-1　安装向导界面

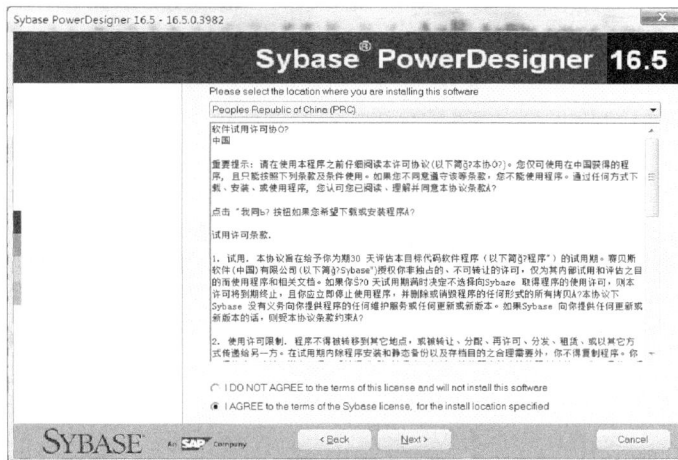

图 A-2　安装许可页面

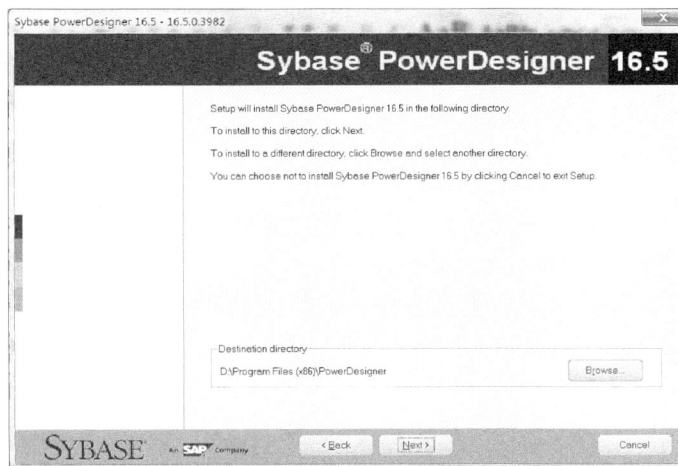

图 A-3　安装目录位置选择页面

（4）这里将安装位置修改到 D:\Program Files(x86)\PowerDesigner 目录，当然也可以直接采用系统默认安装位置。单击"Next"按钮后，进行组件安装选择页面，如图 A-4 所示。

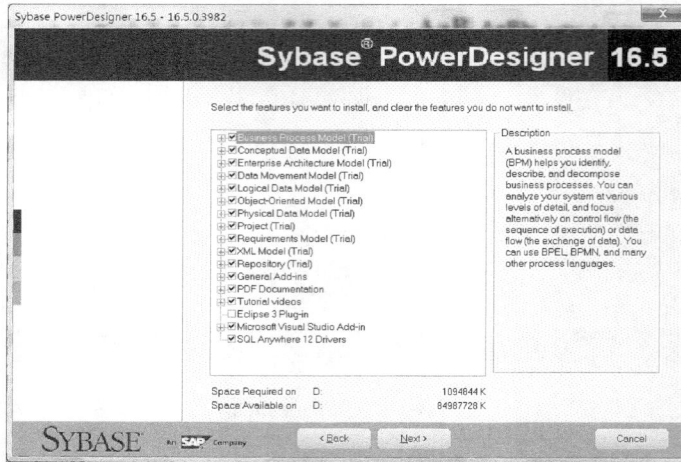

图 A-4　组件安装选择页面

（5）在该界面中，可选择需要安装的系统组件。这里选择默认选项，全部组件安装完成后单击"Next"按钮，进入数据模型的外观版本选项页面，如图 A-5 所示。

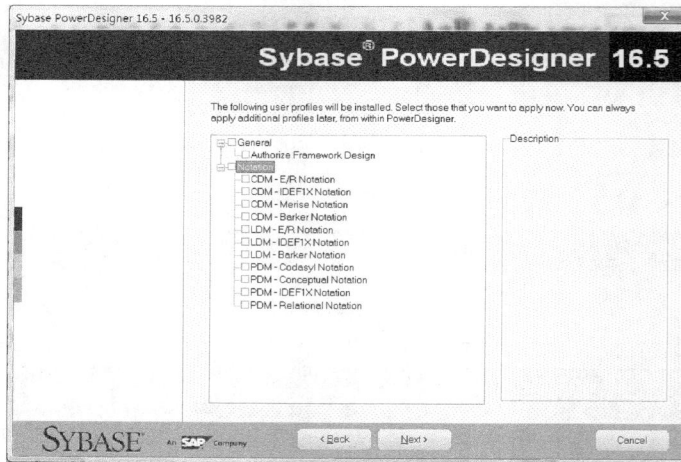

图 A-5　模型外观版本选项页面

（6）在该页面中，选取所需要的数据模型外观版本。然后单击"Next"按钮，进入程序组位置定制页面，如图 A-6 所示。

（7）在该页面中，用户可以自定义安装程序组位置，也可按照默认位置。单击"Next"按钮后，进入软件安装确认页面，如图 A-7 所示。

（8）在该页面中，单击"Next"按钮后，进入软件安装进度页面，如图 A-8 所示。

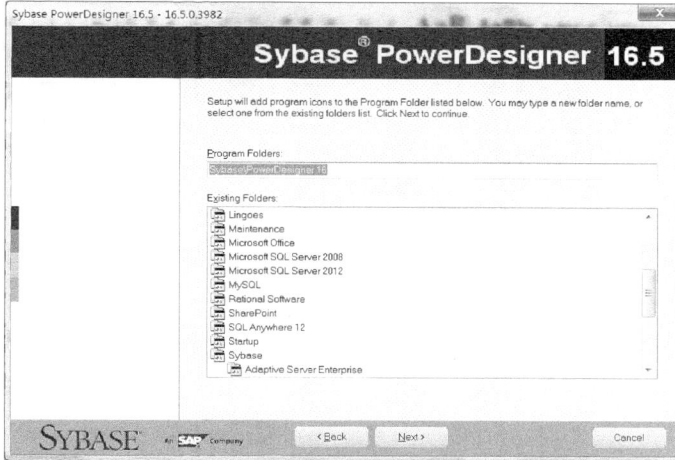

图 A-6　安装程序组位置

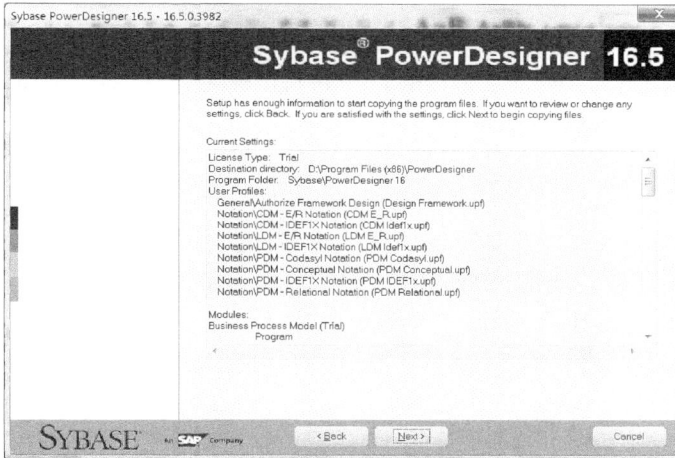

图 A-7　安装确认页面

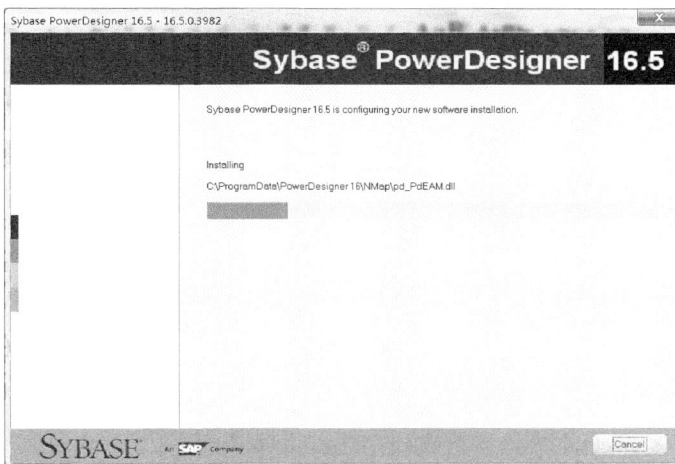

图 A-8　安装进展界面

（9）当软件安装进度到 100%时，系统弹出安装完成提示页面，如图 A-9 所示。

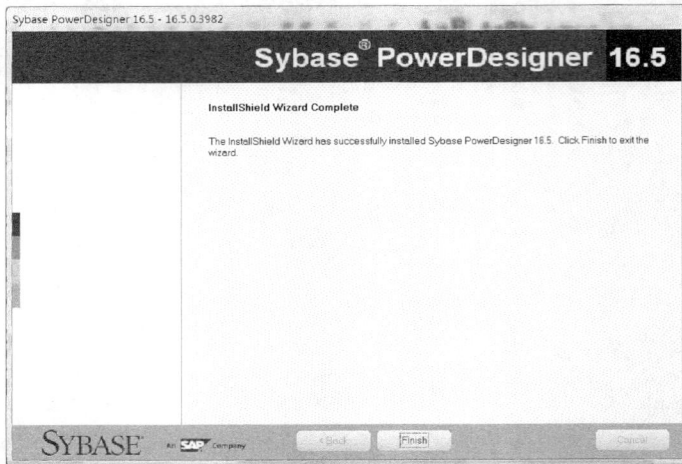

图 A-9　安装完成提示页面

单击"Finish"按钮后，产品安装结束。当输入正确的 License Key 后，PowerDesigner 软件就可以运行了。

A.3　软件运行启动

当 PowerDesigner 安装后，在 Windows 程序组中就会生成 Sybase PowerDesigner 程序菜单组。进入该程序菜单组后，双击"PowerDesigner"执行程序，即可启动运行。PowerDesigner 运行的初始主界面如图 A-10 所示。

图 A-10　PowerDesigner 运行初始主界面

在该初始界面中，工作空间和工作窗口都为空白，没有任何模型对象。若要创建模型或项目，需要单击"File→New Model…"或"File→New Project…"选项运行。如果需要打开一个已存在的模型或项目，则单击"File→Open…"选项运行。

例如，在安装路径下 Samples 中选取打开一个 PowerDesigner 的样本数据库概念数据模型 project.cdm。系统运行界面将显示该数据模型，如图 A-11 所示。

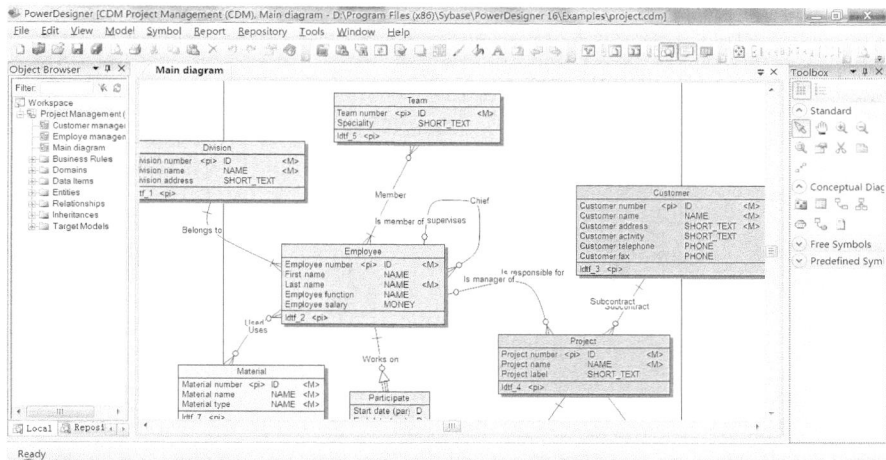

图 A-11　样本数据库概念数据模型

附录 B　PL/SQL 编程语言基础

PL/SQL 是 Oracle 在 SQL 语言基础上推出的过程语言（Procedural Language），它对 SQL 语言的功能进行了扩展，不但可操作访问数据库，还能对业务逻辑及流程进行控制处理。PL/SQL 语言既支持 SQL 语句、SQL 数据类型、SQL 游标、SQL 函数、SQL 事务等 SQL 元素处理，又支持流程控制语句、异常处理、触发器、存储过程、动态 SQL、包和用户自定义函数，为 SQL 语言的过程执行添加程序逻辑。PL/SQL 语言具有如下特点：

（1）集成了 SQL 语言的数据操作能力和过程语言的流程处理能力，具有强大的数据库编程能力。

（2）可以将多条 SQL 语句定义为语句块一起发送给 DBMS 执行，这样可减少网络开销。

（3）采用 PL/SQL 语言编写的存储过程、触发器和自定义函数均存放在数据库，并在 DBMS 服务器中执行，可提高处理能力和效率，同时可减少客户端与数据库服务器之间传输数据量。

（4）具有较好的可移植性，所编写的程序可以移植到另一个 Oracle 数据库中运行。

在 PL/SQL 语言编程中，所有程序都是由相同代码结构的语句块组成，语句块的基本结构如下：

```
Declare
声明区
Begin
执行区
Exception
异常处理区
End;
```

在 PL/SQL 程序语句块的声明区，定义程序使用的变量、常量和游标等。在语句块执行区，编写功能处理逻辑的 SQL 语句、变量赋值语句、流程控制语句、过程/函数调用语句等。在语句块异常处理区，对执行区语句产生的异常情况进行捕获并处理。

在 PL/SQL 语句块中，执行区部分是必需的，其他部分是可选的。一个 PL/SQL 程序可以由一个或多个语句块组成，这些语句块可以顺序组成，也可以嵌套组成。例如，一个嵌套了子语句块的 PL/SQL 程序结构如下所示：

```
[Declare
...]                    --主块声明区
Begin                   --主块执行区开始
...
    Begin               --子块执行区开始
     ...                --子块执行区
    [Exception
     ...]               --子块异常处理区
    End;                --子块执行区结束
[Exception
 ....]                  --主块异常处理区
End;                    --主块执行区结束
```

B.1　语言基本元素

在 PL/SQL 程序编程中，离不开语言基本元素的使用，如常量、变量、操作符、表达式和注释等。

1. 常量及其声明

常量是指在 PL/SQL 程序中使用固定值数据的标识符。常量声明的基本格式如下：

```
Declare
<常量名> constant <数据类型>[:=<值>];
```

例如，定义一个整型常量 WorkDayNumconstant，其值为 24；定义一个实数常量 Pi，其值为 3.1415，它们的声明如下：

```
Declare
WorkDayNum constant int:=24;
Pi  constant number(5,4):=3.1415;
```

2. 变量及其声明

变量是指在 PL/SQL 程序中读取或赋值的数据存储单元,该存储单元值会随程序赋值操作发生变化。由于 PL/SQL 语言是强类型语言,所有使用的变量都必须先声明,才能使用。变量名称必须是符合如下规范的标识符：

（1）以字母开头的字母、数字及若干特殊字符（如$、#、_）组成的字符串，长度不超过 30 个字符。

（2）变量名字符串不能与 Oracle 关键词相同。

（3）变量名字符串中不允许有空格。

声明变量的基本格式如下：

```
Declare
<变量名><数据类型>[NOT NULL][:=<初始值>];
```

例如，定义一个整型变量 Salary，其初始值为 6000，定义一个日期变量 BirthDay，它们的变量声明如下：

```
Declare
Salary int:=6000;
Birthday date;
```

说明：

（1）在 PL/SQL 程序中，除采用标量数据类型声明定义变量外，还可以采用复合数据类型、引用数据类型定义变量。

（2）对于 PL/SQL 变量，其作用域为该变量所在的语句块（即变量所在程序）。

3. 数据类型

在 PL/SQL 程序语言中，变量声明的数据类型可以是标量数据类型，也可以是复合数据类型、引用数据类型。标量数据类型变量用于保存单个属性数据值；而复合数据类型变量则可以保存多个属性的数据值，如记录（record）、表（table）和数组（array）数据类型；引用数据类型变量保存指向其他变量的指针，如%Type 字段类型、%Rowtype 记录行数据类型和 Cursor 游标数据类型。PL/SQL 语言支持的基本标量数据类型如表 B-1 所示。

表 B-1　基本标量数据类型

分　类	数据类型	说　明
数值型	NUMBER[p,s]	一种表示数值的数据类型，p 为总位数，s 为小数位数
	BINARY_INTEGER	只能在 PL/SQL 中使用的带符号整数，其范围为$-2^{31}\sim2^{31}$
	BINARY_FLOAT	32 位浮点数，使用 4 个字节
	BINARY_DOUBLE	64 位浮点数，使用 8 个字节
	PLS_INTEGER	支持直接运算的带符号整数，其范围为$-2^{31}\sim2^{31}$
字符型	CHAR(n)	固定长度存储的字符串，n 范围为 1～32767
	VARCHAR(n)	可变长存储的字符串，n 范围为 1～32767
	VARCHAR2(n)	可变长存储的字符串，n 范围为 1～32767
	NCHAR(n)	固定长度存储的字符串，n 范围为 1～32767，存储 Unicode 编码
	NVARCHAR(n)	可变长度存储的字符串，n 范围为 1～32767，存储 Unicode 编码
	LONG	可变长存储的字符串，最大存储 2GB 数据
	RAW	存储二进制数据，最多可存储 32767B 数据
	LONG RAW	存储二进制数据，最多可存储 2GB 数据
	ROWID	存储数据表行记录地址，只支持物理行 ID
	UROWID	存储数据表行记录地址，同时支持物理行 ID 和逻辑行 ID
日期型	DATE	日期数据，使用 7 个字节保存日期和时间数据，但不包含毫秒
	TIMESTAMP	日期数据，保存日期和时间数据，包含毫秒
	INTEVAL	日期间隔数据
大对象型	CLOB	字符型大对象数据，最多可存储 128TB 数据
	NCLOB	存放 Unicode 文本大对象数据，最多可存储 128TB 数据
	BLOB	二进制大对象数据，最多可存储 128TB 数据
	BFILE	存储外部文件索引，最大存储 4GB 数据
布尔型	BOOLEAN	布尔逻辑数据

1）数据类型转换

在 PL/SQL 语言编程中，针对不同数据类型的转换，可以使用 Oracle 数据类型转换内置函数进行处理。常见的数据类型转换函数如下：

TO_CHAR（）：将 NUMBER 数据或 DATE 数据转换为 VARCHAR2 字符串数据值。

TO_DATE（）：将字符串 CHAR 数据转换为 DATE 数据。

TO_NUMBER（）：将字符串 CHAR 数据转换为 NUMBER 数据。

2）使用%TYPE 属性和%ROWTYPE 定义引用数据类型变量

使用%TYPE 属性可以将变量声明为数据库表中字段的数据类型。例如，在数据库表 EMPLOYEE 中，EmpName 字段的数据类型为 Varchar(30)。可以在 PL/SQL 程序中，将变量 Person 定义为与该字段相同的数据类型，其声明语句如下：

```
Declare
Person  EMPLOYEE.EmpName%TYPE;
```

使用%TYPE 声明变量有两个好处：

（1）不必知道字段的具体数据类型，就可以定义变量与字段的数据类型保持一致。

（2）当该数据库表中字段的数据类型发生改变时，其定义变量的数据类型也会作出相应的改变。

同样，使用%ROWTYPE 属性可以将变量声明为数据库表的记录行数据类型。在程序中，使用行数据类型变量，可以保存数据库表一个完整的行数据，有利于表数据的快速存取处理。例如，将变量 RowEmp 声明为表 EMPLOYEE 的行数据类型，其声明语句如下：

```
Declare
 RowEmp  EMPLOYEE%ROWTYPE;
```

4．操作运算符与表达式

在 PL/SQL 语言中，支持如下 5 类操作运算符：

1）赋值操作运算符

赋值操作运算符用于给变量赋值。在赋值时，需要确保数据值类型与变量的声明类型一致。赋值操作运算符的使用格式如下：

```
变量:=数据值;
```

例如，给一个整型变量 X 赋值初始值 0，其语句为 X :=0;。

2）连接操作运算符

连接操作运算符用于将两个字符串进行拼接处理。连接操作运算符的使用格式如下：

```
"字符串 1"||"字符串 2"
```

例如，"ab"|| "cd"运算结果为"abcd"。

3）算术操作运算符

算术操作运算符用于将两个数值进行算术运算处理。算术操作运算符包括"+"（加）"-"（减）"*"（乘）"/"（除）和"**"（幂）。

4）逻辑操作运算符

逻辑操作运算符用于将两个逻辑值进行运算处理。逻辑操作运算符包括 AND（与）、OR（或）和 NOT（非）。逻辑运算的结果值为 TRUE 或 FALSE。

5）比较操作运算符

比较操作运算符用于数据值的比较运算。比较操作运算符如下：

- =（等于）、<>（不等于）、<（大于）、>（小于）、>=（大于等于）、<=（小于等于）
- BETWEEN…AND…（检索范围限定）
- IN（检索范围限定）

- LIKE（检索字符匹配）
- IS NULL（检索空值）

比较操作运算的结果值为逻辑值 TRUE 或 FALSE。

在 PL/SQL 语言中，表达式是由操作运算符将变量或常量组合起来的式子。由算术运算符连接起来的表达式称为算术表达式，由比较操作运算符或逻辑运算符连接起来的表达式称为关系表达式。

5. 程序注释

在程序编写中，为了增强程序可读性，需要在代码中加入程序注释。PL/SQL 支持两种注释风格。

1）单行注释

单行注释由一对连字符（--）开头的文字说明。例如，在语句后加入如下文字说明表示事务开始。

```
-- 开始事务处理
```

2）多行注释

多行注释由斜线星号（/*）开头，星号斜线（*/）结尾，可以注释多行内容。例如，

```
/* 循环提取查询结果集数据，
同时进行数据统计计算处理。  */
```

B.2　控制结构语句

PL/SQL 语言支持顺序控制结构、分支控制结构和循环控制结构，使用这 3 种控制结构语句可以实现程序的逻辑过程控制。

1. 顺序结构语句

在 PL/SQL 顺序控制结构语句块中，语句按照出现的先后顺序执行，当需要改变执行顺序时，可以使用 GOTO 语句实现程序顺序跳转执行。GOTO 语句使用的基本格式如下：

```
…
GOTO    语句标号 Lable;
…
语句标号 Lable: …
…
```

执行 GOTO 语句，可以实现程序跳转到指定语句标号位置执行。在程序编程中，尽量少用 GOTO 语句，以确保程序结构清晰。

2. 分支结构语句

在 PL/SQL 语言中，实现程序分支流程结构的语句有如下两种。

1）IF 语句

IF 语句用于二值条件判断分支处理，包含简单 IF 语句、IF…ELSE 语句和 IF…ELSEIF…ELSE 语句，它们的语句格式如表 B-2 所示。

表 B-2　IF 语句格式

IF 语句	IF…ELSE 语句	IF…ELSEIF…ELSE 语句

IF 条件 THEN
语句区；
END IF;
	IF 条件 THEN
	语句区 1；
	ELSE
	语句区 2；
	END IF;
		IF 条件 1THEN
		语句区 1；
		ELSEIF　条件 2　THEN
		语句区 2；
		ELSE
		语句区 3；
		END IF;

2）CASE 语句

CASE 语句用于多值条件判断分支处理，功能类似 IF…ELSEIF…ELSE 语句，其语句格式如下：

```
CASE 条件
WHEN 值1  THEN
语句区1；
WHEN 值2  THEN
语句区2；
WHEN 值3  THEN
语句区3；
ELSE
语句区4；
END CASE;
```

在 CASE 条件判断中，首先计算 CASE 的条件表达式，然后将其结果值依次与随后 WHEN 语句后的条件值进行匹配，如果找到某个匹配的值，则执行该 WHEN 子句中 THEN 后的语句区，如果最后没有找到则执行 ELSE 后的默认语句区代码。

3. 循环结构语句

在 PL/SQL 语言中，实现程序循环结构流程主要有 LOOP 循环语句、FOR…IN…LOOP 循环语句和 WHILE…LOOP 循环语句，它们的语句格式如表 B-3 所示。

表 B-3　循环语句格式

LOOP 循环语句	FOR…IN…LOOP 循环语句	WHILE…LOOP 语句
LOOP 语句区； EXIT WHEN 结束条件； 结束条件修改； END LOOP;	FOR 循环变量　IN 上限值…下限值 LOOP 语句区； 循环变量增减； END LOOP;	WHILE 结束条件 LOOP 语句区； 修改结束条件； END LOOP;

在以上循环语句中，LOOP 循环语句先进入循环体语句区执行，后判断结束条件，当结束条件满足时，则退出循环。FOR…IN…LOOP 循环语句由循环变量控制循环体语句区执行，当循环变量超出下限值后，则退出循环。WHILE…LOOP 循环语句则先判断结束条件，条件为真，就进入循环体语句区执行，当条件为假，则退出循环。

B.3　异常处理语句

在 PL/SQL 程序中，可以使用异常捕获语句 EXCEPTION 来处理程序语句执行过程中出现的异常错误。异常处理语句的基本格式如下：

```
EXCEPTION
WHEN  异常名 1 THEN
              异常处理语句 1;
[WHEN  异常名 2 THEN
              异常处理语句 2; ]
…
[WHEN  OTHERS THEN
              异常处理语句 n; ]
```

在一个 EXCEPTION 语句中，可以使用多个 WHEN 捕获子句，用于捕获不同名称的异常。当一个异常被捕获后，将执行该子句 THEN 后的异常处理语句。如果捕获的异常不匹配语句中的异常名，则默认执行 OTHERS THEN 后的异常处理语句。

在 EXCEPTION 语句中，异常名可以是 PL/SQL 语言预定义异常名称，也可以是用户自定义异常名称。在 PL/SQL 语言中，系统预先定义了一些常见的异常，其名称如表 B-4 所示。

表 B-4　PL/SQL 常见异常定义

异常名称	异常代码	触发条件
CASE_NOT_FOUND	ORA_06592	在 CASE 语句中，未找到匹配的 WHEN 条件值时触发
CURSOR_ALREADY_OPEN	ORA_06511	试图打开已经打开的游标时触发
DUP_VAL_ON_INDEX	ORA_00001	在数据库表中插入重复行数据时触发
INVALID_NUMBER	ORA_01722	将非数字值赋值到数据变量时触发
NO_DATA_FOUND	ORA_01403	SELECT INTO 语句执行返回结果为 NULL 时触发
TIMEOUT_ON_RESOURCE	ORA_00051	当访问锁定资源时间过长时触发
TOO_MANY_ROWS	ORA_01422	当 SELECT INTO 语句返回多行数据时触发
VALUE_ERROR	ORA_06502	给一个变量赋值超出容限时触发
ZERO_DIVIDE	ORA_01476	当除数为 0 时触发

对于用户自定义异常，需要在语句块的声明区部分进行定义，其定义的语句格式如下：

```
Declare
<异常名称> exception;
```

由于系统不能自动触发用户自定义的异常，必须在语句块执行区显式触发，其触发的语句格式如下：

```
RAISE<异常名称>;
```

当用户异常被触发后，其处理与系统预定义异常处理一样，在语句块的异常处理区执行相应语句。

B.4　过程与函数

在 PL/SQL 语言中，可以通过提供存储过程程序和函数程序，从而实现公共功能程序调用。当 PL/SQL 存储过程被调用，该过程作为一个子程序执行，并完成相应功能处理，它执行结束后，不会给调用程序返回结果值。当 PL/SQL 函数被调用时，该函数也作为一个子程序执行，并完成相应功能处理，但它会将结果值返回给调用程序。

在 PL/SQL 语言中，创建存储过程的语句格式如下：

```
Create [or replace] procedure <过程名>（参数列表）
As
 PL/SQL 语句块;
```

在 PL/SQL 语言中，创建函数的语句格式如下：

```
Create [or replace] function <函数名>（参数列表）return 返回值类型
As
 PL/SQL 语句块;
```

在 PL/SQL 语言中，Oracle 提供了对 SQL 内置函数的支持，使用这些内置函数可以实现常用的数据处理功能。Oracle SQL 内置函数主要包括数学运算函数、统计函数、字符串函数、日期函数等，分别如表 B-5 至表 B-8 所示。

表 B-5　常用的数学运算函数

函 数 名	说 明
Abs(a)	返回 a 的绝对值
Ceil(a)	返回刚好大于或等于 a 的整数值
Cos(a)	返回 a 的余弦值
Floor(a)	返回刚好小于或等于 a 的整数值
Log(a,n)	返回以 a 为底 n 的对数值
Mod(a,b)	返回 a 和 b 相除的余数
Power(a,n)	返回 a 的 n 次幂
Round(a,n)	返回接近 a 的右侧 n 位小数
Sign(a)	返回 a 的数值符号，当 a 大于 0，返回 1；小于 0，返回-1；等于 0，返回 0
Sqrt(a)	返回 a 的平方根
Trunc(a,n)	返回 a 的 n 位四舍五入值

表 B-6　常用的统计函数

函 数 名	说 明
Avg([distinct]<列名>)	统计所有返回值的平均值，若有 distinct 关键词，则只统计不同的非空值
Count([distinct]<列名>)	统计所有返回值的数目，若有 distinct 关键词，则只统计不同的非空值
Max([distinct]<列名>)	统计所有返回值的最大值，若有 distinct 关键词，则只统计不同的非空值
Min([distinct]<列名>)	统计所有返回值的最小值，若有 distinct 关键词，则只统计不同的非空值
stddev([distinct]<列名>)	统计所有返回值的标准偏差值，若有 distinct 关键词，则只统计不同的非空值
sum([distinct]<列名>)	统计所有返回值的和，若有 distinct 关键词，则只统计不同的非空值
variance([distinct]<列名>)	统计所有返回值的方差值，若有 distinct 关键词，则只统计不同的非空值

表 B-7　常用的字符串处理函数

函 数 名	说 明
Length(<字符串>)	返回字符串的长度
Lower(<字符串>)	返回字符串的小写字符串
Upper(<字符串>)	返回字符串的大写字符串
Subs(<字符串>,<开始位置>,<删除个数>)	在字符串中从指定位置开始删除指定数目的字符

表 B-8　常用的日期处理函数

函　数　名	说　明
Last_day(<日期值>)	返回指定日期所在月的最后一天
Next_day(<日期值>,'day')	返回指定日期后的下一星期几（day 值）所在日期，day 值为星期几的英文名称字符串
Sysdate()	返回当前系统日期
Sysdatestamp()	返回当前系统日期时间戳
To_char(<日期值>,'format')	将日期数据转换为 format 格式的字符串数据
To_date(<字符串>,'format')	将字符串数据转换为 format 格式的日期数据
Trunc(<日期值>)	将日期数据转换为 format 格式的日期数据

附录 C　Java Web 数据库应用开发环境

开发一个 Java Web 应用涉及 Java 语言开发工具包 JDK、Java 应用开发平台 Eclipse，以及 Web 应用服务器 Tomcat 等工具的使用及其开发环境搭建。

C.1　JDK

JDK（Java Development Kit）是 Java 语言的软件开发工具包，它包含了 Java 运行环境、Java 工具和 Java 基础的类库。JDK 提供了 Java 程序的开发及运行环境。在 JDK 安装目录的 bin 子目录中，主要有如下工具：

（1）javac.exe——编译器，将源程序转成字节码。

（2）jar.exe——打包工具，将相关的类文件打包成一个文件。

（3）javadoc.exe——文档生成器，从源码注释中提取文档。

（4）jdb.exe——debugger，查错工具。

（5）java.exe——运行编译后的 Java 程序（.class 后缀的）。

（6）appletviewer.exe——小程序浏览器，一种执行 HTML 文件上的 Java 小程序的 Java 浏览器。

（7）Javah.exe——产生可以调用 Java 过程的 C 过程，或建立能被 Java 程序调用的 C 过程的头文件。

（8）Javap.exe——Java 反汇编器，显示编译类文件中的可访问功能和数据，同时显示字节代码含义。

（9）Jconsole.exe——Java 进行系统调试和监控的工具。

此外，在 JDK 软件开发工具包中，还提供了支持 Java 应用开发的类库程序，如 java.lang 基础类库、java.io 输入输出类库、java.nio 非阻塞输入输出类库、java.net 网络类库、java.util 辅助工具类库、java.sql 数据库 SQL 操作类库、javax.servlet 类库等。

在开发 Java 应用时，首先需要在操作系统中安装 JDK 开发包软件。该软件可以从 Oracle 公司网站下载。例如，从官网（https://www.java.com/zh_CN/download/）下载 64 位 Windows 操作系统版本的 JDK 安装包 jdk-8u74-windows-x64.exe。其安装配置过程如下。

1）JDK 安装

（1）在 Windows 操作系统中，双击 jdk-8u74-windows-x64.exe 执行程序，进入 JKD 安装向导界面，如图 C-1 所示。

在该界面中，单击"下一步"按钮，进入自定义安装对话框。

（2）在 JDK 自定义安装对话框中，选择安装组件和设置安装路径。假定本机安装在路径 D:\Program Files\Java\jdk1.8.0_74 的目录中，如图 C-2 所示。

图 C-1　JDK 安装向导界面

图 C-2　JDK 自定义安装路径

在该界面中，单击"下一步"按钮，进入安装进度状态界面。

（3）在安装进展过程中，系统弹出 Java 安装目标文件夹对话框。本机将修改安装路径为 D:\Program Files\Java\jre1.8.0_74，如图 C-3 所示。

在该界面中，单击"下一步"按钮，返回安装进展状态界面。

（4）当安装状态进展到 100% 时，系统弹出安装成功对话框，如图 C-4 所示。

图 C-3　修改 JDK 安装路径

图 C-4　JDK 安装成功

在该界面中，单击"关闭"按钮，结束 JDK 安装。

2）Windows 系统环境变量配置

在使用 JDK 之前，还需要在 Windows 操作系统中对系统环境变量 Path、Java_Home 和 Classpath 进行配置，其配置过程如下：

（1）在 Windows 操作系统中，打开"系统属性"设置界面，如图 C-5 所示。

（2）在该界面中，单击"环境变量"按钮，进入"环境变量"设置界面，如图 C-6 所示。

在"环境变量"设置界面中，选取 Path 变量，并单击"编辑"按钮，进入编辑 Path 变量界面。

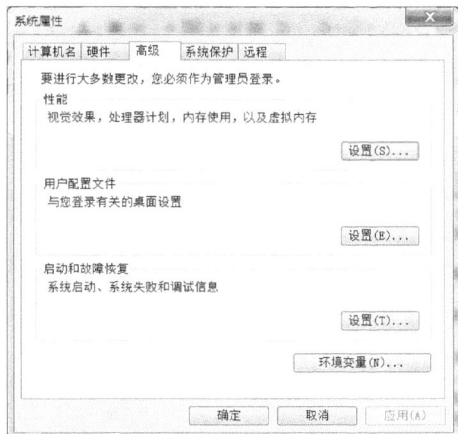

图 C-5　"系统属性"设置界面

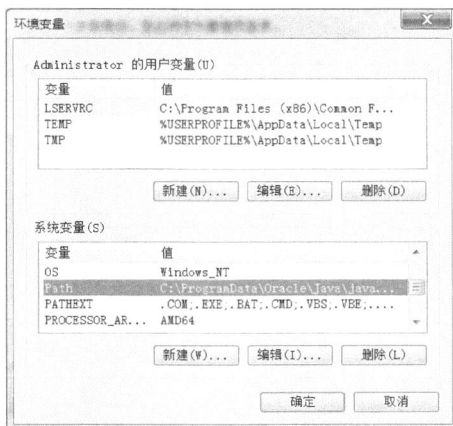

图 C-6　"环境变量"设置界面

（3）在编辑 Path 变量界面中，添加"D:\Program Files\Java\jdk1.8.0_74\bin"参数到参数列表中，如图 C-7 所示。

在该界面中，单击"确定"按钮，则将该参数加入 Path 变量中。

（4）在图 C-6 所示的"环境变量"设置界面中，继续设置 JAVA_HOME 环境变量，其编辑界面如图 C-8 所示。

图 C-7　添加 Path 参数

图 C-8　JAVA_HOME 系统环境变量设置

在该界面中，单击"确定"按钮，则将"d:\Program Files\Java\jdk1.8.0_74"参数加入 JAVA_HOME 变量中。

（5）在图 C-6 所示的"环境变量"设置界面中，继续设置 Classpath 环境变量，其编辑界面如图 C-9 所示。

在该界面中，单击"确定"按钮，则将".;%JAVA_HOME%\lib\tools.jar; %JAVA_HOME%\bin\dt.jar;%JAVA_HOME%\bin\rt.jar;%JAVA_HOME%\jre\bin"参数加入 Classpath 变量中。

3）验证安装结果

在完成 JDK 安装和系统环境变量设置后，还需要测试验证 JDK 在操作系统中可否正常运行。这可以在 DOS 命令程序环境中运行 javac 程序来验证。若出现了如图 C-10 所示的运行结果界面，则表示 JDK 安装及配置正确。

图 C-9　Classpath 系统环境变量设置

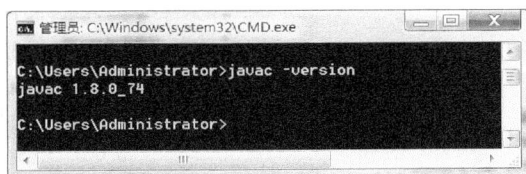

图 C-10　JDK 运行验证

C.2　Eclipse

Eclipse 是一个开放源代码、基于 Java 的可扩展集成开发平台，通过插件构建技术可以扩展的开发环境。它既可以支持 Java 应用开发，也可以支持 C++、PHP 等语言应用开发。从 http://www.eclipse.org/官网中，可以下载各种版本的 Eclipse 开发平台软件，目前最新版本为 Eclipse Neon。本例下载 64 位 Windows 操作系统版本的 Eclipse-jee-neon-RC2-win32-x86_64.zip 软件压缩包，并在操作系统中进行软件安装。其安装与配置过程如下。

1）Eclipse Neon 安装

在 Windows 操作系统中，将 Eclipse-jee-neon-RC2-win32-x86_64.zip 文件复制到指定的安装目录，将其进行解压处理，即可完成安装。

2）Eclipse 启停控制

在安装的 Eclipse 目录中，双击 Eclipse.exe 执行程序，即可启动 Eclipse。当 Eclipse 初次运行时，系统弹出工作空间设置对话框，如图 C-11 所示。

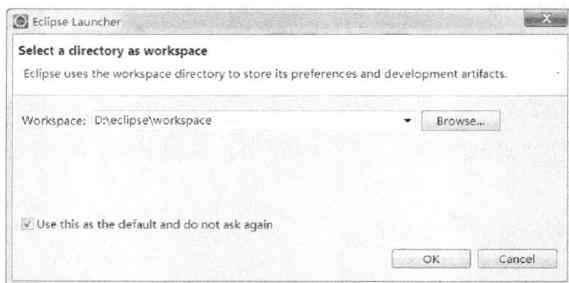

图 C-11　Eclipse 工作空间设置对话框

在该对话框中，将工作空间设置到自己所需目录，如 D:\Eclipse\workspace。如果不想每次启动时都设置工作空间，可以在该界面中选取"Use this as the default and do not ask again"复选框。单击"OK"按钮后，即可启动 Eclipse，进入 Eclipse 主界面，如图 C-12 所示。

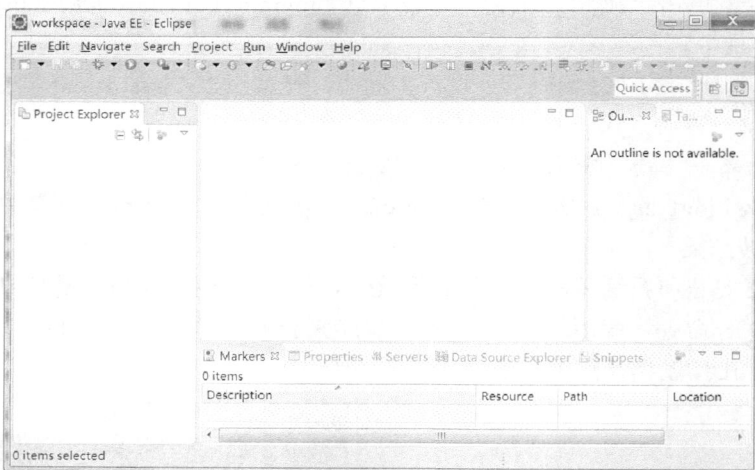

图 C-12　Eclipse 运行主界面

当 Eclipse 运行启动后，首先需要为每个待开发的软件创建一个项目，来组织程序和资源文件，此后便可在项目中进行该软件的代码开发。

C.3　Tomcat

Tomcat 服务器是一个开放源代码的 Web 应用服务器，它既可以处理静态 html 页面，也可以处理动态页面。在中小型系统和并发访问用户不是很多的场合下，Tomcat 被普遍使用，它是开发和运行 Java Web 的首选 Web 应用服务器。从 https://Tomcat.apache.org/官网中，可以下载各种版本的 Tomcat 服务器软件。本例下载 64 位 Windows 操作系统版本软件 apache-Tomcat-9.0.0.M6.exe。其安装配置过程如下。

1）Tomcat 安装

（1）在 Windows 操作系统中，双击 apache-Tomcat-9.0.0.M6.exe 安装执行文件，进入 Tomcat 安装向导界面，如图 C-13 所示。

在该界面中，单击"Next"按钮，进入协议窗口。

（2）在安装向导协议显示界面中，单击"I Agree"按钮进入组件选择窗口，如图 C-14 所示。

图 C-13　Tomcat 安装向导

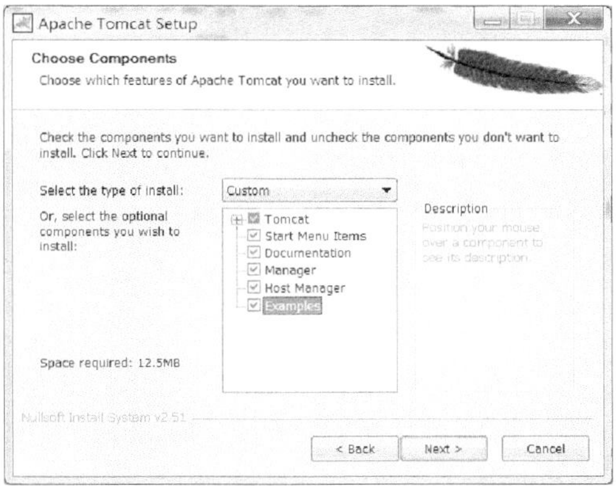

图 C-14　Tomcat 组件选择窗口

在该界面中，选取需要安装的组件，然后单击"Next"按钮，进入基本配置窗口。

（3）在基本配置窗口中，选择默认的端口配置，也可设置管理用户名称及口令，如图 C-15 所示。

在该界面中，单击"Next"按钮，进入 Java 虚拟机路径设置界面。

（4）在 Java 虚拟机路径设置界面中，找出 jre 安装目录 D:\Program Files\Java\jre1.8.0_74，如图 C-16 所示。

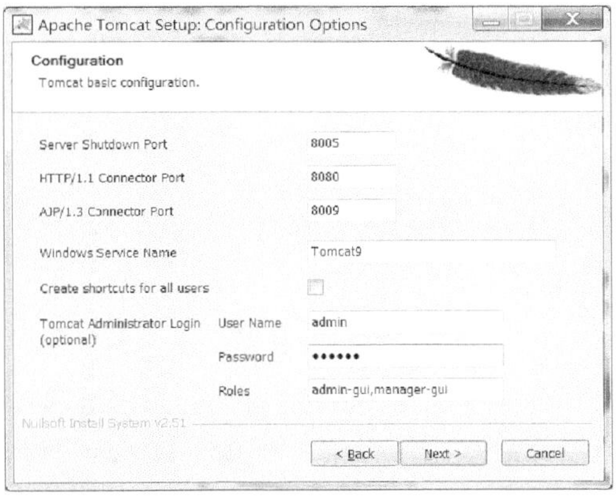

图 C-15　基本配置设置

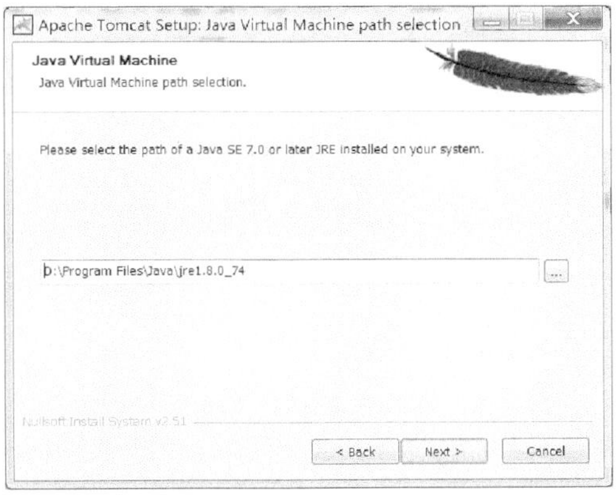

图 C-16　Java 虚拟机路径设置

在该界面中，单击"Next"按钮，进入 Tomcat 安装路径设置界面。

（5）在 Tomcat 安装路径设置界面中，输入 D:\Tomcat9 路径名称，如图 C-17 所示。

在该界面中，单击"Install"按钮，进入安装进展状态。

（6）在 Tomcat 安装结束后，系统弹出完成界面，如图 C-18 所示。

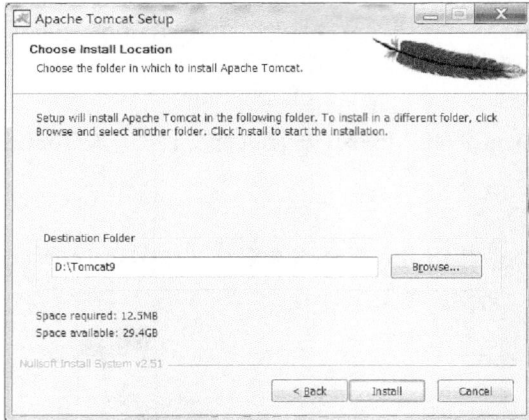

图 C-17　Tomcat9 安装路径设置　　　　　图 C-18　Tomcat9 安装完成界面

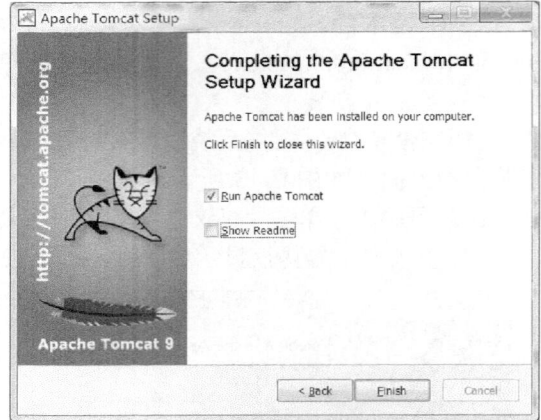

在该界面中，单击"Finish"按钮，完成安装程序。

2）验证 Tomcat 安装

当安装完成 Tomcat 之后，系统默认启动 Tomcat 服务。为了验证 Tomcat 服务可否正常工作，可以在浏览器中输入 http://localhost:8080。如果安装配置正确，可以在浏览器中看到 Tomcat 服务器的默认主页，如图 C-19 所示。

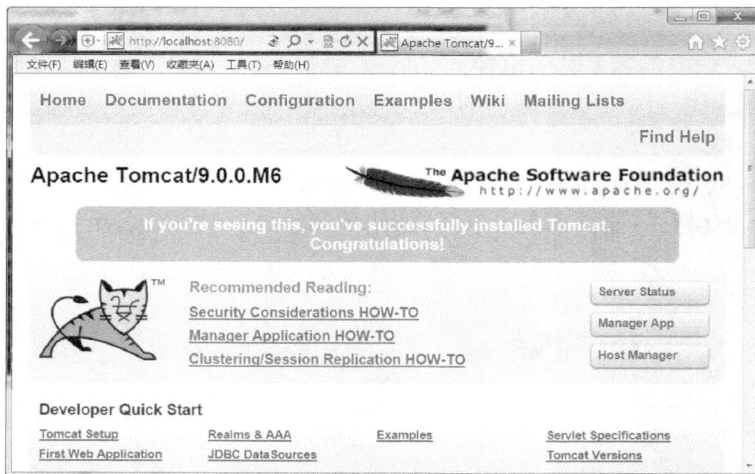

图 C-19　Tomcat 服务器默认主页

3）Tomcat 启停控制

在完成 Tomcat 安装或重新启动后，因 Monitor Tomcat 程序默认自动启动，系统屏幕下方的状态栏将出现 Monitor Tomcat 运行图标。双击该图标后，系统弹出 Monitor Tomcat 控制对话框，如图 C-20 所示。

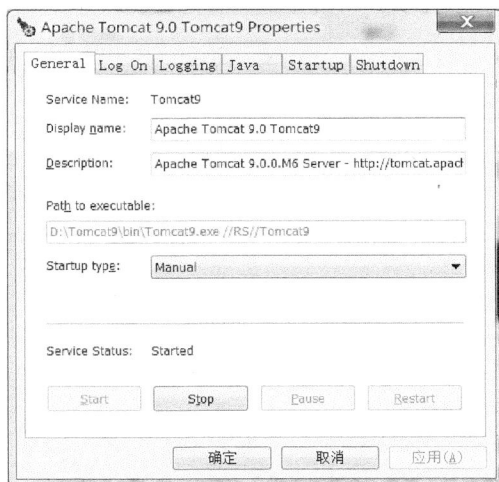

图 C-20　Tomcat 启停控制

在该对话框中，用户可以启停 Tomcat 服务程序，也可设置 Tomcat 服务启动参数以及 JVM 虚拟机运行参数。

参 考 文 献

[1] 李兴华，马云涛. Oracle 开发实战经典[M]. 北京：清华大学出版社，2014.

[2] 陆鑫，王雁东，胡旺. 数据库原理及应用[M]. 北京：机械工业出版社，2015.

[3] 明日科技. Java Web 从入门到精通[M]. 北京：清华大学出版社，2012.

[4] 钱雪忠，林挺，张平. Oracle 数据库技术与实验指导[M]. 北京：清华大学出版社，2012.